本书为国家社会科学基金重大项目"宋元文学编年与文献系统化研究"（项目编号：15ZDB065）、国家社会科学基金一般项目"……"（项目编号：2010-2015）……之阶段性成果。

U0296412

云南大学服务云南行动计划"生态文明建设的云南模式研究"（项目编号：KS161005）；第二批"云岭学者"培养项目"中国西南边疆发展环境监测及综合治理研究"（项目编号：201512018）；边疆治理与地缘学科（群）"边疆生态治理与生态文明建设调查与研究"（编号：C176210102）。

云南
生态文明实践路径的
理论研究

生态文明建设的云南模式研究丛书

杨林／主编

科学出版社

北京

内 容 简 介

本书从云南生态文化、高原特色农业与美丽乡村、自然资源特色及空间规划、产业绿色化转型、生态文明建设制度、生态旅游、土壤污染治理、跨境河流管理、高原湖泊治理等九个方面探讨了云南生态文明建设的重要成就，丰富了生态文明建设的理论内涵，总结了生态文明建设的云南模式，凝练和升华了云南生态文明实践路径的理论。

本书可供历史学、地理学、生态学等相关专业的师生阅读和参考。

图书在版编目（CIP）数据

云南生态文明实践路径的理论研究 / 周琼主编. —北京：科学出版社，2020.6

（生态文明建设的云南模式研究丛书）

ISBN 978-7-03-064987-4

Ⅰ. ①云… Ⅱ. ①周… Ⅲ. ①生态环境建设–研究–云南 Ⅳ. ①X321.274

中国版本图书馆 CIP 数据核字（2020）第 072896 号

责任编辑：任晓刚 / 责任校对：王晓茜

责任印制：张 伟 / 封面设计：楠竹文化

科 学 出 版 社 出版

北京东黄城根北街 16 号

邮政编码：100717

http://www.sciencep.com

北京盛通商印快线网络科技有限公司 印刷

科学出版社发行 各地新华书店经销

*

2020 年 6 月第 一 版 开本：787×1092 1/16

2020 年 6 月第一次印刷 印张：19

字数：340 000

定价：98.00 元

（如有印装质量问题，我社负责调换）

"生态文明建设的云南模式研究"丛书编纂委员会
（按姓氏拼音顺序排列）

丛书顾问：

胡勘平　林超民　王春益　尹绍亭　周　杰

主　编：

杨　林

副主编：

杜香玉

编委会主任：

杨　林

副主任：

胡兴东　李　伟　廖国强　周智生

编　委：

杜香玉　段昌群　高志方　贾卫列　李　湘　廖　丽

梅雪芹　聂选华　王　彤　王建革　王利华　夏明方

杨永福　于　尧　张修玉　赵忠龙　朱　勇　朱仕荣

前　言

建设生态文明是中华民族永续发展的千年大计，关系人民福祉，关乎民族未来。党的十八大以来，以习近平同志为核心的党中央把生态文明建设作为统筹推进"五位一体"总体布局和协调推进"四个全面"战略布局的重要内容，先后开展一系列根本性、开创性、长远性的生态文明建设工作，提出一系列新理念、新思想和新战略，形成习近平生态文明思想，集中地体现为"生态兴则文明兴"的深邃历史观、"人与自然和谐共生"的科学自然观、"绿水青山就是金山银山"的绿色发展观、"良好生态环境是最普惠的民生福祉"的基本民生观、"山水林田湖草是生命共同体"的整体系统观、"实行最严格生态环境保护制度"的严密法治观、"共同建设美丽中国"的全民行动观、"共谋全球生态文明建设之路"的共赢全球观，指引和推动云南生态环境保护和生态文明建设发生了历史性、转折性和全局性的变化。

习近平总书记把马克思主义人与自然关系的思想与中国特色社会主义生态文明建设实践紧密结合起来，深刻总结世界生态文明的经验教训，汲取中华民族优秀传统文化中丰富的生态文化智慧，不断就生态文明建设和生态环境保护领域的方向性、根本性、全局性、战略性重大问题发表重要论述，作出重大部署。习近平生态文明思想理论体系系统全面、内涵丰富、博大精深，它是党的重大理论和实践创新成果，这是新时代推动云南生态文明建设的根本遵循。

作为中国生态环境最好的省份之一，云南省担负的生态环境建设任务较重，承担着保护与发展的双重责任，要始终坚持"生态立省、环境优先"的发展思路，实现云南的"三个定位"战略目标，这就要求云南在经济社会发展总体格局中运筹生态保护，算好

"生态账"。在认识到生态环境治理的复杂性、艰巨性和长期性的同时，我们更加坚定绿色发展信念，走环境与经济发展共赢的生态发展道路，要充分认识到云南生态文明建设同全国一样，既进入压力叠加、负重前行的关键期，也进入提供更多优质生态产品、满足人民群众日益增长的优美生态环境需要的攻坚期，又到了解决生态环境突出问题的窗口期。正如习近平总书记强调的："我们既要绿水青山，也要金山银山。宁要绿水青山，不要金山银山，而且绿水青山就是金山银山。我们绝不能以牺牲生态环境为代价换取经济的一时发展。"①当前，云南省始终以争当生态文明建设排头兵为一切工作的重心，紧紧围绕习近平总书记提出的战略定位，并在思想认识、工作方法和实践模式上对生态文明建设进行深入的专题研讨，在充分认识到云南生态文明建设的长期性与艰巨性的基础上，积极践行坚决打好污染防治攻坚战和牢固树立社会主义生态文明观，加快生态文明体制改革，加大生态系统保护力度，大力推进生态文明排头兵建设，推动形成人与自然和谐发展现代化建设新格局，推动乡村振兴战略落地生根，借此助力美丽云南和生态云南建设。

云南地处边疆，与越南、缅甸、老挝三个国家接壤，边境线长 4 060 千米。云南全境地形地貌复杂，海拔高低悬殊，自然环境与土壤类型多样，气候垂直差异显著，生物、旅游、水能和矿产资源丰富，生态环境基础良好，被誉为"植物王国"、"动物王国"、"微生物王国"和"生物多样性王国"，在生态文明建设中具有独特的区位优势和资源优势。2006 年，云南省确立"生态立省、环境优先"的发展战略，把保护好生态环境作为生存之基、发展之本，坚持以最小的资源消耗实现最大的经济社会效益。在习近平总书记的殷切关怀和重要指示下，为了当好生态文明建设排头兵，云南省颁布《中共云南省委 云南省人民政府关于争当全国生态文明建设排头兵的决定》《七彩云南生态文明建设规划纲要（2009—2020 年）》《云南省生态保护与建设规划（2014—2020 年）》《云南省生态文明先行示范区建设实施方案》《云南省主体功能区规划》《云南省生态功能区划》《云南省"十三五"规划纲要》等重要文件，完成《云南建立生态文明试验示范区战略报告》《策划云南：云南省"十三五"规划对策研究》等生态文明建设的研究；成立云南省生态环境厅生态文明建设处，全面负责全省生态文明建设的相关工作，同时还成立云南九大高原湖泊水污染综合防治领导小组办公室等专门负责湖泊生态环境治理的工作机构。通过云南各族人民的努力奋斗，云南在生态文明先行示范区建设、生态红线划定、生态屏障建设、九大高原湖泊治理、国家森林公园建设、水污染防治、重金属污染防治、大气污染防治、退耕还林还草、生物多样性保护，以及生

① 中共中央文献研究室：《习近平关于社会主义生态文明建设论述摘编》，北京：中央文献出版社，第 21 页。

态乡生态县生态市建设等方面取得了系列显著成绩。

云南是中国生物多样性的天然宝库和资源基地。2019 年 6 月发布的《2018 年云南省环境状况公报》显示，2018 年云南省森林面积 2311.86 万公顷，森林覆盖率 60.3%，森林蓄积量 19.7 亿立方米。截至 2018 年 12 月，云南省具有国际重要湿地 4 处，建设国家湿地公园 18 处；已建不同级别、不同类型的自然保护区 161 个，其中国家级自然保护区 21 处，省级自然保护区 38 处，州（市）级自然保护区 56 处，县级自然保护区 46 处。与此同时，云南省在全国率先编制并发布《云南省生物物种红色名录（2017 版）》，共收录云南 11 个类群的 25 451 个物种，生物物种及特有物种均位于全国之首。但从整体上看，云南省又是生态环境比较脆弱敏感的地区，生态环境保护的任务很重，发展不足和保护不够并存，生态建设和环境保护存在很多薄弱环节，生态系统保护工作兼具紧迫性与艰巨性。加大生态系统保护和生态修复力度，凝心聚力构筑西南生态安全屏障，以广阔的视野和系统的思维引领七彩云南绿色发展，能够实现生态系统各要素的协调统一，能够引领云南生态文明排头兵建设迈上新台阶。

云南亦是中国重要的生态贫困区和民族聚居区，山地约占全省面积的 84%，民族成分复杂，在全省 16 个州市中，居住着彝族、哈尼族、白族、傣族、壮族、苗族、回族、傈僳族、拉祜族、佤族、纳西族、瑶族、景颇族、藏族、布朗族、布依族、阿昌族、普米族、蒙古族、怒族、基诺族、德昂族、水族、满族、独龙族等 25 个世居少数民族。在长期的生产生活实践中，云南各少数民族群众形成各具民族特色的与自然环境和谐共生的自然观和宇宙观，各民族优秀传统生态文化对云南少数民族地区的生态文明建设产生了深远影响。云南的生态环境保护问题和生态文明排头兵建设牵动着党中央、云南省委省政府的心。党中央、国务院全面布局、长远规划，在全国实行生态文明建设以促进中华民族的永续发展。云南省委省政府及全省各族人民高度重视生态文明建设，并将其视为云南发展的生命线。目前，云南正秉持"创新、协调、绿色、开放、共享"的五大发展理念，以"等不起"的紧迫感、"慢不得"的危机感、"坐不住"的责任感狠抓云南生态文明建设。尽管在生态文明建设中依然存在经济发展与资源环境矛盾突出、农村生态问题依然严峻、生态补偿机制不健全等矛盾和问题，但我们坚信，在党中央、国务院的领导下，在省委省政府的统筹安排下，在云南各族人民的支持下，云南必能团结全省力量，构建生态廊道和生物多样性保护网络，争当好全国生态文明建设的排头兵。

"人与自然是生命共同体，人类必须尊重自然、顺应自然、保护自然。人类只有遵循自然规律才能有效防止在开发利用自然上走弯路，人类对大自然的伤害最终会伤及人类自身，这是无法抗拒的规律。"①生态文明建设的核心是协调好人与自然的关系，本质是构建人与自然的命运共同体的过程。纵观全球经济发展与生态环境变迁的历史和现状，发达国家已先行一步，污染得到治理、生态基本修复，但大多数发展中国家的环境污染和生态恶化仍未见好转。在新时代习近平生态文明思想的引领下，深入分析和总结生态文明建设的历史和实践经验，研究云南生态文明排头兵建设的规律和原则、路径和模式，将生态文明的发展理念内化于心、外化于行，担当作为、积极行动，这对于科学推动云南生态文明建设成果积极主动服务和融入"一带一路"建设具有重要意义，并有助于开创云南省生态环境保护和生态文明建设工作的新局面。

建设生态文明是一场涉及生产方式、生活方式、思维方式和价值观念的革命性变革。坚持生态文明建设全球共建共享，构建生态命运共同体和人类命运共同体。把云南建设成为祖国美丽的西南花园，要充分凝聚生态文明建设的整体合力，努力提高全省各族人民对生态文明的认识，注重将实践中形成的生态认知提升为生态文化，深度挖掘具有代表性的地方性优秀传统生态文化、生态文明研究成果和文化作品，大力推进生态文化阵地建设。要深入开展生态文明建设知识普及活动，强化低碳节能、绿色环保理念，适时加强社会公德教育，倡导低碳、绿色、文明生产生活方式，推进良好习惯养成，提高群众文明素质，使崇尚自然、善待生命、保护环境、节约资源成为社会风尚和道德规范，形成人人自觉投身生态文明建设实践的社会氛围。绿色化和生态化是云南的新议程和新行动，是实现有质量、有效益、可持续增长的必由之路，树立尊重自然、顺应自然和保护自然的观念，把云南生态文明排头兵建设转化为全省各族人民的行动自觉，把生态文明建设蓝图转化为现实，让青山常在、清水长流、空气常新成为常态，让"绿水青山就是金山银山"理念得到更生动的实践，努力开辟一条生产发展、生活富裕、生态良好的文明发展道路。尤其是基于对生态文明建设重要性和紧迫性的认识，基于历史赋予的责任感和使命感，云南各族人民应当强化责任、勇于担当，努力推动云南生态文明排头兵建设向纵深发展，坚持生态美、环境美、城市美、乡村美、山水美，持之以恒推进生态修复，努力把云南建设成为中国最美丽省份，谱写好中国梦的生态云南篇章。

---

① 习近平：《决胜全面建成小康社会 夺取新时代中国特色社会主义伟大胜利》，北京：人民出版社，2017年。

目　录

第一章　云南的生态文化及其变迁

云南是中国生物多样性最为丰富的省份，也是世界上生态环境多样性最为丰富的地区之一，既有高原雪山，也有低海拔的干热河谷；既有川流不息的大江大河，也有分布广泛的高原湖泊。从南向北，即从西双版纳向西北的香格里拉，依次分布着热带雨林、热带季雨林、萨瓦纳群落、亚热带常绿阔叶林、针阔叶混交林、高山针叶林、高山灌丛、高山草甸、高山流石滩及高山冰川等生态系统，几乎涵盖了世界上所有的生态系统类型。丰富多样的生态系统为多样化的民族及其生态文化的产生和发展提供了环境和物质基础。

第一节　生态文化概念及云南生态环境

作为一个学术术语，"生态文化"（ecological culture）是一个复合词，由"生态"（ecological）和"文化"（culture）组成。从词源上来讲，生态文化来源于生态学和人类学中两个词的组合。为了讲清楚"生态文化"的概念，有必要对"生态"的概念做一个简单的介绍。

"生态"一词来源于名词"生态学"（ecology）。生态学这一学科名称最早由德国动物学家海克尔（E. Haeckel）在《普通生物形态学》一书中提出。海克尔将生态学定义为研究生物有机体与其周围环境，包括生物环境和非生物环境之间的相互关系的科学。

英文 ecology 来源于希腊文 oikos 和 logos，前者意为"住所"或"栖息地"，后者意为"学科"。因此，就字面的意思而言，生态学是关于"居住地"或"栖息地"的科学。从这种意义上来讲，"生态文化"可以理解为关于人类"居住地"或"栖息地"的文化。"生态文化"作为人类学的学术名词于 20 世纪 80 年代出现在中国的学术界。"生态文化"概念的出现与人类所面临的环境问题不无关系。20 世纪 50 年代以后，随着工业化在西方的全面推进，它在创造巨大财富的同时也带来了严重的环境问题，在引发了人类社会极大焦虑的同时，也引起了许多学科的关注，催生出一系列新兴学科，如人类学领域的"文化生态学"。"生态文化"概念的出现与"文化生态学"密不可分。文化生态学由美国人类学家斯图尔德（Julai H. Steward）于 20 世纪 50 年代创立。斯图尔德通过对印第安人的研究看到文化和环境之间相互作用的因果过程，为此，他将生态学的概念引入人类学的研究领域，把生态学的原理应用于人类学的研究，通过考察环境对人的影响和对文化选择的限制，了解到人们如何理解、利用和改变环境，从而提出了文化的生态适应理论与文化生态学的概念[①]。斯图尔德文化生态学理论包括两个重要的观点，即"文化生态适应"和"文化核心（culture core）及其余留物（remainder）"。"文化生态适应"是指"一个在历史上发展出来的文化在特殊的环境中得到改造的适应过程"。"文化核心"是指文化中最核心的部分，由社会的经济技术构成，与生计活动密切相关。"文化的余留物"包括社会结构的许多方面及仪式行为。斯图尔德还提出文化生态学研究的三个基本程序或研究方法：首先，必须分析开发技术或生产技术和环境之间的相互关系。其次，必须分析用特定技术开发特定地域所涉及的行为模式。最后，弄清楚在开发环境中的行为模式对文化其他方面的影响程度[②]。根据斯图尔德"文化生态学"的"适应"观点及中外学者对适应研究的拓展，尤其是对生态系统工具的创造性的利用理论和实践，我们可以将"生态文化"理解为人们在"适应"其周围环境的过程中所形成的一套以生计模式为核心的对自然生态认知、保护、利用的文化体系。这一文化体系主要包括物质获取技术、社群制度伦理和精神信仰三个方面的文化适应的整合。

云南位于中国西南边疆，地处北纬 21°8′—29°15′，东经 97°31′—106°11′。南北长 990 千米，东西宽 864.9 千米，东部与贵州及广西为邻，北部与四川相连，西北一隅和西藏毗邻，西部和缅甸接壤，南部则与老挝和越南相接。

云南地形地貌特殊，东西南北分别占据了 8 个经纬度，总面积 39.41 万平方千米。

① 崔明昆：《民族生态学理论方法与个案研究》，北京：知识产权出版社，2014 年，第 59 页。
② （美）J. H. 斯图尔德著，玉文华译：《文化生态学的概念和方法》，《世界民族》1988 年第 6 期。

云南总轮廓西北高，东南低，呈阶梯状展布。省内最高点为滇西北迪庆藏族自治州德钦县的梅里雪山卡瓦格博峰，海拔达 6740 米，最低点为红河哈尼族彝族自治州河口县的红河与南溪河汇合处，海拔76.4 米。这一地貌特征是上新世末期或更新世初期地面大面积强烈的差别上升所致。由于差别上升中运动是间歇的，在停顿阶段发育出高原面上的宽广盆地。之后地面继续抬升，高原边缘地形裂点以下河流下切，分水岭多呈中等山地状，而其顶部则保留有长期剥蚀所形成的高原面。至南部抬升高度较小的地区，地势稍趋平缓，河流的修饰作用形成宽阔的河谷盆地。高原差别上升和河流切割、修饰的结果，是在北高南低的地势倾斜中，按各类盆地及其周围山地的高度，可以分为三级"阶梯"：中北部以滇中高原为主体，多大型的宽广盆地，海拔一般在 1600—1900 米，中南部残留高原面多小型山间盆地，海拔一般为 1200—1400 米；南部的较大型河谷盆地则海拔多在 500—900 米。各类盆地四周，群山连绵起伏，山地的高度亦随整个地势由北而南层层降低，成为一个多层性山原[1]。

云南地理位置及其演化历史直接影响到了云南的气候特点。从地理位置上来看，云南位于亚欧大陆东南部的内陆，中南半岛的北缘，距离太平洋和印度洋都不太遥远。从地质演化历史上来看，云南高原的抬升与青藏高原的抬升属于同一个过程，而青藏高原的巨大隆起却根本上影响了云南的气候。首先，青藏高原特殊的环流系统是来自赤道的西南季风形成的直接原因。而高原的阻挡则形成了来自热带大陆的西风南支急流。这两股气流的季节更替，控制了云南绝大部分地区的气候，其特征主要表现为年温差较小而日温差大，冬季温暖，年降水量中等而季节分配不匀，干季少雨干燥[2]。其次，云南全省从南到北，平均每千米海拔升高 6 米，仅就热量而言，最高点和最低点年均温度按理论计算至少差 40℃，超过了我国南北纬度所造成的温度差异[3]。上述原因造就了云南整个的自然地理环境及地域差异，形成了十分复杂的生态系统类型及多样化的自然地理景观。

复杂的生态环境条件及多样化的生态系统为人类的起源和繁衍提供了"舞台"，云南成为远古人类的发源地之一与此关系密切。云南开远小龙潭发现的最古老的腊玛古猿化石是腊玛古猿的早期类型，距今 1200 万年，后又在云南禄丰发现了它的晚期类型，距今 800 万—600 万年。在距禄丰 60 多千米的元谋，还发现了距今 170 万年的直立人牙齿化石、一些石器、大量炭屑及成批的哺乳动物化石。此外，在丽江盆地、石林板桥、孟连风景山、呈贡龙潭山等地，也发现有古人类化石和遗址。这些发现说明，云南很可

---

① 姜汉侨：《云南植被分布的特点及其地带规律性》，《云南植物研究》1980 年第 1 期。
② 姜汉侨：《云南植被分布的特点及其地带规律性》，《云南植物研究》1980 年第 1 期。
③ 《云南农业地理》编写组：《云南农业地理》，昆明：云南人民出版社，1981 年，第 2 页。

能是古人类的重要故乡。进入新石器时代，人类生存繁衍已遍及云南大部分地区，迄今为止考古学者发现的云南新石器时代遗址多达数百处。此后从春秋战国至东汉初年的情况，可从司马迁所著《史记·西南夷列传》和"滇国"遗存的大量青铜器等资料中获得大致了解：大小部落林立，族群及其文化形形色色。历史进一步演变，多元族群文化与复杂自然环境不间断地相互作用、交融，加之中原文化的进入和影响，云南最终形成了现今世界罕见的民族与文化多样性的绚丽图景。

第二节　云南的生态文化类型

如前所述，云南生态环境复杂，民族众多，生态文化丰富多彩。自南向北，或从东南向西北，随着海拔高度的变化，居住于不同海拔高度的不同民族创造了不同的适应策略和方式，形成了各具特色的民族生态文化。

人类与自然的关系主要表现在人类对自然的适应与利用方面。而人类的适应与利用，凭借的是文化。通常认为，文化包括三个层次的内容，一是技术文化，二是社群文化，三是精神文化。本书考察的云南的生态文化，就是依据文化内涵的三个层次这一视角进行观察、分析与整合。云南民族众多，生态文化种类繁多、形态多样，限于篇幅，本书拟选择最具代表性的四种类型（坝区河谷灌溉稻作农耕生态文化、山地梯田灌溉稻作农耕生态文化、山地轮歇农业生态文化、高原混农牧生态文化）予以论述。

一、坝区河谷灌溉稻作农耕生态文化

云南林立的群山之中，盆地星罗棋布，俗称坝子。这些海拔高低不等、面积大小不一的坝子，地势较低，土壤肥沃，土层深厚，河流纵横，水源丰富。气候多属于亚热带季风气候类型，长夏无冬，雨量充沛，年降水量一般在 1000—1700 毫米，全年无四季之分，只有明显的干季和湿季。以上自然条件，为水稻、热带和亚热带作物的栽培提供了适宜的环境。傣族、白族、汉族、壮族、侗族、水族、布依族等主要居住于坝子，是历史悠久的稻作民族。兹以傣族为例，介绍坝区河谷灌溉稻作农耕生态文化。

傣族的稻作农耕生态文化系统主要由稻谷品种驯化利用、耕作技术、水利灌溉、社会组织、观念信仰、农耕礼仪等组成。根据 20 世纪 50 年代云南农科院所的粗略统计，云南当时有水稻品种 5000 余种，旱稻品种 3000 余种[①]。这么多稻谷品种，充分反映了云南各民族数千年驯化利用稻谷的智慧、经验、技术和知识。追求稻谷品种的多样化，一是为了满足人们对食物、营养乃至信仰等的需求，如傣、壮、侗等民族，传统主食为糯米，供奉祭祀神灵祖先也须用糯米，所以其种植的糯米品种比较多[②]。二是为了适应生境自然条件，保证收成，如不同的地形地类、不同的土壤、不同的季节、不同的小气候，必须种植不同的品种。三是为了防灾、防虫，多样性品种的种植能够在一定程度上防范自然灾害，并具有减轻和防范虫害的功能。四是为了满足精耕集约农业的需要，要有效实行复种、轮作、间作，提高土地利用率，多样化的稻谷品种是不可或缺的。五是为了满足市场交易、税收和畜牧业等的需要。傣族具有十分丰富的土地、物候、气象、耕作的知识、经验和技术。传统稻田利用中十分突出的一个特点是重视用养结合，实行休耕。稻田一年只种一季稻，收获后休耕，整个冬季，稻田成为牛、马、猪、鸡的牧场，畜粪肥田，土壤充分吸收光热，地力得以恢复[③]，一季稻的产量可等同于双季稻的收获，具有显著的可持续利用等多重效果。

傣族多临水而居，水文化十分繁荣。傣族有一句为人们津津乐道的经典谚语："没有森林便没有水，没有水就没有田，没有田就没有人。"这句话可视为低地坝子住民对人与自然关系的认知的高度概括。同样为人们津津乐道的还有傣族传统水资源利用与管理的法规和实践。西双版纳的灌溉体系表现出很强的"顺势性"特征。从张公瑾先生收集并翻译的 1778 年西双版纳议事厅发布的文告来看，其强调的是"大家应该一起疏通沟道，使水能够顺畅地流进大家的田里"，而并非是调动大量劳役修建储水设施以达到灌溉更多农田的目的。一般说来，灌溉系统包含蓄水和引水两大功能，但就西双版纳而言，修建水利设施的最终目标是保证河水能够"合理而均匀地分流到不同的稻田"，只

[①] 尹绍亭：《云南农耕低湿地水稻起源考》，《中国农史》1987 年第 2 期。

[②] 渡部忠世著，尹绍亭等译：《稻米之路》，昆明：云南人民出版社，1981 年，第 146 页。根据渡部忠世的研究，在美国、中南美、澳大利亚和欧洲各国等稻作历史比较短的地区，几乎没有糯稻的栽培，非洲也没有糯稻分布。在亚洲的大部分地区，糯稻也只是属于少量栽培的品种。而在老挝、泰国的北部和东北部，缅甸掸邦和克钦邦的一部分，中国的云南和广西的一部分，印度阿萨姆邦的东部等地区，则主要栽培糯稻并以糯稻为主食。渡部忠世认为，在全世界，仅有这个地带存在"糯稻栽培圈"，不仅农学，从各种角度进一步研究，都是很有意义的。以糯米为主食的族群又伴有嗜茶的习俗，而茶树的起源地与"糯稻栽培圈"的范围大部分相重合，这是偶然的现象还是别有原因，也值得研究。

[③] 傣族水田不施肥，采取休耕等方法实现地力更新。对此，张海超、雷廷加的《傣族传统稻作农业生产体系的生态人类学考察》文章中曾引用了江应樑先生的解释，"因为长期荒芜，野草自生自灭，植物混入泥中腐败，使土壤中所含的天然肥料非常丰富，农产物种植下去，绝对不需要施肥"。这是 20 世纪 40 年代江应樑先生对于傣族农作方式给出的解释。此外，江先生的著作中还提到"摆夷割稻时，腰部亦懒于弯下"，"稻穗仅割取尺许长"，由于稻草在当地并不充当燃料、饲料，也不用于覆盖屋顶，所以"任其留置田中"。按照傣族传统的收割方式，只割取稻穗部分，而不是把整棵植株都割倒，虽然"摆夷不收稻草，任意留存稻田里"的情况被认为会滋生虫害，但稻秆最终会在田中腐朽分解，自然可以理解为保持农田肥力的一种方式。

是看重其中的引水功能。傣族研究专家高立士先生对西双版纳地区涵养水源的竜林系统、水渠的传统管理制度及挖沟、筑坝、分水、提水的技术细节有过详尽的调查与讨论，根据他整理的数据，"1950年以前全州（西双版纳）有大小坝塘100余个"，对于稻作地区来说这一数量并不算多，何况其中蓄水量最大的"勐罕大鱼塘""曼勐养大鱼塘""莲花池"都是河床改道或者地震凹陷形成的，并非人工修筑的蓄水设施。严格说来，西双版纳等地"只有引水工程，没有蓄水工程"[①]。1950年以前，西双版纳景洪坝子有由13条水沟组成的一个大灌溉区，可浇灌全区81个村寨4万亩（1亩≈666.67平方米）稻田。在管理上，有一个自上而下的水利管理体系，各级管理人员职责明确。水利设施于每年公历四五月（傣历六七月）雨季来临之前精心维修。各村、各户的水量分配均按照村规民约和简单有效的方式公平合理实行，所以很少发生水利纠纷[②]。水是农业的命脉，也可能是农业的祸害。为了保障农业用水，同时也为了防范洪涝，常见的应对策略是兴修水利。傣族地区过去没有大的水利工程，即如"没有森林就没有水"之说，水源主要靠森林涵养。大面积培育维护森林，利用森林所具有的强大的涵养水源的功能，拦截、蓄积和再分配降水，可以达到防范洪涝、削弱对土壤的侵蚀和冲刷、滋养农田的目的。森林涵养水源主要依靠三个方面。一是森林林冠。林冠截留水量的多少与植物本身的特征有关，包括树种、树龄、冠层的稠密程度和排列状况等。一般而言，叶面积指数和茂密度越大，林冠截留量也就越大，林冠截留量还与林分郁闭度成正比。二是枯枝落叶层。枯枝落叶层具有保护土壤和涵养水分的作用。凋落物覆盖土壤可减少雨水冲刷，增加土壤的腐殖质、有机质和孔隙度，参与土壤团粒结构的形成，增加土壤层蓄水，减少土地水分蒸发。凋落物的持水能力受多方面的影响，包括树种、凋落物的厚度、湿度及分解程度和成分等。枯枝落叶层持水能力极高，甚至高于林冠层和土壤层。一般情况下，其最大持水量是凋落物自身重量的2—4倍，最大持水率的均值为309.54%，折合0.7—0.8毫米水层厚度。三是森林土壤层。森林土壤层是森林涵养水分的主要载体，具有较高的入渗和持水功能。透过林冠层的降水量中，有70%—80%进入土壤。森林土壤层的储水能力受多方面影响，包括森林的类型、土壤结构和土壤孔隙度等。在热带、亚热带地区，阔叶林生态系统的土壤孔隙度较高，为59.6%—78.7%，林地土壤的蓄水能力也较强。树冠、枯枝落叶凋落物和林下土壤的综合作用，形成强大的蓄水功能[③]。傣族传统盛行山林崇拜，西双版纳在20世纪50年代森林密布，森林覆盖率高达近70%。当时傣族村寨的"竜林"（即神林）多达1000多处，总面积约10万公

---

① 张海超、雷廷加：《傣族传统稻作农业生产体系的生态人类学考察》，《云南社会科学》2018年第2期。
② 郭家骥：《西双版纳傣族的稻作文化研究》，昆明：云南大学出版社，1998年，第72页。
③ 崔海洋、李峰：《侗族传统农耕文化与珠江流域水资源安全》，北京：知识产权出版社，2015年，第130、132页。

顷，约占全州总面积的 5%，发挥着"绿色水库"的重要功能。那时傣族村寨只有引水沟渠，没有蓄水工程，只有鱼塘，没有水库，全州 45 万亩水田多半靠包括垄林在内的大面积森林来涵养水源以灌溉农田。例如，位于景洪和勐海之间的"垄南"神山，是西双版纳各民族共同崇拜的神山，面积约 8 万亩（0.53 万公顷），景洪和勐海四个坝子（河谷盆地）约 5 万亩（0.33 万公顷）水田灌溉水源即来自此片神山[①]。又如，景洪坝子夏董乡曼迈寨，该寨有傣族 200 多户、1000 多人，人畜饮水及 2000 多亩水田的灌溉全靠后山"神林"流出的箐水解决。据有关部门研究资料，垄林具有突出的保土保水功能，垄林下的土壤年径流量为 6.57 毫米，若毁林开荒，土壤的径流量会陡增为 226.31 毫米；每亩垄林能蓄水 20 立方米，西双版纳全州当时有垄林 150 万亩，能蓄水 3000 万立方米，相当于当地修筑的曼飞龙大型水库的 3 倍，曼岭、曼么耐中型水库的 5 倍[②]。

傣族地区能够有效保护森林，除了信仰、观念、制度、法规等积极因素之外，还有备受赞赏的"绿色生态文化"，那就是铁刀木的种植和利用。铁刀木是优良红木树种，长期以来，傣族一直传承着每家每户利用房前屋后、田头地脚种植铁刀木的优良传统。铁刀木树枝繁茂，而且树枝越砍越发。过去傣族人家的柴薪主要就是"砍之不尽"的铁刀木树枝。利用就近栽种的铁刀木树枝做柴薪，不但节约大量劳力，而且不用砍伐天然森林，这样就能很好地保护森林和大量林产品，保护水源，保护生态环境。栽种铁刀木解决燃料以维护良好生态，无疑是傣族生态文化的杰作，值得赞赏、学习、传承。

傣族社会崇尚少子习俗，无论过去还是现在，一个家庭一般只生育一个或两个孩子。到 20 世纪五六十年代，傣族地区仍保持着人少地广的状态，这与该地区森林覆盖率高、生态环境良好有很大关系。傣族社会全民信奉南传上座部佛教，撇开佛教主张的万物同生、行善积德等教义不说，人们崇尚信仰、清心寡欲、顺应自然，社会一派和谐景象。现在提倡建设生态文明，一个重要的方面，就是必须在伦理和信仰方面花大力气、下大功夫。

二、山地梯田灌溉稻作农耕生态文化

云南多山，梯田分布广。从事或部分从事梯田灌溉稻作农耕的民族有哈尼族、彝族、汉族、苗族、瑶族、拉祜族、傈僳族和部分的傣族、壮族，而以红河哈尼族彝族自

① 裴盛基：《自然圣境与生物多样性保护》，《自然圣境与生物多样性保护论文选集》，昆明：中国科学院昆明植物研究所，2014 年，第 30 页。
② 高力士：《傣族竜林文化研究》，昆明：云南民族出版社，2010 年，第 2、3 页。

治州内的哈尼梯田灌溉稻作农耕最为著名。哈尼族梯田甚为壮观，以一坡而论，少则上百级，多则5000级，而闻名于世的印加梯田不过800多级。哈尼族人口逾百万，属跨境民族。在中国境内主要居住在云南省南部哀牢山和无量山区。

哈尼梯田灌溉农耕生态文化是以"森林—村寨—梯田—江河"四要素为基本结构组成的文化生态系统。联合国教育、科学及文化组织世界遗产中心在给红河评遗的景观评语中曾有如此评价："红河哈尼梯田文化景观所体现的森林、水系、梯田和村寨四素同构系统符合世界文化遗产标准，其完美反映的精密复杂的农业、林业和水分配系统，通过长期以来形成的独特的社会经济宗教体系得以加强，彰显了人与环境互动的重要模式。"[①]

红河哈尼族的"四素同构"梯田灌溉农耕文化生态系统是一个人工与自然相结合的循环系统。哈尼族生境的"四素同构"，为垂直结构系统，从上往下分别是高山地带的森林、森林下部的村寨、村寨下部的梯田和梯田底部的河谷。

哈尼族聚居的红河流域哀牢山区属亚热带山地季风气候，年平均气温在 15℃—22℃，年日照 1670 小时，无霜期 300 天左右，气候温和，雨量充沛，年降水量多在 800—1600 毫米，立体气候特征显著。哀牢山俗有"山有多高、水有多高"之说，高山的水源主要来自森林储存的季风雨。由于森林涵养水量十分丰富，小溪、泉水常流，经年不竭。哈尼族利用这一得天独厚的条件，开挖兴修水沟水渠，营造灌溉水网，通过大小不一的水沟、水渠引导、分配水源进行灌溉。流经层层梯田下泄的灌溉水，至低海拔河谷受热，又蒸腾而上，沿山势到达山顶，遇冷成雨，复又落存于森林，形成了水资源的循环。这就是独特的"四素结构"文化生态机理。

哈尼族农业生产以梯田农耕稻作为核心内容，从农耕生产技术管理到饮食、建筑、民居等形成了独特生态文化体系。每当翠绿的山林传来第一声布谷鸟的叫声，一年一度的梯田农耕稻作民俗活动便拉开了繁忙、艰辛、有序、丰富多彩又热闹纷呈的序幕，染红蛋、蒸黄饭、祭祖、奉神、为秧苗叫魂、求丰收的系列民俗活动在哈尼山寨和梯田中展开。三月开秧门之后，献田神、祭田坝神、六月的"库扎扎"等活动相继进行，到了七月，修田间路，引谷魂回家，求得丰产丰收。进入九月，开镰收割，新谷入仓，祭谷仓，开仓撮新谷。十月"扎勒特"就是年末岁首，新旧交替之月，自此新的一年又开始了[②]。

森林和水是生命的源泉。"要烧柴上高山，要种田在山下，要生娃娃住山腰。"据各县文字资料，20 世纪 50 年代初期，红河流域哈尼族聚居的元阳、红河、绿春、金

① 邹辉：《西部山地的梯田农耕文化》，尹绍亭编著：《西部农耕文化》，昆明：云南人民出版社，2020 年。
② 邹辉：《西部山地的梯田农耕文化》，尹绍亭编著：《西部农耕文化》，昆明：云南人民出版社，2020 年。

平、墨江、普洱等县的森林覆盖率占各县土地面积的60%以上，红河流域的崇山峻岭上呈现茫茫森林、植被茂盛的景象。由于大山阻隔，苍莽的原始森林绵延不绝，古木参天、山野翠绿，如此良好的植被条件不仅涵养了丰富的水土，也为哈尼族开发高山梯田提供了优良的天然保障。哈尼族民间流传有许多关于树木崇拜和水崇拜的俗语。例如，"人靠饭菜养，庄稼靠水长，山上林木光，山下无米粮；有林才有水，有水才有粮""有山就有水，有水就聚人；水来自山，山靠森林养""人的命根子是梯田，梯田的命根子是水，水的命根子是森林""水发源于森林，人依赖于森林""田坝再好，没有水栽不出谷子……有田有粮才有命，有山有林才有水……"等。哈尼族朴素、科学的生态观、资源观，不仅表现于上述俗语、谚语中，还反映在诸多有关树木和森林的历史传说、神话故事及现实生活之中。哈尼族传说，森林是哈尼族的避难所和庇护所，是食物和其他生存必需品的提供者，森林就是哈尼族的家。因此，哈尼族称村寨为"昂玛"、称神树林为"普麻俄波"，其都有"丛林"之意。哈尼族村寨通行的村规民约，一般把高山森林划分为水源林，村寨后山森林为神树林，村寨周围森林为村寨林或风景林，这些森林一律严禁砍伐，一年之中要举行多次供奉山神、树神等的祭祀活动。哈尼族认为，村边的古树巨大，村寨才会相应壮大；有了古老的大树，村寨才会长久；有了标直粗壮的树木，村子里才会长成健壮俊美的小伙子和漂亮的姑娘。如果村边的古树死掉或遭雷击，会被当作忌日，全村哀悼，死树只能自然腐烂，不能当柴薪等利用。

哈尼族稻田按地势高低分坝田和山田两种，以山田为主，山田即梯田。梯田精耕细作，轮作复种。精耕细作包括精耕土壤、培育良种、适时种植、灌排控制、中耕管理、合理施肥等。据统计，哈尼族现有土地分类55种，其中稻田类34种，旱地类21种；农作物分类148种，其中水稻25种，苞谷和荞子15种，麦子、高粱、薯类等杂粮22种，豆类20种，竹子9种，瓜类11种，蔬菜和作料类38种，其他烟、茶、甘蔗等8种。目前哈尼族栽种的农作物，按其栽种来源主要可以分为以下3种类型：一类是经过哈尼族驯化从野生作物栽培为人工作物并已栽种多年的传统栽培作物，这一类主要包含高山水稻、旱稻、荞子、席子草、苤菜、蓝靛、魔芋、芋头、蜘蛛抱蛋、刺芫荽、刺天茄、薄荷等，这类作物的最大特点是在哈尼族传统农耕生产生活中具有历史承袭的特征，此类作物在哈尼族生产生活和社会仪式中占有重要的地位。例如，哈尼族自己培植的传统水稻品种就很多，一般根据稻米味道分为普通稻和糯稻，也有按稻米香味或谷粒形状、大小、颜色等特征来区分的。在哀牢山区，稻米是梯田农耕的首要产品和主食，哈尼族培育使用的传统稻谷品种达数百种，仅元阳县便有黏性籼稻171种、粳稻25种，其中糯稻30余种。这些品种均具备一个共同的特征——高棵，稻秆高达1—2米。传统品种中有不少品种米质优良，而且产量不低，如籼稻"红脚谷"亩产350—600千克，生长在海拔 1800 米左右的耐寒的"冷水谷"亩产也在 300—350 千克。另一类是哈尼族从与之相邻的其他民族那里引种来的作物，如水芋、茭白、包白菜、芭蕉、丰收瓜等。还有一类则是当地政府有关部门陆续引进推广种植的作物，以经济作物为主，如杂交水稻、杂交苞谷、小麦、红薯、木薯、甘蔗、油菜、香蕉、蕉芋、烤烟、香茅草、咖啡等。如今，在红河南岸哀牢山区，几乎所有的村寨都在种植杂交稻。杂交稻的优点不言而喻，但其会对哈尼梯田稻谷品种多样性产生危害。由于杂交稻的大量种植，生物链断绝，生物基因多样化遭到破坏，病虫害频发，传统科技和知识逐渐丧失[1]。中国工程院院士朱友勇教授所进行的水稻栽培病虫害防治及其成就享誉世界，而这项成果的取得就得益于哈尼梯田水稻种植的传统知识，这证实了传统哈尼梯田稻谷品种多样性所具有的巨大价值。

哈尼梯田不仅有农作物多样性，还具有突出的农副产品多样性。梯田副产品包括鱼、泥鳅、黄鳝、水獭、田鸡、螺蛳、谷雀、鸭子、鹅、鸭蛋、鹅蛋、鱼腥草、细芽菜、田蕨菜、水芹菜、土锅菜等。哈尼族人喜欢吃梯田养殖的谷花鱼。这种鱼生长在稻田中，吃稻田中抖落的谷花，因而叫谷花鱼。每年的谷秧栽插后，将鱼苗放入田中，让其自然生长，秋收时放水捕捞。谷花鱼大的有半斤多，小的也有二三两，鱼头小体肥，肉厚刺软，肉质鲜嫩。煮时加入生姜、苤菜、花椒等作料，味道鲜香甘美，软糯无比。除了鲜食，哈尼族人还喜欢将其腌制成酸鱼食用。产自梯田的细芽菜、水芹菜、土锅菜、鱼腥草、马蹄叶、车前草、鸡蛋花、荠菜、飞花草等可凉拌生食或炒食、余汤。螺蛳、黄鳝、谷花鱼、泥鳅、田鸡、秧鸡、蚂蚱、虾巴虫等是特殊风味食物。泥鳅、魔芋、埂豆芽是哈尼族婚宴上必不可少的菜肴。泥鳅象征男子生殖能力且被认为有补气壮阳之效，魔芋是女性生殖能力的象征。田埂种植的埂豆也叫"老鼠豆"，哈尼族称之为"deebaol neevsiq"，意为"种在埂子上的豆"，老鼠豆豆芽意寓多子多孙。

红河地区的沟渠灌溉十分发达。红河流域属亚热带季风气候，东南迎风坡降水量充沛，用当地人的话说是"山有多高水有多高"，极富灌溉之利。生活于该地区的哈尼族、彝族等，利用这一特殊的自然条件，积千百年之开拓，营造出规模巨大、极为壮观的梯田景观。清代嘉庆年间《临安府志》有此地梯田的记载："依山麓平旷处，开作田园，层层相间，远望如画，至山势峻急，蹑坎而登，有石梯蹬。水源高者，通以略杓，数里不绝。"如前所述，哈尼族的梯田灌溉大致有两种方式。一是垂直的"跑马水"灌溉：让高山之水直接进入高地之田，每层梯田均有水口，水从梯田一层一层往下流，形成数十层乃至数百层自上而下灌溉，远远望去，梯田水口犹如数十个数百个小瀑布悬挂

---

① 邹辉：《植物的记忆与象征：一种理解哈尼族文化的视觉》，北京：知识产权出版社，2013 年。

山间。二是横向的沟渠灌溉：逢山挖土，遇石爆破，修筑数千米乃至数十千米的沟渠，将水引至缺水的山坡。有关统计数据显示，在 1949 年，红河流域的红河、元阳、绿春、金平四县修筑的沟渠多达 12 350 条，灌溉梯田面积 30 余万亩；而到了 1985 年，上述四县的沟渠已增至 24 745 条，灌溉面积近 60 万亩[1]。

哈尼梯田地力更新和施肥的方法亦值得赞赏。一是休耕。梯田只耕种一季，冬天休耕晒田，地力得以恢复。二是利用绿肥。每年秋收过后，将田埂上的杂草铲除，泡在田里，经过冬天沤泡，成为肥料。三是"冲肥"。冲肥有两种冲法：一是冲村寨肥塘。哈尼族各村寨都有一个大水塘，平时家禽牲畜粪便、垃圾灶灰等积集于此。春耕时节挖开塘口，从大沟中放水将其冲入田中。村民用锄头钉耙搅动糊状发黑的肥水，使其顺畅下淌，沿沟一路均有专人照料疏导，使肥水入田。如果某户要单独冲畜肥入田，只要通知别的农户关闭梯田水口，就可单独冲肥入田。二是冲山水肥。每年雨季到来，村寨的男女老少一起出动，称为"赶沟"。六七月大雨泼瓢而至，将在高山森林积蓄并沤了一年的枯枝败叶、牛马粪便顺山冲下，满山畜粪和腐殖土冲刷而下，在人们的疏导下顺水流入梯田。此时梯田里稻谷恰值扬花孕穗，正需追肥。这一方法省去了大量运肥劳力，而且效果极佳。

因为梯田生态文化极其独特丰富，所以云南红河以元阳哈尼族为代表的梯田农业于 2010 年、2013 年先后被评选为世界农业遗产和世界文化遗产[2]。

三、山地轮歇农业生态文化

轮歇农业，其最重要的形态俗称刀耕火种。中国古代文献称刀耕火种为畬田，明清之后多称作刀耕火种。刀耕火种农业起源于新石器时代，那时人们利用石斧、石刀等生产工具，砍伐树木，晒干焚烧，清理土地，播种作物，收获粮食，同时进行采集狩猎，以维持生存。新石器时代延续了数千年，以石木生产工具为标志，原始的刀耕火种农业也盛行了数千年。在中国，中原地区虽然早在夏商时期便进入文明时代，然而由于那时候人烟稀少，森林广袤，所以刀耕火种农业依然得以延续。春秋时代，黄河中下游流域出现了精耕细作农业，刀耕火种农业逐渐退出历史舞台。而在长江中下游流域，这种状况要晚得多。唐代长江中下游流域取代黄河中下游流域成为经济发展中心，依赖的是水田灌溉农业的发达。虽然如此，"火耕水耨"的农耕方式依然存在于江南一些地区，尤其是山地，直到宋代也还不乏关于"畬田"的记载。至于西部，情况就更加不同，刀耕

① 黄绍文：《论哈尼族梯田的可持续发展》，《哈尼族梯田文化论集》，昆明：云南民族出版社，2002 年，第 98 页。
② 崔明昆、赵文娟、韩汉柏等：《中国西部民族文化通志·生态卷》，昆明：云南人民出版社，2017 年。

火种农业不仅大规模延续至明清时期，而且至今依然不绝。原因何在？情况并不像许多学者想象的那样，是因为西部落后，许多少数民族"尚未跨出原始社会的门槛"，不知道使用锄、犁耕作。其实，铁器时代依然盛行的刀耕火种已非石器时代的刀耕火种，乃是与灌溉水田农业并行的传统农业。刀耕火种农业能够延续盛行主要靠三个条件：一是人口稀少且具备足够多的森林土地；二是在森林土地数量充足的情况下，其轮歇制度得以正常运行；三是还未受到外部现代化发展或市场经济的影响、干扰和冲击。正是由于具备这三个条件，所以西部许多山区的刀耕火种农业才能长期延续，成为现、当代云南等地农耕文化的一大特色。

云南亚热带和热带地带，气候温暖、炎热，受东南和西南季风控制，雨水充沛，森林生物资源十分丰富，这样的地理环境，为人们从事以刀耕火种为主兼行狩猎采集的生计提供了良好的条件。古代云南山地普遍盛行刀耕火种，当代的分布收缩到滇南山地。从事刀耕火种的民族有独龙族、傈僳族、怒族、景颇族、佤族、拉祜族、哈尼族、布朗族、基诺族、苗族、瑶族等①。

刀耕火种是一个复杂的人类生态系统。刀耕火种作为一种食物生产方式、一种山地森林农业形态，也和其他农业一样，是一个对自然生态系统进行干预、控制，使其根据人类的需要进行能量转换和物质循环的人类生态系统。在森林生态系统中，森林作为"生产者"，是其生态系统中积极的因素。森林的树木、藤蔓、灌丛等植物的叶绿素，在太阳光能的作用下，通过光合作用，把从环境中吸收的水分、二氧化碳和无机盐类制造成为初级产品——碳水化合物，以维持和促进自身的生长。在一个未经人类利用的森林生态系统中，其"消费者"是生存于生态系统中的各类动物和大量腐生或寄生的菌类。在刀耕火种人类生态系统中，人类是"多级消费者"，一方面通过采集和渔猎手段获取各类动植物食物，另一方面通过砍伐和焚烧植物，使其变为物质代谢材料无机盐类，即把固定于植物中的太阳能转化投入土壤，然后播种农作物，农作物吸收无机盐类进行光合作用而茁壮生长，实现了太阳能的多次转化，森林生态系统于是成为人类利用的农业生态系统。刀耕火种人类生态系统的"生产者"和"消费者"之间的物质循环、能量转换，体现了人类适应、认知、利用自然的智慧②。

刀耕火种并非单纯的农业，而是兼营采集、狩猎的整合体。笔者曾将这一整合体称为"刀耕火种人类生态系统"，并将该系统的多层结构用"生态系统树"形象、整体地表示。从"刀耕火种人类生态系统"的结构和功能不难看出，刀耕火种社会具有远高于采集狩猎的适应性和生态文明。刀耕火种社会除了兼容采集狩猎社会生态文明的全部内

① 尹绍亭：《一个充满争议的文化生态体系——云南刀耕火种研究》，昆明：云南人民出版社，1991年。
② 尹绍亭：《森林孕育的农耕文化——云南刀耕火种志》，昆明：云南人民出版社，1994年。

涵，还有如下诸多发展：①自然观方面，在浓郁的自然崇拜之上，增加了一系列农耕神灵祭祀仪式。②社会组织方面，产生了代表和体现部落人民权益并进行有效管理的长老或头人制度。③资源占有和公平方面，土地和自然资源为氏族或村寨公有，人们按需分配，利益均等，和谐互助。④资源管理和可持续利用方面，实行轮歇耕作、轮作栽培、因地制宜、控制聚落规模等制度和措施，以实现对森林土地等资源的循环和可持续利用。⑤信息交换方面，与低地灌溉农耕社会建立、保持着生态互补的物质能量的流动交换关系[①]。

刀耕火种作为一种传统农业类型，给世界留下了诸多宝贵遗产，诸如人与森林的适应关系，人类对森林及其中的动植物的认知与利用，刀耕火种耕作技术及栽培植物的多样性，特殊生产关系的建构和调适，具有很高适应性的自然资源的分配、利用方式，等等。而对于现实诸多地区土地不可持续利用的糟糕状况，刀耕火种的土地轮歇耕种方式不失为解决问题的一剂"良方"，值得一提。

轮歇，即村社或村社中的各个生产群体，将属于自己的可利用的土地（包括公有地和私有地）划分为若干个区域，每年集体开荒耕种一个大的区域或几个小区域，其余的土地则抛荒休闲，使之恢复森林和地力，每年如此，轮流垦殖，形成有序循环的轮垦制度。云南山地民族传统刀耕火种的轮歇方式，大致有如下几种。

（一）无轮作轮歇类型

无轮作轮歇刀耕火种农业是一种土地转换频繁的刀耕火种农业，是否有充足的土地资源和严明的土地制度是这类刀耕火种农业生态系统能否良性循环的关键。一些山地民族称无轮作轮歇类型为"耕种懒活地"。其轮歇方式是一块土地只种一季作物便抛荒，休闲期短则七八年，长则十余年。一片森林地，辛辛苦苦开辟成耕地，为什么只种一年便抛荒呢？这样做有几方面的道理。第一，只种一季作物抛荒后树木容易再生。从事无轮作轮歇农业的民族，在伐木、烧地、播种之时，都很注意保护地里的树桩。只种一季，树桩一般不会枯死，及时抛荒休闲，有利于树桩迅速长出树枝，所以这是一种能够快速恢复森林和地力的轮歇方式。第二，只种一季土地杂草少。由于新开辟的林地树木多，烧地火势猛烈，绝大部分杂草和草籽被烧死，所以作物生长过程中杂草很少，不用花太多时间去除草，甚至完全不必除草，所以叫种"懒活地"，顾名思义，即耕种省力的意思。第三，虫害少。和杂草、草籽一样，存在于表层土壤中的害虫，在烧地时多被烧死，故而虫害少。第四，水土流失少。由于耕作期极短，植被恢复快，可以大大减少

[①] 尹绍亭：《基诺族刀耕火种的民族生态学研究》，《农业考古》1988 年第 2 期。

水土流失。第五，只种一季作物产量高。开辟森林处女地或者经过长期休闲的土地，树木多，有机物堆积层厚，焚烧后灰分多。灰分可以改善热带、亚热带山地偏于酸性的红壤、砖红壤的成分，提高土壤肥力。如果连年耕种，又无肥料投入，而且杂草丛生，那么作物产量肯定一年不如一年。无轮作轮歇方式是典型的刀耕火种，不必使用锄犁耕地，即采用免耕之法，具有保土、保水、保肥、抑制杂草、快速恢复森林植被、省工省力的功能。无轮作轮歇仅使用刀耕，一般不使用锄耕和犁耕。具有发达的作物间、套种是此种轮歇地作物种植技术的一大特色。基诺族、景颇族等的间、套种作物从六七种到二十余种不等，其中有禾本科的龙爪稷、薏苡、粟、高粱，豆科的黄豆、饭豆、四季豆，茄科的茄子、辣椒、苦子，葫芦科的南瓜、黄瓜、葫芦、辣椒瓜、苦瓜，十字花科的青菜、萝卜、白菜，天南星科的芋头，菊科的向日葵，姜科的姜，百合科的葱、韭菜、薤头，唇形科的苏子、薄荷，芸香科的打棒香，等等。例如，景颇族在陆稻地里进行间、套种，要在陆稻播种前十余日将豆类和黄瓜等种于地边，并搭木架，木架之间的空隙种薏苡。地中有石堆、土包或凹处则种瓜类；火灰多和土层厚的地方可种辣椒、茄子、芋头、萝卜和山药。播种陆稻时，先撒播龙爪稷，之后才点播混合着苏子和水冬瓜树籽的陆稻籽种。玉米地的间、套种的方法大致相同，只是龙爪稷除了可以在玉米种下之后撒播之外，还可以先育苗后移植。前法省工但产量较低，后法费工但产量较高，而且便于中耕。间、套种黄豆、龙爪稷、粟、高粱、向日葵、苏子、南瓜及香料作物时，根据经验，在每箩陆稻籽种的播种面积内可撒播龙爪稷籽种 6 两（300 克），玉米种约 0.5 千克，饭豆种 200—300 塘（穴），其余作物则种于地边。玉米地株行距较稀，间套籽种可适当增加。例如，在玉米地中间种矮脚饭豆，每箩玉米种的面积可种两碗半豆种（0.7—1 千克）[①]。景颇族认为，实行多种作物间、套种具有以下几个好处。第一，可以充分利用地里的空间和阳光。景颇族把多种作物间、套种的土地叫作"百宝地"，说"百宝地里既有高处生长的陆稻、黄瓜、豆、粟、高粱、玉米等，又有地面爬的南瓜等"，即高秆、矮茎作物相间，直立、蔓生作物互依，上层、中层及地上地下应有尽有，形成多种作物组成的群体结构，空间得到了最大限度的利用，同时大大提高了光能的利用率。第二，可以提高土地肥力并充分利用地力。景颇族人说："我们每一块地都要间种一些黄豆，黄豆长得好，谷子（陆稻）也就长得好。"又说："栽种水冬瓜树最能肥地，哪怕是一块瘦地，只要种上水冬瓜树，都会有好收成。"人们常说刀耕火种农业不懂得施肥，然而这种稻、豆、树混作的农业，不仅可以提高土地肥力，还有其他方面的效益。另外，由于一块地中的作物，有的根深有的根浅（如玉米与豆类），有的是

---

① 资料来源：盈江县档案馆。

须根有的是直根（如陆稻与山药），因而各层土壤中的养分和水分也能得到充分吸收。第三，有利于抗灾保收。山地一般坡度大，作物栽种种类多，覆盖率高，既有利于减少暴雨、山洪对土壤的冲刷，在干旱炎热的季节还能够荫蔽土地，利于水土保持。在地边栽种玉米、高粱、薏苡等高秆作物及饭豆和黄瓜等上架作物，能起到"屏障"的作用，减少风灾的危害。传统农业靠天吃饭，年成有旱涝之变，栽种单一作物，遇上灾年，很可能严重减产甚至颗粒无收。多种作物混作，由于其抗逆性不同，成熟期不一，即使灾年仍然可以"这边损失那边补，不收这种收那种"，多少起到抗灾保收的作用。此外，间作和混作还要考虑早、中、晚品种的配置比例，利用作物不同的成熟期以避免青黄不接。第四，可以满足人们生活的多种需求。在"百宝地"种植的 20 多种作物中，陆稻、玉米、荞麦是粮食作物。高粱、粟、龙爪稷、玉米、苦荞既是粮食又是酿酒原料。景颇族喜欢喝酒，男人可以一天不吃饭，但是不能一天不喝酒。红薯舂细做粑粑，黄豆做豆豉。在景颇族的食品中，豆豉是不可缺少的，没有豆豉就吃不下饭。苏子、芝麻是油料作物。景颇族过去没有菜园，蔬菜主要靠"百宝地"生产和采集。黄瓜、南瓜、芋头、四季豆等，还常常作为小商品到市集出售，所得收入用于购买盐巴等生活用品。第五，可以节省劳力。陆稻地里间种龙爪稷，玉米地里间种瓜豆等，因其枝叶繁茂，地面荫蔽，可以抑制杂草滋生。据统计，间种多种作物与只种单一作物两相比较，前者可以减少中耕次数，每箩播种面积可省工 20 余个（一个成年人劳动一天叫作一个工）。而且，多种作物集中栽种，也要比分散栽种便于管理。第六，单位面积的作物产量比较高。以盈江县卡场地区为例，该区单一陆稻种植的亩产量普遍为 100 余千克，水稻亩产低于陆稻亩产（没有推广杂交稻之前），为 100 千克左右，玉米亩产又低于水稻，只有 50 余千克。而"百宝地"亩产之和，却远远高于此数。据该区 20 世纪 60 年代的调查资料，"百宝地" 20 余种作物的产量，大多在 400 千克左右，有的甚至更高。

（二）短期轮作轮歇类型

短期轮作，是指连续耕种两年然后抛荒休闲的刀耕火种方式。如果土地有限，不能满足一季一换的休闲方式，那么就得连续耕种。连续耕种会导致地力衰退、杂草丛生，实行不同作物的轮作，可以在一定程度上避免这种状况。例如，第一年种棉花，第二年种陆稻，或者以能够改善土地肥力的黄豆、苏子等作物与陆稻、玉米、芋头等作物轮作。短期轮作的耕作方法，第一年一般实行免耕点播，第二年用锄耕或犁耕，播种多为撒播。实行短期轮作，如果第一年栽种棉花、苏子、黄豆、小豆，而且采取免耕的方式，那么第二年杂草亦不会太多，土地依然肥沃，而且抛荒地树木的再生也较快。而如果第一年便挖地犁地，不注意保护树桩，而且两年都栽种同一品种作物的话，那么第二年作物的产量必然会下降，而且不利于地中树木的再生。

（三）长期轮作休闲类型

长期轮作，即轮作 3—5 年，休闲十余年甚至更长，也有少数轮作长达七八年甚至十年的情况。实行长期轮作，会使地中的树桩死亡，抛荒后要恢复森林需要很长的时间，如果休闲年限不足，便会成为稀树草地或草地。轮作年限长，地力逐年下降，而且杂草会逐年增多，所需除草的劳动量和劳动时间也就越多。大多从事长期轮作的民族，往往是因为人多地少，无法实行无轮作或短期轮作休闲方式，所以才不得不采取这种方式。长期轮作，虽然劳动量投入多，对生态环境不利，而且作物产量较低，但是可以在一定程度上缓解人多地少的矛盾。实行轮歇刀耕火种，每人每年通常需要耕种 3 亩林地才能满足食粮的需要，如果实行无轮作烧垦，以 13 年为一个轮歇周期的话，那么一个人需要 39 亩土地。如果实行轮作，以 3 年轮作 15 年休闲为一个轮歇周期计算，那么一人需要 15 亩土地；而如果以 5 年为一个轮歇周期，那么一人就只需要 9 亩土地，与无轮作轮歇相比，可节约 30 亩土地。

长期轮作虽然可以节约土地，但是会带来杂草多、地力衰、森林难以恢复等问题。不过一些民族也有应对的巧妙方法，那就是根据土壤地力配置同一作物的不同品种或不同的农作物实行轮作。常用的轮作作物主要是禾本科的陆稻、玉米，锦葵科的棉花，豆科的黄豆（大豆），唇形科的苏子等。在休闲地里植树造林，实行粮林轮作，是云南一些山地民族富于智慧的创造。造林选用的树木有水冬瓜树、漆树、杉树、松树等。水冬瓜树为落叶乔木，这种树不仅生长快，而且能够提高土壤肥力。在雨量充沛的地方，只需 5 年左右，水冬瓜树就可以从幼苗长成直径 10 厘米左右的树木。由于其根部的根瘤菌具有很强的固氮作用，而且落叶多，因而肥地效果十分显著，哪怕是十分贫瘠的土地，只要种上水冬瓜树，都会变得肥沃起来。传统习惯种植水冬瓜树的民族有佤族、景颇族、独龙族、怒族等，但他们的种植方法不尽相同。云南省西盟佤族自治县的佤族，过去是在农作物收获之后撒播水冬瓜树籽；盈江县卡场一带的景颇族，过去是将水冬瓜树籽和陆稻籽种混合起来同时撒播。腾冲市南部团田等地的汉族也使用类似方法；独龙江和怒江峡谷中的独龙族和怒族等，在冬天采集水冬瓜树苗，春播时把树苗和作物籽种同时栽种于地中，作物收获三四茬后，水冬瓜树也就可以砍伐了。怒族和勒墨人（白族支系）除了栽种水冬瓜树之外还种植漆树，8 年后漆树便可以割浆。上述做法，在当代科学词典里被称为"粮林轮作"或"生态农业"，和傣族善于种植和利用铁刀木一样，均

为传统知识或生态文化的杰作[①]。

四、高原混农牧生态文化

云南藏区地处东喜马拉雅—横断山脉的交错地带，地形破裂，江河纵横，雪山高耸，峡谷深陷。复杂的地理环境使得该区呈现出复杂的立体气候类型和丰富的生态类型。根据海拔高度的不同，该区的生态系统大致可分为六种类型：①高山复合体生态系统；②山地森林生态系统；③亚高山湿地生态系统；④河流生态系统；⑤干旱河谷灌丛生态系统；⑥农田—村落生态系统。该区是世界上生物与文化多样性的富聚区之一[②]。

生存于该区的藏族等，适应高原山地生境，创造了十分独特的混农牧生态文化，也称半农半牧文化。混农牧生态文化是农业与畜牧业的有机结合系统。被称为"世界屋脊"的青藏高原及其边缘地区，交通耕作依赖畜力；高寒地带土壤瘠薄，种植作物需要大量肥料维持；在高寒环境生存，人们需要比低地生存多得多的食物热量和御寒衣服。大量畜力、农肥、高热量食物和皮毛衣服如何获取？无疑只能依赖于畜牧业。那么，如何配置农业与畜牧业比例，如何处理农业与畜牧业的生产时间与空间，如何分配农业与畜牧业的劳力投入等，即藏族等混农牧生态文化的丰富内涵和特征。

为便于从事农耕，藏族村落大都分布于较为平缓的坡地、台地和河谷之中。农地一般分为三类：旱地、轮歇地和水浇地。旱地，藏语意为山上的农地，这类农地地势较高，为海拔 2500 米以上的坡地或高山森林中的空地。灌溉仰赖雨水或修渠引水，具有广种薄收的特点。主要种植一年一熟的青稞、玉米、土豆、荨麻等抗寒耐旱的农作物。播种时间为农历 3 月中旬，收割时间为农历 8—9 月。由于旱地海拔较高并且周边多森林，故谷物口感独特，营养价值较高。轮歇地分布于海拔 2300—2500 米，由于远离河流，引水困难，灌溉完全依赖于雨水。种植小麦、荞麦、芜青等作物，播种时间为农历9 月中旬，收割时间为次年农历 4 月，收获后抛荒一年，继而再行耕种。水浇地即人工浇灌的农地。这类农地位于村落周围，可以直接从河流引水进行灌溉，一般在海拔2000—2300 米，地势较为平坦，具有精耕细作、亩产量高的特点。农作物主要有小麦、玉米、青稞、各种豆类和蔬菜，一年可种植两季。水浇地里的农事活动，除了犁地、播种、收割等由男性完成或参与以外，大部分由女性负责，所以流传着这样的谚语：水浇地啊，像一位久病的老人，年轻的姑娘，是他永远的侍奉者[③]。

---

① 尹绍亭：《人与森林——生态人类学视野中的刀耕火种》，昆明：云南教育出版社，2000 年。
② 尹仑：《云南藏族的混牧农耕文化》，尹绍亭编著：《西部农耕文化》，昆明：云南人民出版社，2020 年。
③ 尹仑：《云南藏族的混牧农耕文化》，尹绍亭编著：《西部农耕文化》，昆明：云南人民出版社，2020 年。

如前所述，畜牧业在藏族人民生产、生活中历来占有十分重要的地位。农业生产中的耕田、耙地和交通运输主要靠牲畜，牲畜饲养为农作物种植提供了其必需的圈肥，食物中不可缺少的酥油、牛奶、奶渣、肉类，御寒穿着的旄衣、毛布、披毡、皮衣服，生活用具毛绳、皮绳、皮囊，都来自畜牧业。藏民向来有"视牛如金，视茶如命"之说。长期的实践使藏族人民积累了丰富的经验，培育了多种适应当地条件的优良畜禽品种。迪庆藏族自治州的畜禽品种有牛（牦牛、犏牛、黄牛、水牛）、马、驴、骡、羊（山羊、绵羊）、猪、鸡、鸭等。其中地方优良品种有中甸牦牛、犏牛、迪庆高原黄牛、维西黄牛、德钦山羊、施坝山羊、迪庆绵羊、迪庆藏猪、尼西鸡、维西鸡、迪庆藏狗等。

冬春季天气寒冷，牲畜圈养放牧于村落周边农地，饲料以麦秆为主，大量畜肥即取自这一时间。初夏开始集结牲畜迁往高山牧场，秋末初冬复又返回低地村落。此即历史文献所记之"夏至高山，冬入深谷"的垂直游牧方式。

根据海拔、地形、气温、土壤等自然因素的不同，藏族通常将高山牧场划分为五种类型：高寒草甸草场、灌丛草甸类草场、林间草地类草场、疏林类草场、山地灌丛草丛类草场。高寒草甸草场分布在海拔 3800 米以上的高山地带，气候严寒，无霜期短，牧草生长期短，植被低矮，以多年生的血竭、苔草、蒿草、禾草为主，是夏秋牛、马、羊的放牧地。灌丛草甸类草场海拔分布与高寒草甸草场相同，因以高山杜鹃为主的阔叶林覆盖面积较大，牲畜不利采食，因此利用率较低，也是秋夏的放牲地。林间草地类草场分布在海拔 2500—3800 米地带，其主要特征是森林茂密，草场形状多样；海拔 2800 米以下为四季放牧地；海拔 2800 米以上为夏秋放牧地。疏林类草场分布在海拔 2500—3800 米，其特点是灌木稀疏，砍伐木材留下的迹地等空旷地可以四季放牧。山地灌丛草丛类草场具有山地地貌特征，分布在海拔 1800—3200 米，森林覆盖率为 10%—30%，是各种牲畜四季放牧地。

上述五类牧场根据所处位置和高度及放牧季节的不同，又可分为三类：夏季雪山牧场、春秋高山牧场和冬季河谷牧场。夏季雪山牧场藏语名叫"Rura"，意为"有雪的草场"，位于海拔 4000 米左右的高山草甸地带；春秋高山牧场藏语名叫"Rumei"，意为"中间的草场"，位于海拔 3000 米左右的草甸和坡地，是牲畜转场过程中的过渡牧场；冬季河谷牧场藏语名叫"Rubo"，意为"家附近的草场"，位于海拔 2000 米左右的村落周围的山坡地带[①]。

从夏季雪山牧场到春秋高山牧场再到冬季河谷牧场，牧草种类越来越丰富，数量也越来越多，但营养价值却呈下降趋势。也就是说，夏季雪山牧场的牧草营养价值要普遍

---

① 尹仑：《云南藏族的混牧农耕文化》，尹绍亭编著：《西部农耕文化》，昆明：云南人民出版社，2020 年。

高于春秋高山牧场和冬季河谷牧场，但是冬季河谷牧场的牧草种类和数量要比夏季雪山牧场和春秋高山牧场多。在长期的放牧过程中，藏民积累了丰富的牧草知识。有乡土专家曾对该区红坡村和果念村的牧民进行调查，统计得出当地牧场的牧草种类有 51 个种，共有 29 个科，39 个属[1]。

为适应季节、温度和牧草变化，以最大限度地利用立体分布的牧场和牧草资源，该区藏民普遍实行在不同海拔高度的牧场之间进行转场的游牧制度。转场一般开始于春末夏初，当天气逐渐趋暖，山地牧场的牧草开始返青时，牧民们便赶着牛群从河谷牧场出发，去往海拔2500米左右的牧场放牧。大约1个月之后，天气进一步温暖，高山牧场的牧草也开始返青，再转场到海拔 3000 米以上的夏季高山牧场，在那里一直放牧至初秋。八九月下旬，气温下降，高山牧场的牧草开始枯萎，牧民和牛群又转向较低海拔的牧场，放牧至 10 月。一个月后，天气寒冷，牧草枯败，于是回到河谷，一年的转场迁徙至此结束。如此周而复始，循环不绝。通过转场迁徙，极好地适应了当地气候和植物生长的季节性变化，不仅能够有效利用牧草，而且由于循环利用，牧场得以休养生息，所以对牧场起到了很好的保护作用[2]。

除了循环利用，为了促进天然草场牧草萌发，提高产量，保证有序转场，藏民非常重视天然牧场的管理。例如，秋季畜群离开高山牧场时，要把牧场中的灌木、杂草砍割晾晒，并放火焚烧，这样可以防虫、防鼠，增加土壤养分，控制高山矮生杜鹃及杂灌丛的蔓延，从而达到改良草场质量的目的。20 世纪八九十年代以后，建立了自然保护区，天然草原退牧还草、生态公益林建设等一系列生态保护项目的实施，促成了云南藏区部分区域禁牧和休牧管理方式的出现。从 2003 年开始，迪庆藏族自治州3个县被列为实施天然草原退牧还草工程试点区，很多藏民传统的天然牧场被划入项目区范围内。按照项目的要求，凡退化严重，植被覆盖率低于 30%的项目区禁牧封育期为 10 年；凡过度放牧、植被覆盖率低于 50%的草原则实行季节性围栏休牧，在春季牧草返青期和秋季牧草结实期禁止放牧，禁牧期各为两个月左右。在禁牧和休牧期间，政府给予藏民一定的补助。禁牧和休牧的方式使退化草地得到有效恢复，根据检测结果，实施天然草原恢复项目而建设草场围栏以后，围栏内外的植物盖度比例分别为 84.6%和 69.3%，围栏内比围栏外高出了 15.3 个百分点；平均产草量为围栏内 2340.8 千克/千米^2，围栏外 1119 千克/千米^2，围栏内比围栏外高出 1221.8 千克/千米^2；牧草的平均高度为围栏内 6.96 厘米，围栏外 4.36 厘米，围栏内比围栏外高出了 2.6 厘米。禁牧和休牧不但提高了天然牧场的产草量，同时也保护了草场植被，改善了牧场的生态环境。传统草场管理有严格的

---

① 李建钦：《云南藏区土地利用多样性及其管理》，昆明：云南人民出版社，2018 年。
② 李建钦：《云南藏区土地利用多样性及其管理》，昆明：云南人民出版社，2018 年。

村规民约。例如，除了夏季高山牧场为公共利用资源之外，相邻村寨不能越界到其他村寨的牧场放牧，村民不能有任何毁坏草场的行为等。

混农牧生态文化具有比其他生态文化复杂的复合性。每个家庭既要从事农业又要从事畜牧业，负担已经非常沉重，而为了增加现金收入，还必须进行森林特产采集和市场交易等。此外，由于信奉佛教、崇拜自然，相关祭献朝拜活动十分频繁，也要花去大量时间和精力。

第三节　云南传统生态文化的变迁

70 多年来，云南也和祖国各地一样，发生了翻天覆地的变化。在社会主义革命、现代化建设、改革开放、发展市场经济、脱贫建小康等一系列国家战略和政策的推动下，云南各民族的社会环境和生态环境变化巨大，传统生态文化不可避免地也随之转型。从上述 4 个典型的生态文化类型来看，变化主要发生在生计方面。

如前所述，传统的坝区河谷灌溉稻作农耕生态文化系统主要由稻谷品种、耕作技术、水利灌溉、社会组织、观念信仰、农耕礼仪等子系统组成。传统的哈尼梯田灌溉稻作农耕生态文化，是以"森林—村寨—梯田—江河"四要素为基本结构组成的文化生态系统，也可以表述为"森林、水系、梯田和村寨四素同构系统"。传统的山地轮歇农业生态文化的基本结构是刀耕火种、采集、狩猎的复合体。传统的高原混农牧生态文化是半农半牧，即农业与畜牧业的有机结合系统。经过 70 多年的改革、发展，传统的坝区河谷灌溉稻作农耕生态文化系统已经变成了以种植经济作物为主或经济作物占有很大比例的文化系统。例如，绝大多数傣族传统的水稻生态文化系统实际上已经变成了以香蕉和橡胶种植为中心的生态文化系统。过去认为稻作文化是傣族的文化核心，现在文化核心已变成了橡胶和香蕉种植生计方式，水田灌溉稻作农业已经降为次要生计。以刀耕火种、采集、狩猎有机结合为一体的传统山地轮歇农业生态文化的变化更为彻底，刀耕火种轮歇农业绝大部分已消亡，许多动物列入保护范围，狩猎被禁止，作为替代生计，橡胶、甘蔗、热带水果、茶叶、咖啡等经济作物开始广泛种植，旱地和水田农业已大为减少。传统的哈尼梯田灌溉稻作农耕生态文化和高原混农牧生态文化的变化，主要是年轻人大量外出打工导致田园荒芜等引起的，此外，一些地区因发展旅游业，也给传统生态文化带来冲击和影响。总而言之，由于时代的进步，全球化趋势不可阻挡，变化成为常态，传统生态文化必然要发生变革和转型。在这个过程当中，会出现种种问题，当然也会带来种种机遇。种种问题需要不断认识和调适，种种机遇需要创新与开拓，新的生态文化系统的构建需要智慧和策略。对此，不能急躁，不能偏颇，要知道一种新的生态文化的建构和稳定需要足够的时日，相信一切都在探索和逐步完善的进程中。

通过对云南传统生态文化及其变迁的研究，可以得到如下启发：

第一，通过对云南传统生态文化及其变迁的研究，可以深切感受到文化多样性的宝贵价值和意义。世界上生态环境千差万别，民族多种多样，文化自然形形色色。人类学重视文化差异，强调不同文化的价值，强调尊重文化的多样性，意义重大。本章所说的四种传统生态文化，如果用文化中心主义的观点来看，很容易被视为原始落后的生计方式，而如果用文化多样性的观点来看，就不是那么一回事了。例如，江南的精耕细作农业为高度集约的农业形态，可谓传统农业的精华之一，但是如果强行将其运用到云南热带森林地区或高原高寒地区，那么肯定"水土不服"，会对当地生态资源和文化造成破坏。上升到大文化，也是这个道理。例如，中国有中国的文化，美国有美国的文化，国情不同，欲以美国的文化模式取代中国的文化模式，那是绝对不行的。文化就应该"各美其美，美人之美，美美与共，和而不同"。

第二，通过对云南传统生态文化及其变迁的研究，我们对人与自然的关系有了更为清晰的认识。人与自然的关系是一个古老的话题。历史上曾经出现过环境决定论、环境可能论、文化决定论、技术决定论等，认识不统一，所以产生了人类中心主义和环境中心主义等的论争。本章四个案例充分说明，人类与生境的关系是文化适应的关系，是相互作用的关系。传统农业、畜牧业社会如此，工业社会也如此。人类社会只有顺应自然，才能与自然共生共荣，才能实现人类社会的持续发展。

第三，通过对云南传统生态文化及其变迁的研究，可以丰富和拓展生态文明建设的研究。讲生态文明，不同学科有不同的话语。一些自然科学家认为生态文明是工业社会之后的一种社会形态，这是一种观点。从人类学的角度看，生态文明作为人类文明的组成部分，并非今日才产生，而是早就存在于人类历史当中。现代生态文明建设，应该吸取、继承以往社会创造、积累的生态智慧、经验和文明。上述四个案例说明，发掘、传承、发展好各民族的传统生态文化，对于当代生态文明的建设将大有裨益。

第四，通过对云南传统生态文化及其变迁的研究，我们认识到了传统知识的宝贵。传统知识是个宝，这是人们越来越明确的共识。工业社会产生了种种生态环境问题，依靠科学技术去解决，是治标，建立全社会都自觉维护和遵守的生态伦理和道德，并辅以完善的法律，这是治本。关于生态伦理道德，很多学者把眼光投向了传统，去发掘整理儒家、道家、佛家和中华悠久历史中的传统知识。传统知识不仅存在于历史当中，还存在于现实生活当中，存在于各少数民族当中，需要我们去调查、整理、利用并发扬光大。

第五，通过对云南传统生态文化及其变迁的研究，我们需要反思现代生活方式的弊病。当代生态环境的严重破坏，在很大程度上归结于人类畸形的发展观和消费观的负面影响。本章四个案例涉及的民族，有信仰崇拜，敬畏自然，清心寡欲，生活俭朴、单纯、闲适。生产方式顺应自然，懂得取之有度、用之有节，不追求高产出而行高投入高消耗，值得学习。

第六，通过对云南传统生态文化及其变迁的研究，可以加深我们对文化变迁利弊的认识。经过社会变革、政治运动、经济转型、全球化浪潮等一系列强大深刻的冲击和影响，半个世纪以来，云南及全国的少数民族地区发生了巨大的变化。在社会主义大家庭里，民族平等，社会、经济、文化、教育、交通、社会保障等各方面成就惊人，实现了跨越式飞速发展。与此同时，一些伴生的问题也值得注意，如生态环境问题、优秀传统文化继承与发展问题等。发展伴随负面影响，世界各地概难避免。特别需要强调的问题是，当今社会，发展是硬道理，然而发展不能只讲经济发展，而应该包括社会、文化、教育、生态等全面协调可持续的发展。目前，许多优秀传统文化面临消亡的危机，希望全社会予以关注，加大有效保护和传承的力度①。

第七，文化遗产的问题。近年来出现了非物质文化遗产保护热潮，形势喜人。在中国这样一个具有上万年农牧历史、农耕畜牧生态文化多样性极其丰富的国家，对传统生态文化遗产保护事业理应有更高的要求、更大的发展。历史将会进一步证明，传统生态文化遗产保护事业是"功在当代，利在千秋"的事业。

---

① 耿言虎、尹绍亭：《生态人类学的本土开拓：刀耕火种研究三十年回眸——尹绍亭教授访谈录》，《鄱阳湖学刊》
  2016 年第 1 期。

第二章 云南高原特色农业与美丽乡村

第一节 云南乡村的基本特征

农业生产必须依赖于土地、光热、水汽等自然因素,自然因素基本决定或制约着一个区域农业的品种、品质、规模。云南省具有独特性、差异性的自然资源造就了独具云南特色的高原农业。

一、类型多样的地形地貌

云南拥有山地、高原、盆地等地形。山地面积占全省总面积的 84%;高原面积占全省总面积的 10%;盆地面积占全省总面积的 6%。全省地势西北高、东南低,自北向南呈阶梯状逐级下降,北部是青藏高原南延部分,三江并流,高山峡谷相间,地势险峻;南部为横断山脉,地势向南和西南缓降,河谷逐渐宽广;在南部、西南部边境,地势渐趋和缓,山势较矮、宽谷盆地较多。云南地形地貌多样,地域组合复杂,垂直差异明显,使云南土地利用具有复杂性和多样性。云南农业在利用各个地区复杂多样的地形地貌的基础上,扬长避短、因地制宜,逐渐形成自己的特色。

二、复杂多样的气候特征

云南位于低纬高原，全省拥有中国自南到北各地的各种气候特点。在一个省区内，同时具有北热带、南亚热带、中亚热带、北亚热带、南温带、中温带和高原气候 7 种气候类型，这是云南省独有的。云南立体气候特点显著，年温差小、日温差大、干湿季节分明、气温随地势高低垂直变化异常明显。全省无霜期长，南部边境全年无霜。全省干湿季节分明，降水存在明显的季节性和地域差异性，大部分地区年降水量在 1000 毫米以上。丰富多样的气候资源，适宜多种作物的生长，使云南特色农业形成独有的比较发展优势。

三、种类多样的土壤类型

云南因气候、生物、地质、地形等相互作用，形成了多种土壤类型，土壤垂直分布特点明显。经初步划分，云南全省有 16 个土壤类型，占到全国的 1/4。其中，红壤面积占全省土地面积的 50%，是省内分布最广、最重要的土壤资源，故云南有"红土高原""红土地"之称。云南稻田土壤可细分为 50 多种，其中，大的类型有十多种。成土母质多为冲积物和湖积物，部分为红壤性和紫色性水稻土。大部分土壤呈中性和微酸性，有机质在 1.5%—3.0%，氮磷养分含量比旱地高。山区旱地土壤约占全省的 64%，主要为红土和黄土。坝区旱地土壤约占 17%，主要为红土。旱地土壤分布比较分散，施肥水平不高，加之水土流失，土壤有机质普遍较水田低。常用耕地面积为 423.01 万公顷。

四、物种多样的农业资源

类型多样的地形地貌、复杂多样的气候特征使云南拥有丰富多样的栽培作物和林业产品。云南历来有"植物王国""动物王国""药材宝库""香料之乡""天然花园"之称。在全国近 3 万种高等作物中，云南就有 1.8 万种[①]。云南的传统农作物主要有稻谷、小麦、玉米、马铃薯和油菜等。除了传统农作物，还有烟草、茶叶、咖啡、花卉等经济作物。烤烟种植面积和产量居全国第一。云南茶叶品种丰富，包括绿茶、红茶、回龙茶及举世闻名的普洱茶等，产量居全国第二。除了特色农产品之外，云南还拥有丰富的林业产品，如松茸、干巴菌、羊肚菌等菌类产品。作为全国著名的"药材之乡"，据统计，云南拥有约 5000 种药用植物，三七、天麻、虫草、茯苓等享誉全国。

---

① 郑雄川、王兴明：《云南省情》，昆明：云南人民出版社，2010 年。

五、云南乡村生态的脆弱性

云南乡村生态脆弱性由自然因素和人为因素共同导致，主要因素是水土流失及落后的经济和生产力。云南坐落于云贵高原，位于世界最大的喀斯特地形出露区，喀斯特地貌先天脆弱，覆盖土层薄，有的甚至没有土层覆盖，边缘性荒漠化严重；地势落差巨大，山高谷深，若地表植被遭受破坏，生态系统抗性减弱，土壤易流失，易发生泥石流、山体滑坡等灾害，并且难以恢复①。总之，诸多自然因素导致云南形成土地破碎、岩石裸露、石笋嶙峋的脆弱的生态环境。云南抗御自然灾害能力较弱，经普查，全省共有滑坡、崩塌、泥石流两万多处，为全国泥石流灾害的高发区，地质灾害呈日益加剧趋势。

与此同时，由于人口过快增长，城镇化进程加快，农村人口增加，人与地的矛盾加剧，粗放耕作、陡坡开垦和对资源的掠夺性利用导致生态环境继续恶化。云南耕地土层浅薄，土地质量差，中低产田繁多，水土流失进一步加重，失去了生产力的土地想要恢复其肥力及高生产力是相当困难的。云南的森林资源长期以来重开发轻保护，造成天然植被破坏，森林的生态防护功能减弱。过度放牧、过度开垦及毒草、害草大量侵入，造成云南草地严重退化，草地面积减少。生态环境脆弱，这是云南省发展特色农业的客观难题，也是云南省生态文明建设的难题之一。

第二节　云南高原特色农业发展特色

云南高原特色农业主要通过利用本土独特的资源、气候、地理优势，引用先进管理技术与科学技术，创新生产具有云南地方特色的新型农产品，使云南农业蓬勃发展。由于云南复杂多样的自然环境，云南高原特色农业具有独特性、差异性、多样性，形成了云南高原特色农业发展特色。

一、省委省政府的政策支持过程

云南省委、省政府高度重视生态文明战略下的农业现代化建设，积极推进多项政策

---

① 庞皓：《生态云南建设面临的难题及对策研究》，昆明理工大学硕士学位论文，2015年。

助力云南高原特色农业发展。

2011年11月，云南省第九次党代会提出要大力发展高原特色农业，继续实施百亿斤粮食增产计划，确保粮食安全。发挥地域和气候优势，建设烟糖茶胶、花菜果药、畜禽水产、木本油料等特色原料基地，做大做强龙头企业，打造优势特色农产品品牌，以农业产业化推动农业现代化，全面系统地对高原特色农业发展做出了明确的部署。

2012年6月，云南省高原特色农业推进大会强调，以加快转变农业发展方式为主线，重点建设"六大内容"，全力打响"四张名片"，着力推进"八大行动"，精心打造一批特色优势产业，在全国乃至世界上推出有优势、有影响、有竞争力的云南特色优势农产品品牌，推动高原特色农业迈上新台阶，为实现跨越发展奠定坚实基础。

2015年，《云南省人民政府办公厅关于加快转变农业发展方式推进高原特色农业现代化的意见》明确要求不断加强高原特色农业基地建设、加快提升农业产业化水平、积极推进农业可持续发展、建立健全保障机制等一系列措施促进高原特色农业的发展。

2016年，云南省委、省政府颁布了《中共云南省委 云南省人民政府关于着力推进重点产业发展的若干意见》，明确指出高原特色现代农业产业为云南重点发展的八大产业之一。

2017年3月，《云南省高原特色农业现代化建设总体规划（2016—2020年）》中提出了优质、高效、生态、安全的要求，以及高原特色农业现代化建设的总体思路、发展原则、发展重点、主要任务和保障措施，是指导全省高原特色农业现代化建设的纲领性文件。该规划明确指出，要推进高原特色农业的发展，把云南打造成为全国乃至世界有影响的高原特色农产品生产加工基地。

2018年，围绕打造世界一流"绿色食品牌"，《云南省乡村振兴战略规划（2018—2022年）》指出，要加快推进高原特色农业现代化，发展壮大乡村产业，推动乡村产业全面振兴。转变农业发展方式、调整优化农业产业结构、夯实农业生产能力基础、强化农业科技支撑、建设农业服务平台、提升农业对外开放水平。

二、产值、出口、业态、品牌

（一）产值

云南的高原特色农业已初步形成区域特色，形成以滇中、滇东北为主的烟草、畜牧、花卉、中药材、马铃薯产业区；以滇南、滇西南为主的优质籼软稻米、甘蔗、茶叶、橡胶、咖啡产业区；以滇西、滇西北为主的畜牧、药材产业区；以滇南、滇东南为主的热带水果、药材产业区。随着全省大力推进高原特色农业现代化建设，云南优势农产品在全国占有重要位置。2018年，全省农林牧渔业增加值达2552.78亿元，比上年同期增长6.3%。加快"三区三园"建设，加强农业"小巨人"等新型经营主体培育，编制完成云茶、云咖、云花、云菜、云果5个产业品牌发展规划。突出发展优势特色产业，高附加值经济作物种植规模不断扩大，特色农产品产量增势较好。鲜切花、茶叶、蔬菜、橡胶产量较快增长。全省农业实现增加值1474.62亿元，比上年同期增长6.7%。

（二）出口

云南农业发展迅速，农产品出口形势乐观，云南成为西部地区农产品出口第一大省。由于云南独特的地理气候条件和土壤因素，云南拥有众多高原特色农产品，许多农产品的产量、产值位居全国前列。云南位于我国西南边疆地区，辐射南亚、东南亚，其地理位置的优越性、多样的农产品加上国家"一带一路"倡议，推动了云南农产品出口的快速增长。云南高原特色农业盛产独特且多样的经济作物，云烟、云花、云茶、咖啡、橡胶、蚕丝等都是远销海外的云南特色农产品。据统计，2016年云南蔬菜、烟草、咖啡等传统农产品出口量达108.83万吨，出口额达21.48亿美元，同比分别增长21.9%、19.8%；同时烟草、蔬菜、水果、花卉、茶叶、咖啡等农作物出口到118个国家和地区，2016年农产品出口额达到44.7亿美元，同比增长10.2%。

（三）业态

随着云南现代高原特色农业不断向纵深发展，农业产业分工不断细化，产生了一批具有云南特色的农业新业态。云南高原农业的新业态主要是当地农业经营主体为了满足消费者对农产品和服务的新需求，将农业与其他产业相互融合，比如当地的旅游资源，从而不断创新推出农业新产品，形成具有比较稳定发展态势的新型农业产业业态。云南的农业新业态主要包括以农业为基础，打造宜居农业特色示范区的农业特色小镇，带动城乡经济发展，促使群众致富；以市场为导向、科技为支撑发展农业的农业科技园区；以农民为主体，以服务成员为宗旨，谋求全体成员的共同利益，以农产品销售、加工、运输、贮藏等服务来实现成员互助的农民专业合作社；依靠优质农业风光吸引游客的农业生态园。

（四）品牌

2008年起，云南省委、省政府把地理标志商标作为实施商标战略、推进高原特色农业发展的重要内容，在政策措施上给予保障，为云南省地理标志商标的快速发展奠定了坚实基础[①]。云南省已经拥有农产品有效注册商标7500多件，10件中国驰名商标，45件地理标志商标，520件云南省著名商标，名牌产品73个，"云南名牌农产品"达到344个。形成了云南普洱、宣威火腿、文山三七、斗南花卉、昭通天麻、蒙自石榴、丘北辣椒、元谋蔬菜等一批特色鲜明的区域品牌。打造了大益、龙润、昌泰、滇红、帝泊尔、下关沱茶等茶叶品牌，宣威火腿、大河乌猪等畜牧品牌，锦苑、丽都、斗南等花卉品牌。同时，云南白药、文山三七、德宏咖啡、版纳橡胶、昭通天麻、漾濞核桃等品牌影响力迅速提升。

三、农业科技创新

科技创新是云南现代高原特色农业发展的内驱动力。云南农业科技事业起步早，领域很宽，涵盖了种植业、畜牧业、渔业、生物产业、农产品加工业、农业机械化、农业资源环境等主要高原特色农业产业和科研领域。从总体发展趋势来看，云南高原特色农业技术创新能力随着时间的变化在不断加强，每年专利申请量在逐年增长。从发明类型来说，发明专利所占比例位居第一，实用新型、外观设计专利分别位于二、三位。发明专利技术含量高，能够体现云南高原特色产业的某一技术领域发展状况，对未来的发展更是起着至关重要的作用[②]。一大批科技人员、科研单位、大专院校、涉农企业的加盟，极大地提高了技术转化、技术创新能力，使一批新的农业科技成果得到及时、有效的转化，农业科技创新促进农业科技成果熟化，从而实现农业产业化，促进农业增效、农民增收。

四、高原特色农业的生态和谐性

云南高原特色农业绿色发展是一个绿色、有机的发展概念，不仅仅是以追求最大的经济效益为目的，同时也注重对最优的生态效益的追求。在高原特色现代农业发展过程中，确保农业产业对生态环境友好是底线。云南在推进现代高原特色农业过程中，立足于"立体农业"制定各区域特有的发展之路，适区适种，防止了只追求经济效益、违背

---

① 李晗：《打造云南地理标志商标品牌 助推高原特色农业发展》，http://special.yunnan.cn/feature12/html/2015-04/21/content_3700370.htm（2015-04-21）。
② 代淑容、肖蘅：《云南高原特色农业核心专利发展现状分析》，《昆明理工大学学报》（社会科学版）2018年第6期。

生态发展规律的行为。并且云南在发展特色农业的过程中，推广绿色农业耕作技术，加强对农田环境的保护，改良土壤，推广良种种植；实施山地植树造林和退耕还林还草工程，提高森林植被覆盖率；提倡生物农药、绿色饲料运用；统筹推进喷灌、滴灌、水肥一体化技术。末段抓好畜禽粪便、秸秆、农膜等废弃物资源化利用和无害化处理，全程无死角推进高原特色农业生态的和谐性。推进生态农业和循环农业，实现高原特色农业绿色发展。

第三节　云南高原特色农业对美丽乡村建设的影响

发展云南高原特色农业与建设美丽乡村是紧密相连的一个命题。习近平总书记明确指出"中国要强，农业必须强；中国要美，农村必须美；中国要富，农民必须富"[①]，这短短的一句话指明了农业产业的发展对美丽乡村建设的重要作用。

美丽乡村是区域经济、政治、文化、社会和生态文明协调发展，规划科学、生产发展、生活宽裕、乡风文明、村容整洁、管理民主、人居改善，宜居、宜业和宜游的可持续发展乡村[②]。美丽乡村建设涵盖了农村生产、生活、生态等方方面面的内容。美丽乡村建设是云南省委、省政府为积极转变政府职能职责、建设服务型政府做出的一项重要决策。美丽乡村建设协调推进新型城市化、城乡一体化和生态文明建设，也是深化推进社会主义新农村建设的主载体。

一、农业产业生产发展

云南高原特色农业是农村经济的支柱，为生态经济发展创造基础平台。乡村特色产业在乡村经济中占有重要作用，云南通过大力发展高原特色农业，促进云南各村农业生产力得到发展，打造出一批知名的"云系"农产品品牌，促进云南农业产业兴旺，为美丽乡村建设提供经济支持，推动美丽乡村建设提升。通过政府因地制宜对区域内特色资源的管理，引导和扶持培育龙头企业，以龙头企业带来大量的资金与优秀的管理，保证生产技术、专业管理经验向农户的输出，从而直接提升了高原特色农业的生产效率，从

① 《中央农村工作会议在北京举行　习近平李克强作重要讲话》，http://cpc.people.com.cn/n/2013/1225/c64094-23938145.html（2013-12-25）。
② 聂选华：《云南加快推进美丽乡村建设对策研究》，《保山学院学报》2016年第1期。

根本上推动高原特色农业生产的规模化、集约化发展，最后由龙头企业对当地美丽乡镇建设进行反馈。自云南推进高原特色现代农业战略以来，农业发展速度明显加快。据统计，2018年，全省农林牧渔业增加值2552.78亿元，比上年同期增长6.3%。农业产业迅猛发展才能为美丽乡村建设提供资金支持。

二、农民生活宽裕

发展具有云南高原特色的乡村产业是新时期云南现代化美丽乡村建设的战略抉择，是提高云南美丽乡村农民收入的重要支撑力量。在发展高原特色农业的过程中，农业产业发展、区域发展等可以解决乡村剩余劳动力，保证人人有事做，人人有钱收。龙头企业将生产与销售相结合，保障了农业产品销售渠道畅通，保障了农民收入，以此帮助农民"增收"。地方农产品和旅游资源相结合形成休闲农业，农业种植基地、特色农产品研发基地成为周边居民旅游的新景点，乡村生态旅游业也是增加农民收入的有效途径。农户个体技能水平的提高、资本禀赋的提升、农村发展环境的改善均能有效提高农民收入。2017年，全省农村常住居民人均可支配收入达9862元，比2010年的3952元增加了5910元，增幅为149.54%。

三、农村村容整洁

美丽新乡村建设以农业产业发展为重心，围绕农业产业园区，实现村镇规划建设从无序到有序、农村村容干净整洁，坚持规划先行，充分发挥规划引领作用。在建设过程中，结合各村地理区位、资源禀赋、产业发展和村民实际需要，对村庄进行科学规划，对原有房屋整体外观进行整治，新建房屋控制整体修建风格，全面推进农村人居环境整治，实施差异化指导，坚持个性化塑造。开展村内生活污水垃圾治理，全力实施农村"厕所革命"，生活垃圾集中处理，推进乡村绿化，提升村容村貌。据统计，云南省80%以上的乡镇镇区和村庄实现生活垃圾收集处理，48%的乡镇镇区生活污水实现收集处理。但是，对于美丽乡村建设，不能停留在清洁乡村生活垃圾，让乡村看起来整洁的低层次认识上，更不能形成错误观念，认为它只是给农村"涂脂抹粉"、展示给外人看的，只是政府面子工程。而应该提升到推进生态文明建设、加快社会主义新农村建设、促进城乡一体化发展的高度，重新认识美丽乡村建设。

四、村民生活质量提升

通过美丽乡村建设着力提升乡村基本公共服务水平，切实解决人民群众最关心、最直接和最现实的民生问题。逐步完善公共服务体系建设，各村深入推进集党员活动、就业社保、卫生计生、教育文体、综合管理、民政事务于一体的农村社区服务中心建设，加快农村通信、宽带覆盖和信息综合服务平台建设，不断提高公共服务水平。为了实现本村农业产业的高效发展，要做到村村通油路，村村硬化路，全省建制村通客车率达90%以上，基本上实现通邮，解决好农民群众"出行难、运输难"的问题。积极推进农村集中供水建设，加快形成城乡一体化供水水网，为村民提供便利、安全的生活用水。加快村镇交通物流网、现代农村能源网、乡村信息化网建设步伐，所有建设村实现光纤宽带网络覆盖，行政村基本实现4G网络覆盖。

五、村民文化生活的丰富

美丽乡村建设的最终目的是提升建设村村民生活的幸福指数。幸福指数的提升不仅仅是物质生活层面的满足，更有精神文化层面的享受，因此，积极丰富村民文化生活也是美丽乡村建设不可忽视的一项内容。以云南特色农业的特色生产方式为基础，围绕云南农村自带的少数民族文化特色，建构的一种有积极意义、有影响力的云南特色农业文化类型，对于稳固农村社会、维系农村社会的发展有着重要价值。乡村农业经济的发展、现代农业方式的运用及农村居住形态的改变等必然会带来旧的乡村文化的改变，文化传播方式的丰富也必然会为农村居民带来更多的文化享受。美丽乡村建设规划区内，农家书屋、村民广场、活动中心等农村生活服务设施的建设，农民文化艺术节、农民运动会或乡村民族文化调演活动的开展，必将引领乡村社会新风尚，丰富村民的文化生活。采取切合农村实际、贴近农民群众和群众喜闻乐见的形式，深入开展形式多样的乡风文明创建活动，推动农民生活方式向科学、文明、健康方向持续完善。

第四节 发展模式

2014年，农业部科技教育司在总结典型案例的基础上，发布过中国美丽乡村十大创建模式，包括产业发展型、生态保护型、城郊集约型、社会综治型、文化传承型、渔业开发型、草原牧场型、环境整治型、休闲旅游型、高效农业型。云南省人民政府结合各高原特色农业种植区县的自然资源禀赋优势，利用一定的特色产业发展优势，积极发挥推动引导作用，加大财政支持力度，在结合云南实际情况的基础上，积极运用不同模式，促进某些特色村初步形成了"一村一品""一乡一业"的发展格局，实现了农业生产的规模化、集约化经营，形成了不同特色产业推动各村美丽乡村建设的云南模式。

一、普洱茶美丽乡村模式

茶叶是云南的传统产业之一，全世界已经发现的茶叶种类有 380 种，而云南就有 260 种，在全省 128 个县中，有将近 110 个县产茶，茶叶对于云南经济发展及产业结构调整有着重要的影响作用。普洱市是普洱茶的原产地，被誉为"世界茶源""中国茶城""普洱茶都"。普洱市茶叶种植面积、产量、产值居云南之首。

（一）云南普洱茶美丽乡村建设模式

云南普洱茶美丽乡村建设模式不仅仅是单一模式的运用，还有多模式的结合。其主要为"产业发展型"及"产业发展型+生态保护型"的模式。

1. "产业发展型"模式

产业发展型普洱茶美丽乡村建设模式的特点是该建设村普洱茶产业优势和特色明显，通过完善农民专业合作社、农村电商等新型农村经营主体功能，进一步完善紧密型利益联结机制；通过大力发展以茶叶为重点的产品精深加工，增强产业抗风险能力；依托专业合作社、龙头企业等规模大、辐射带动作用明显的新型经营主体，带动农户发展经济立体种植模式，打造特色优势产业；通过抓标准、抓品牌等措施，推动特色生物产业提质增效；实现了普洱茶生产聚集、规模化经营，延伸普洱茶产业链，积极发挥产业带动效果，促进区域经济高质量发展，为乡村建设奠定坚实的经济基础。

2. "产业发展型+生态保护型"模式

云南茶树栽培历史悠久，茶文化源远流长，茶树资源十分丰富。云南省内现存的野生种、过渡型、栽培种古茶树资源在中国和世界均具有唯一性。云南现存古茶树资源总分布面积约为329.68万亩，野生古茶树居群的分布面积约为265.75万亩，栽培种古茶树（园）的分布面积约为 63.93 万亩。该模式下的美丽乡村建设围绕着该村特有的古茶树，发挥生态环境优势，结合当地普洱茶产业，将生态环境优势进一步变为当地茶经济发展优势，并适时推动该建设村发展茶叶生态旅游。

（二）普洱茶产业发展对美丽乡村建设的作用

云南通过建立现代生态茶园或建立普洱茶生产基地推进特色鲜明的茶叶产业发展，提升茶农收入，为美丽乡村建设筹措资金。据《云南省高原特色现代农业"十三五"茶叶产业发展规划》，到 2018 年，全省茶叶面积稳定在 630 万亩左右，茶叶产量达到 38 万吨，一二三产业综合产值达到 820 亿元、增加值 408 亿元，茶农来自茶产业的人均收入达到 3400 元。茶叶产业可以横跨一二三产业，在种植、加工、贸易流通三个领域都有其踪迹。同时，还能促进包装、印刷、旅游等相关行业的发展，将农村的资源优势转化成资本优势，为当地村庄创收，也为美丽乡村建设提供更多的资金支持。

茶产业推进美丽乡村基础设施建设和生态文明建设。以茶叶重点县、市、区为主区域，在建设生态茶园的同时，推动乡村配套设施的建设。滴灌、喷灌、水肥一体化等高效节水设施，提升了产地相关农田灌溉基础配套设施的建设；村内道路硬化、污水处理、垃圾房、公厕等设施建设改善了村容村貌，提高了村民生活品质。以改土、改形、改路、改机、改种、控药、控肥、节水"五改两控一节"为重点，加大低质低效茶园改造力度，促进乡村在提高经济效益的同时，也能改善当地的生态环境。

举办茶文化节，展示茶文化的魅力，建设具有浓郁茶文化特色的茶庄园、云茶博物馆、茶文化生活广场等，丰富村民文化生活，同时促进乡村茶叶文化繁荣。收集、整理乡村与云南茶叶相关的历史、传说，通过茶陈列馆建设、茶艺表演、拍摄影视剧、创作文学作品等形式，进一步丰富当地村民茶余饭后的娱乐生活。

（三）经典案例

1. "产业发展型"模式——以南屏镇为例

思茅区位于云南南部，澜沧江中下游，素有"绿海明珠""林中之城"的美誉，是中外驰名的普洱茶原产地和集散地。南屏镇位于普洱市思茅区中南部，全镇地形东西窄，南北宽，呈不规则状；地势北高南低，属坝区和半山区，空气湿润，冬无严寒，夏无酷暑，气候宜人，资源丰富。南屏镇完成了茶园遮阴树种植 39 342.9 亩，实现了生态茶园建设全覆盖，茶叶品种以云抗 10 号、云抗 14 号、长叶白毫、雪芽白毫、紫鹃茶等为主，亩产干茶 97.1 千克[①]。

南屏镇大力发展普洱茶茶园，推进美丽乡村建设。南屏镇充分发挥茶叶专业合作社的优势，利用"公司+合作社+农户"的模式，带动周边的农户创建有机茶园。通过自建连锁专卖店和授权渠道经销商两种销售模式，面向国内市场构建销售网络。带动区域

---

① 吕禾文：《普尔思茅区南屏镇大力发展茶产业》，《普洱日报》2015 年 1 月 19 日。

农业及生态旅游业的发展，实现有机茶种植及加工产业结构的调整，对实现农业增效、农民增收具有重要的意义。

该茶园以董寨有机茶种植基地为中心，将目标客户定位在老人、小孩，建设集普洱茶茶叶制作体验区、购物观光区、生态采摘区、娱乐住宅区、休闲垂钓区于一体的有机生态茶园。南屏镇人民政府的目标是将该茶园建成全国最大的高山有机茶园示范基地，把基地建成集茶叶种植、加工、科研、科普教育、茶文化旅游观光、休闲度假于一体的现代化农业产业基地，由此组建形成融生产示范、休闲、旅游、度假为一体的区域特色美丽乡村。

2. "产业发展型+生态保护型"模式——以景迈山为例

景迈山古茶园位于云南省澜沧拉祜族自治县惠民乡境内。景迈山古茶园地形西北高、东南低，属亚热带山地季风气候，干湿季节分明，年平均气温 18℃，年降水量 1800 毫米，古茶园土壤属于赤红壤，自然条件优越。据考证，这里种茶有近 2000 年的历史，整个古茶园占地面积 2.8 万亩，实有茶树采摘面积 1.2 万亩。景迈山古茶园被国内外专家学者誉为"茶树自然博物馆""中国民间文化旅游遗产示范区"，其所蕴含的历史文化气息和自然人文底蕴独一无二，是整个普洱市茶产业开发和茶文化旅游的重要展示窗口。

加强茶园管理，打牢乡村建设基础。按照"绿色、生态、有机"的标准生产茶叶，引导茶农进行生态茶园改造，留养茶树，邀请茶叶专家为茶农传授茶叶的种植、管理和加工技术，改进加工工艺，引领普洱茶产业发展方向，建设生物多样性丰富的生态复合型茶园，全面提升茶叶品质。以茶叶的有机化种植为产业依托，以让游客体验茶叶生产、加工并且现场品鉴体验为卖点，将旅游、度假、观光作为区域经济增长链，打造具有景迈山特色的现代休闲体验观光生态园区，实现景迈山一二三产业协同发展，增强区域经济实力，为景迈山茶农创收。

重视品牌打造，形成"一村一品"。2018 年初，以普洱景迈山古茶林普洱茶品牌建设为突破口，按照"联盟品牌+区域品牌+企业品牌"模式，建立"四有四可"的产业联盟，将众多小企业集中到一个区域品牌下，创建"责任承担、共享价值、人人捍卫"的产业联盟利益共同体，形成集群抱团的发展局面，共享品牌带来的经济红利，使得景迈山普洱茶品牌逐渐被擦亮。

综合治理民居环境，改善村容村貌。完成《景迈山古茶林申遗核心区现有建筑大排查工作报告》，加快制定《景迈山村庄规划》，国保项目资金 1.15 亿元使用完毕。同时，按照国保规划和专家意见有序稳妥地拆改违法违章建筑，并继续推行"厕所革命"，加强古村落保护，完善基础设施建设，改善群众的生活环境，提高生活质量。

申遗工作继续推行，向世界展示普洱茶文化。普洱景迈山古茶林申遗工作自 2010 年 6 月启动以来，已取得了重要阶段性成果，普洱景迈山古茶林申遗项目排在我国世界文化遗产预备名单中的第一梯队。景迈山古茶园要打好"古茶"牌，讲好普洱茶故事，做强做大茶产业，保护和传承优秀传统民族文化，开发民族文化旅游产业，向世界展示普洱市茶产业开发和茶文化旅游。

二、烟叶美丽乡村模式

云南素有"烟草王国"之称。云南卷烟以烤烟型为主，混合型和疗效型次之，在全国占有广阔的市场，产品 70% 销往省外。全省共生产 80 多个牌号、120 多个规格的卷烟产品。云南卷烟质量在全国首屈一指，首要原因是云南出产优质的烤烟。云南从明代就开始种烟，现在 17 个地、州、市有 13 种烤烟。大部分种烟区无霜期长，光照充足，降水量适宜，土壤的酸碱度适中，大多数优质烟区成熟期气温均在 20℃以上。烤烟色、香、味俱佳，内部化学成分合理、协调，质量在全国名列前茅，是全国重要的优质烟基地。

（一）云南烟叶美丽乡村建设模式

云南烟叶美丽乡村建设模式主要是采用产业发展型模式，各建设村突出提升合作社专业化服务效能。坚持以市场、质量、绿色、生态、安全为主线，以减工降本为目标发展烟叶产业，以"规范、效能"为核心，以"机械化+专业队"为支撑，着力提升合作社专业化服务的效能，在劳动强度大、技术要求高的环节推进专业化服务，实现育苗、机耕、起垄、烘烤、分级专业化服务。同时，加大烟叶生产扶持力度，加强烟叶基础设施建设，稳步推进烟草水源工程建设，有力改善了群众生产生活条件。经过不断的探索和奋斗，云南烟草的原料优势、设备优势、技术优势、管理优势、产品优势、市场优势和效益优势显现出来，烟草工业已成为云南最大的优势产业，在社会经济发展中起着举足轻重的作用。

（二）烟叶产业发展对美丽乡村建设的作用

目前，云南积极推进现代烟叶种植园、烟农专业合作社建设，专业化组织推进烟叶产业发展，为烟农创收。在集中建立烟叶种植园之前，云南烟叶生产以农户分散种植经营为主，存在着一定弊端，如管理滞后、烟叶质量参差不齐、原料数量与质量不稳定，导致烟农收入较低。合作社建设为当地烟叶生产带来了先进的科学技术，将科学种烟技术推广到田间地头，指导烟农进行科学种植管理，使全村烟叶生产进一步向规模化、集约化、标准化迈进。烟叶种植是一个劳动密集型、劳动强度大的产业，通过烟叶种植还能促进农村大量的人口就业，为当地村民创收。

加强乡村农田的水利排灌设施，使当地农业生产和农民生活条件逐渐改善。此外，还建立了基本烟田保护制度，通过烟水、烟路配套建设，推广轮作、机械深耕、秸秆还田、种植绿肥、平衡施肥、地膜回收等措施，有效地缓解了因过度开垦和掠夺性种植对生态环境造成的不利影响[①]，同时提升乡村经济成果和生态文明。稳定核心烟叶种植区，推动乡村一二三产业融合发展，延长烟叶生产产业链，促进烟农增收，助力美丽乡村建设。

（三）经典案例

1. 绿汁镇

绿汁镇地处云南省玉溪市易门县城西部，总耕地面积23 546亩，农民人均占有耕地面积1.53亩。绿汁镇海拔差异大、山高箐深，立体气候明显，温差较大，平均气温高、降水充沛，有良好的种植各种粮经作物的气候条件。近年来，绿汁镇紧紧围绕"重生态、稳农业、活商贸、兴集镇、塑文化、促旅游"和"生态立镇、产业强镇、商贸兴镇、和谐稳镇"的发展思路，狠抓"烤烟、畜牧、蔬菜、林果"四大产业建设，强化基础设施建设，农业农村经济得到长足发展。

易门县绿汁凤凰烤烟综合服务专业合作社推进绿汁镇烟叶产业的发展。该专业合作社是绿汁镇唯一的烤烟服务合作社，位于易门县绿汁镇烟叶站。合作社成立于2014年，由专业管理人员和当地具有丰富烟叶种植经验的农民组成。通过合作社的管理，统一作业时间、作业规程及技术标准，分别在育苗、机耕、植保、烘烤、分级、运输等生产环节提供服务，基本实现了"两头工厂化、中间专业化、全程机械化"，充分解决了因分散种植、人畜操作等导致的农艺措施不一致、烟叶长势不齐整、烟叶质量不稳定等问题，有效提升了烟叶生产的整体水平与烟叶的整体质量[②]。易门县绿汁凤凰烤烟综合服务专业合作社以科学规范的烟叶种植技术，实现了绿汁镇烟叶种植的专业化、规范化，提升了当地烟叶品质。

绿汁镇烟叶站烤烟收购时，烟叶站全站职工下到村组，向烟农讲解散叶收购流程，按照收购规范流程合理设置收购人员岗位，确保收购等级水平，加快收购速率，在推进

---

① 国家烟草专卖局党校专题研究班课题组：《烟草行业在反哺农业中的作用》，《学习时报》2007年7月30日，第11版。
② 李鹏：《易门县绿汁镇烤烟产业发展研究》，云南农业大学硕士学位论文，2017年。

当地烟叶销售畅通的同时，也积极维护农民的经济利益，实现烟农收入的增加。

合作社积极推进烟用基础设施和小型农田水利项目建设，改善绿汁镇基础设施。2016 年，绿汁镇与烤烟相关的配套设施得到了极大提升，全镇拥有卧式烟房群 38 群、400 座，每座烟房覆盖约 20 亩烟叶种植地，即覆盖总量为 8000 亩烟叶种植地，为当地美丽乡村建设添砖加瓦。

2. 虹溪镇

虹溪镇耕地面积将近 4 万亩，全镇四周环山、中部平坦、土地肥沃、沟渠交错纵横，海拔在 1300—1700 米，常年平均气温 16.8℃，年平均降水量为 800—950 毫米，基础设施条件优越，是烤烟种植的理想区域。虹溪镇是整个红河区域引入烟草最早的地区，是远近闻名的"烤烟之乡"，借助烤烟生产的发展，虹溪镇群众修通了道路，盖起了新房。事实上，不只是虹溪镇，整个弥勒烟区的发展带动了区域经济的发展和基础设施的改善。

建设示范区，推进烟叶产业发展，为烟农创收。虹溪镇把建设弥勒市"优质烟叶核心产区保护与开发示范区"种植基地作为调整农业产业结构的目标，通过科学规划，合理布局，认真落实好育苗管理、集中移栽、平衡施肥、大田管理等烟叶生产重点环节，打造一批优势更优、特色更特、品质更好、品牌更响的优质高端原料供应基地。为保证基地建设顺利，深入农户，积极宣传动员，进行土地流转。项目依托国家乡村振兴战略和省委省政府"三张牌"战略，以"烟草引导、民营企业主导、资源整合、社会参与、示范带动"为原则，按照产业短、中、长相结合和立体发展的思路，将烤烟、轮作中药材、经果、蔬菜等农民增收产业有机结合起来，实现"烤烟+三类作物（烟后作物、轮作作物、高经济附加值作物）"农业资源优化配置，采取"股份制公司+专业合作社+基地"的产业发展机制。发挥电商扶贫龙头企业和合作社带动作用，构建"互联网+农业+扶贫"的电商发展模式，拓宽农特产品的销售渠道，帮助贫困户脱贫致富。通过示范区的建设，通过辐射带动，大量吸收当地农村剩余劳动力，就地解决就业问题，带动农民增收，助力农村脱贫致富。

虹溪镇全面围绕"美丽虹溪、宜居虹溪"建设，提高村容村貌。加大文明创建力度，做好街道、巷道保洁和绿化、亮化管理，加快乡村垃圾清运系统建设、污水处理设施建设、垃圾焚烧炉建设步伐，加大秸秆禁烧管控力度，全面推进废气、建筑扬尘、餐厨油烟等分类整治工作。

虹溪镇建设高标准农田，拓宽村路，跨区提水，改善村内基础设施。建设高标准农田项目，有效提高了项目区土地产出率，项目区变成了高产的高标准农田；长 8 千米、宽 6 米的宽阔、笔直、平坦的田间主干道为项目区群众的农业生产和出行带来极大便利,为项目区群众带来实惠,为虹溪镇美丽乡村建设打下坚实基础。五山乡箐口提水工程,主要从虹溪镇白云水库提水至五山乡箐口村委会火石坡山头,采取新建泵站、高位蓄水池、管网等工程措施,可有效解决五山乡项目区内灌溉和辖区内饮水安全问题,提高村民生活生存质量。

三、花卉美丽乡村模式

进入 21 世纪以来,云南花卉产业日益向规范化、现代化方向发展。云南花卉以鲜切花、种用花、地方特色花卉、绿化观赏苗木和加工用花卉为主的"百花齐放"、多元化产业发展格局已经形成。云南花卉产业迅猛发展,已是全国最大的花卉生产基地,鲜切花种植面积和产量连续 19 年位居全国第一。

(一)云南花卉美丽乡村建设模式

1. "产业发展型+城郊集约型"模式

"产业发展型+城郊集约型"模式主要运用于云南大中城市郊区,其特点是区域内花卉产业经济条件较好,花卉规模产量稳步增加,品种类型丰富多彩,科技创新全国领先,生产主体和科技队伍壮大,构建了生产、加工、交易、运输、销售、科研和社会化配套服务为一体的全产业链体系。区域内公共设施和基础设施较为完善,交通便捷,土地产出率高,农民收入水平相对较高,初步树立花卉品牌,并形成相对集中的花卉产业集群发展区。

2. "产业发展型+休闲旅游型"模式

"产业发展型+休闲旅游型"模式主要集中于有先天的花卉种植条件,以花卉产业为特色,以现代农业和休闲农业为一体的花卉村庄。这些村庄在满足花卉等特色农业产业种植需求的同时,围绕花卉种植营造风光秀丽、和谐宜居的美丽乡村。在发展花卉产业过程中,积极引入新观念、新思路,延伸农业产业链,通过促进土地流转和规模经营,改变分散种植的情况,建设无公害、绿色有机花卉种植基地。依托便利的交通、良好的区位、丰富的资源和特色产业等优势,全面实现村庄景区化、旅游整体化、产业联动化的发展模式,完善餐饮、住宿等配套服务设施,共建富美家园。

(二)花卉产业发展对美丽乡村建设的作用

(1)建设以花卉产业为主导的美丽乡村。云南省主要采取由当地政府牵头,在适合种植花卉的乡村推广现代花卉种植园的方式进行推进。由政府根据区域内主导优势，引导分散的小微企业、个体农户向种植园集中，使当地花卉产业向专业化、集约化方向发展，促进花卉产业产值提高，增加花农收入。据《云南省高原特色现代农业"十三五"花卉产业发展规划》，2018年，云南省花卉总面积160万亩，总产值687亿元，花农收入170亿元，人均年收入2.9万元，年人均增收4400元。

（2）引进龙头企业，依靠"公司+基地+农户"模式，链接农户与市场，为乡村花卉产业提供销售渠道，增加农民收入。该模式以花卉加工企业为主导，提高花农花卉种植技术，专业化、标准化生产，并将花卉的生产、加工、销售有机结合，实行一体化经营。该模式与花农关系密切，且具备较强带动能力，能够帮助农户开拓市场，为农户提供一系列配套服务和技能培训，也能根据当前市场需要对园区内花卉产品进行定位。除此之外，龙头企业还可以对花卉产业化经营系统的其他环节或种植园周边区域进行投资，支持区域块状经济发展。

（3）合理规划种植园辐射乡村基础设施建设，改善村容村貌。种植园区内依靠入驻园区的企业和种植园管理部门完善新建花卉种植园基础设施建设，规划园区道路、完善水肥一体化的灌溉措施、建设规模化恒温采后加工车间，促进乡村基础设施建设，提升村民生活的幸福指数。目前，现代花卉种植园规划已大体完成，花卉种植园所覆盖的乡村也在这次规划之内，花卉产业园所辐射的几个乡村村容规划整洁，房屋建筑风格统一，道路开阔。

（4）花卉美丽乡村建设还可以与当地旅游资源相结合，形成花卉旅游相结合的现代花卉种植园，为村落创收。花卉是云南最为鲜明、最具特色的旅游资源，村落利用云南花卉产业已具有的品牌效应，利用本村花卉种植园特色及人文优势打造花卉旅游项目，在提升本村村民文化、生活质量的同时，也是实现村落财政创收的一个重要途径。

（三）经典案例

1. "产业发展型+城郊集约型"模式——以斗南为例

1983年，化忠义在自家自留地种下了斗南第一枝剑兰，斗南花卉的历史从此书写。斗南花卉的发展首先得益于它的自然条件。在滇池东岸，有一块平坦宽敞的湖积平原——滇池坝子，斗南就坐落于美丽富饶的滇池坝子中部，这里光照充足、气候温和、湿度适中，拥有种植鲜花得天独厚的条件。随着呈贡撤县设区，城市化进程加快，鲜花种植大量撤出斗南，转移到晋宁、嵩明、玉溪等周边地区。斗南的花卉经济发展条件较好，公共设施和基础设施较为完善，交通便捷，已经成为国内最集中的花卉产业集群发展区。

2016年，斗南市场鲜切花交易额达到53.55亿元，65亿枝花卉经斗南销往全球，占国内70%的市场份额，出口50多个国家和地区，鲜花交易量和交易额分别增长8.27%和15.5%，一个个漂亮的数据再次擦亮"云花"品牌。

斗南正在依托花卉特色农业产业，打造花卉小镇，实现美丽乡村建设。小镇规划面积约3.62平方千米，其中特色小镇创建面积为2.89平方千米，另有辐射区域约0.73平方千米。小镇以花文化找"魂"、以镇空间定"型"，整体格局上实现"花—田—城"共融，通过"以花润城"和"彰显历史"，打造"中国花卉第一镇"。坚持主题突出、特色鲜明、环境优美、运营高效的原则，统筹抓好小镇的规划建设、形象设计、项目推进等工作，深入开展环境整治、市场整顿，明显提升片区品质、展现良好形象，以高标准、高品质全力加快斗南花卉美丽乡村建设。

在推动斗南花卉产业发展方面，花卉小镇核心理念是要构建"纵向凸显特色+横向融合衍生"的大花卉全产业链，实现花卉特色经济实力的增强。以提升辐射能力、发展现代物流、创新交易方式、支持科技研发、推动标准化建设、强化信息服务、加强基地建设、推动会展贸易、强化金融服务、发展文化旅游十大工作任务为工作重点，继续扩大"斗南花卉"品牌影响力，保持云花产业领军地位，全面推动云花产业升级，实现斗南世界第一的花卉集散交易中心、价格形成中心、信息发布中心、科技研发中心、种植示范中心和会展旅游中心六个目标。

发展花卉旅游业，丰富村民休闲生活。以花卉旅游小镇为基础，连通滇池万人码头、斗南生态湿地、昆明斗南国际花卉产业园、三台山旅游文化园区，打造国家级AAAA旅游景区。以花卉消费体验、旅游体验、文化体验为特色，形成集吃、住、娱、购、行、游于一体的体验式花卉旅游文化产业。努力融合一二三产业发展，不断升级花卉产业链。举办斗南国际鲜花音乐节、世界花卉模特大赛、首届花都斗南—瓷都景德镇花映瓷灿文化交流展等文化活动，以"花卉+音乐""花卉+艺术""花卉+生活""花卉+商业"几种形态，呈现别样的花都魅力，丰富花农文化生活，提升斗南花卉影响力。

2. "产业发展型+休闲旅游型"模式——以白水镇为例

白水镇位于云南省红河哈尼族彝族自治州泸西县，地形以丘陵、坝子为主，地势较为平坦，土地面积集中；属典型的山地气候，年平均气温14.6℃，年均降水量1031.7毫米，气温、降水适宜花卉产业发展。该镇水系发达，农田基础设施较好，便于花卉园区水利灌溉。

根据云南省花卉发展规划，泸西县现代化花卉产业园片区一期工程在白水镇施行，白水镇依托花卉产业促进其美丽乡村建设。在促进白水镇花卉生产产值提升方面，当地政府通过外引内培的方式，积极发挥农民专业合作社等企业和合作组织的带动作用，"公司+基地+农户+合作社+标准+品牌+科技"和"党支部+合作社+龙头企业+基地+社员"等发展模式有效推进了全县花卉产业的健康、持续发展。园区龙头产业采用自动化或半自动化生产设施设备，结合电子计算机智能化控制系统的应用，推行水肥一体化生态高效种植方式，采用新型技术，走出了一条创新发展花卉产业之路。

县属有关部门为了完善园区花卉配套设施建设，在白水镇推行"五通一平"工作，即通水、通电、通路、通信、通气和场地平整，这也提升了该镇人民的生活质量。园区道路按照农村道路标准，均有通畅的柏油路和水泥路，并有二级路通达县城，与石林—泸西高速路、陆良—泸西高速路出口相通，提高了白水镇交通便利程度。将花卉产业与白水镇的很多风景名胜（如马场的小石林、岗路甘塘水库、王官红军烈士遗址、白水古道、新排天生桥、海家哨古庙堂、岗路村转山等）相结合，促进白水镇休闲旅游业的发展，带动人流、物流的流动，促进白水镇城镇建设与经济发展，实现城乡经济社会的协调发展。

四、咖啡美丽乡村模式

云南咖啡多数种植于海拔 1100 米左右的干热河谷地区，酸味适中，香味浓郁且醇和。就气候条件而言，云南南部光照时间长，有利于植株的生长及光合作用，而且昼夜温差大，晚上温度低，有利于咖啡养分的积累，所以云南小粒咖啡所含的有效营养成分高于国外的其他咖啡品种。云南具有咖啡种植生产的气候优势，而且经过 30 多年的产业化发展，目前云南咖啡的规模、产量占全国98%以上。随着云南咖啡总体质量的不断提升，云南咖啡已经达到世界一流咖啡品质，世界咖啡知名品牌雀巢、星巴克、上岛等纷纷从云南购买咖啡豆作为其原材料。"云咖"已经成为知名"云系"品牌，云南咖啡的国内、国际产业优势地位已经确立。

（一）云南咖啡美丽乡村建设模式

云南咖啡美丽乡村建设模式以产业发展型为主。通过实现农业生产要素优化配置，促进各建设村生产的咖啡品质逐年稳定提高，提升咖啡种植价值链效益；发展成为规模优势明显、工艺技术领先、品牌竞争力强的标杆龙头企业，采取参股、控股等形式，参与本土农业企业、现有外来农业企业投资，积极支持龙头企业通过兼并、重组、收购、控股等方式，组建大企业、大集团公司，引领优势特色产业发展，推进龙头企业向优势区域集中，带动企业集群集聚发展；打造精品咖啡核心基地，实现集团化、集群化发展，打造先进的咖啡生产体系。以各建设村咖啡产业推动全省咖啡产业向信息化、智能化、服务化、集群化发展，促进一二三产业协同发展，促进全省咖啡制造业规模化、高附加值化和可持续化发展，持续推动云南咖啡产业发展壮大。

（二）咖啡产业发展对美丽乡村建设的作用

从咖啡产业的经营模式、集约化规模、高质量咖啡豆及延长产业链方面推动云南小粒咖啡发展，增加咖农收入，助力美丽乡村建设。咖啡专业合作组织建设，可以为当地咖啡种植提供全面的市场信息以及技术服务，让咖农参与标准化生产并能够分享加工增值利润。"公司+基地+农户"的经营模式，使企业资源与乡村的土地、劳动力资源得到合理配置，形成长期、稳定和一定规模的供货能力，发挥规模效益和资源优势，促进咖啡产业的发展。种植达到国际认证标准的小粒咖啡品种，在咖啡园区采用标准化、生态化的管理模式，促进乡村咖啡粒产量及品质的提升。采用续建、新建及引进合作等方式，培育和引导进入园区的咖啡企业开展焙炒咖啡、速溶咖啡、咖啡饮料等产品的精深加工，延长当地咖啡产业链条，培育一批精深加工企业。据《云南省高原特色现代农业"十三五"咖啡产业发展规划》，到2018年，全省咖啡种植面积稳定在200万亩左右，年产咖啡生豆15万吨，实现总产值218亿元以上；共有咖农120万人，咖农人均收入2255元，年均增长8.3%。

建设生态精品咖啡园、"乔—灌—草"生物多样性标准化生态园，打造精品咖啡庄园，促进当地美丽乡村生态效益的提升。通过在咖啡园合理种植经济林木，提高森林覆盖率，提高咖啡园覆盖乡村的生态化水平。改善咖啡园遮阴条件，减少病虫害，提升咖啡豆品质；鼓励种植绿肥、果皮入地、施用有机肥和生物农药，降低咖啡林对农药化肥的需求。

提高村民种植技能，带动农民脱贫致富，改善村内基础设施，积极打造咖啡文化。在农业院校设立咖啡专业或专培班，定向培养咖啡种植、科研、管理、营销等方面专业人才，不断提高咖农劳动技能素质，增加农村就业，提高村民脱贫致富能力。改善咖啡园辐射乡村水、电、路基础设施建设和生产生活条件。发掘并讲述"云咖"故事，如云南咖啡历史，拍摄影视剧，在扩大"云咖"品牌的知名度和美誉度的同时，丰富村民的文化娱乐生活。

（三）经典案例

1. 耿马傣族佤族自治县

耿马傣族佤族自治县内地势东北高，西南低。东北山峰高耸陡峭，中部宽阔起伏，西部略显狭窄，坝子多为丘陵坝。耿马傣族佤族自治县90%以上的土地分布在热带和亚热带，气候属南亚热带季风气候类型。耿马年平均气温为19.2℃；最冷月平均气温11.6℃；最热月平均气温23.3℃。日照充足、降水丰富，适宜咖啡种植。

建成临沧重要的咖啡生产基地，实现村内贫困户脱贫增收。"耿马傣族佤族自治县小粒咖啡产业化科技示范"于2012年立项，项目实施以来，进一步提高了项目区群众咖啡种植科技水平，培育壮大了龙头企业，促进了项目区咖啡新兴产业的发展。贫困户以土地承包经营权入股，公司以苗木入股（但不参与合作社分红），努力实现咖啡基地规模化、标准化、规范化建设，力争把咖啡培育成该县农业产业结构调整的标志性产业，把耿马建成临沧重要的咖啡生产基地，带动贫困户脱贫增收。目前，园区实现总产值176.2万元，园区辐射3个行政村21个村民小组，惠及农户730户2984人，其中带动建档立卡贫困户107户443人。

耿马傣族佤族自治县以咖啡公司为基地建设主体，组建咖啡种植专业合作社助农增收。依托当地的气候优势、生态优势、区位优势和政策支撑，建设"龙头企业+专业合作社+贫困户（基地）"的生产经营模式，探索耿马傣族佤族自治县咖啡发展新模式，助力美丽乡村建设。大力推行"咖啡+坚果""咖啡+坚果+山地鸡""咖啡+魔芋"等"咖啡+"产业发展模式，助力农户实现增收致富。以打造"绿色食品牌"为目标，坚定不移地走精品咖啡发展之路，通过建立"咖啡产品质量可追溯体系"、"给咖啡园上户口"、全面加快研发与国际接轨的加工工艺以保障稳定的咖啡豆产品质量等措施，从后起之秀成为振兴云南咖啡的中坚力量。以庄园经济为引领，带动咖啡标准化、集约化发展，通过多年的实践探索，走出了一条精品咖啡发展的成功之路，有力地助推了当地精准扶贫工作。

提高咖农种植咖啡技术，增强全村脱贫致富能力，促进产业增产增收，实现产业发展。编印完成《耿马傣族佤族自治县咖啡种植技术管理手册》5000册，咖啡种植技术员多次深入村庄开展咖啡种植技术培训，各咖啡种植户积极参加培训，学习咖啡种植和中耕管理技术，进一步掌握了咖啡种植和管理技术，增强了发展咖啡产业的信心和决心。

"给咖啡园上户口"，实现美丽咖啡文化的沉淀。在这里每一块咖啡基地都有自己的"户口本"，每一粒咖啡都有属于自己的"身份证"，可以让人们体验咖啡从种子到杯子的整个追溯过程，感受咖啡耕种的乐趣、冲泡的情趣，勾起对咖啡的兴趣，寻求咖啡文化的沉淀。

2. 南现村

南现村地处澜沧县中部，纬度低，海拔高，昼夜温差大，冬暖夏凉，极利于干物质积累，是适宜咖啡生长的一块绿洲。境内土壤类型多为亦红壤和红壤，土壤有机质含量丰富，土层肥力较高，适宜小粒种咖啡生产的土地资源较多。南岭乡的咖啡产业从2002年开始起步，通过多年的发展，全乡现有4个村种植咖啡，面积发展到3612亩，投产的有2544亩。

南现村经过多年经验总结，形成了自身咖啡产业发展的工艺技术，采取分级采果、分级加工、分散晾晒、分别装袋的原则。南现村依托咖啡产业的发展，辐射和带动该地区黑河流域两个特色经济带的建设。依托当地政府的关怀与支持，在当地形成农转工劳动力保障体系，并能使外出打工的农民回乡就业，带动当地贫困村寨的经济发展。

为了促进当地咖啡产业的进一步发展，在黑河流域的澜沧县南岭乡南现村境内，按照"专业合作社+基地+农户"的管理模式，坚持"以短养长、以长促短"的原则，遵循"产业发展生态化，生态建设产业化"的总体要求，高标准集中连片开发标准化生态咖啡种植园5000亩。南现村金树生态咖啡示范园区以咖啡种植为主，生态咖啡园建设是改善当地环境的有效手段。

五、天麻美丽乡村模式

云南天麻个大、肥厚、饱满、半透明，质实无空心，品质优良，且天麻素、无机元素和氨基酸含量明显优于省外主要产地的天麻。天麻属于中药名贵药草，据《神农本草经》，天麻（当时称赤箭）有医治惊风、神志昏迷、提气益神的作用，能治疗头昏、头痛、眩晕、偏头疼、语言謇涩、小儿惊风、四肢痉挛、风寒湿痹、神经衰弱等症。临床应用证明，对血管神经性头痛、脑震荡后遗症等有显著疗效。长期以来，天麻一直以野生药材入药，近现代，因药材需求量大幅上升，野生天麻资源逐步衰竭，从20世纪70年代开始天麻逐步转为人工栽培。云南昭通现为天麻的主要产区。

（一）云南天麻美丽乡村建设模式

云南天麻美丽乡村建设模式围绕天麻产业，建设GAP（good agricultural practice，良好农业规范）种植（养殖）基地，引进大企业、品牌企业或种植大户建设中药材科技示范园或规范化生产基地，示范带动天麻规范化生产，形成产业发展型美丽乡村建设模式。在发挥建设村拥有的生态环境、民族文化、旅游产业优势的基础上，完善相关基础建设配套设施，引进企业建设集中药材规范化种植（养殖）、饮食文化、健康体检、休闲养生、科普宣传等于一体的中药材健康产业园。

（二）天麻产业发展对美丽乡村建设的作用

按照"规划先行、龙头引领、品牌带动、基地示范"的发展思路，坚持发展与保护并重，有序发展天麻产业，促进天麻产业繁荣，推进美丽乡村建设[①]。引进和扶持了省内外天麻种植、加工、销售龙头企业，由政府牵头组建天麻产业协会、专业合作社，带动了天麻产业基地化、规模化发展，基本形成了"公司+协会+合作社+基地+农户"的发展模式。天麻不仅是优质的食品、药品的加工原料，也是贫困地区农民脱贫致富的天然资源。

推进天麻产业办公室、天麻技术服务站及天麻科研团队建设，推进天麻乡村科学文化建设。在基地乡镇设立了天麻产业办公室、天麻技术服务站，在基地村选配了天麻产业专职辅导员，形成了有领导分管、有部门负责、有人抓落实、有资金投入的天麻产业发展组织保障体系，高位推进天麻产业发展[②]。政府推动与中国科学院、云南大学等省内外科研院所合作，建立了天麻研究平台6个，建立了相对稳定的天麻科研团队，研发天麻系列药品、保健品、食品等新产品，天麻产业已成为一二三产业融合发展的大健康、大扶贫产业。"两菌一种"人工栽培技术与天麻有性繁殖、无性繁殖的大力推广和普及，使得天麻从小到大、从大变强。

建成并启用全国首个天麻专题类博物馆（中国天麻博物馆），形成具有天麻特色的美丽乡村文化。通过业内外的广泛科普宣传，天麻在人类大健康产业中的地位和作用日益凸显，对保障人民健康和繁荣地方经济起到了积极的作用。

（三）经典案例

1. 小草坝发展优势

世界天麻原产地——小草坝位于云南省昭通市彝良县，独特的气候环境，造就了个大饱满、形好质优的小草坝天麻。小草坝天麻成为同类中的翘楚，在国内外享有盛名，在初唐时曾作为贡品，清朝时作为皇家御膳，有"贡麻"之说。彝良县是原产地域产品昭通天麻的核心区，因特产"小草坝天麻"被认定为"云药之乡"，是全国有机天麻种植第一县、第二批"国家有机产品认证示范县"。

2. 小草坝美丽乡村建设

依靠"政府+企业+协会（合作社）+科研+基地+农户"的发展模式，推进小草坝天

---

① 凡艳芳、杨迎潮：《欠发达地区特色经济发展的思考——以彝良小草坝天麻产业发展为例》，《昆明冶金高等专科学校学报》2008年第2期。

② 王淑娟：《"昭通天麻"产业发展壮大》，《云南日报》2018年4月20日，第7版。

麻产业发展。小草坝与国内多家研究所及高等院校签订了战略合作协议，搭建了长期天麻研究开发平台，成立了天麻产业开发办公室，每年投入大量专项资金进一步推动天麻产业的发展。昭通市天麻特产局适时聘请专家和组织技术人员对当地麻农进行优良"两菌"、天麻有机和 GAP 种植技术等方面的技术指导培训，使当地麻农、天麻企业员工和技术人员的技术水平不断提升。

推动彝良小草坝天麻特色小镇建设，建设村容整洁、配套完善的小草坝美丽乡村，由此，将特色小镇与小草坝当地特色人文资源结合，打造小草坝这一著名的省级风景名胜区。政府根据小草坝特点，对小镇建设内容进行专业设计，包括天麻特色产业园组团、音乐小镇组团、森林温泉酒店组团、区域内配套房地产开发项目、区域内产业经营服务及区域内配套公共服务设施建设等。小草坝内有朝天马、牛角岩自然风景区，奇山、奇水、奇洞配以奇特的森林植物景观而独具特色。游客可以住在天麻之乡，玩在天麻基地，吃上天麻佳肴，喝上天麻茶，带走天麻产品，使小草坝创造更多的经济效益。

小草坝依托天麻产业形成了自己独特的天麻文化。中央七台军事农业频道、香港亚太第一卫视《投资中国》栏目、云南卫视及《国家人文历史》《云南日报》等主流媒体对其天麻文化进行了介绍。当地组织编写了《乌蒙神草》、《天麻知识问答》及《乌天麻印象》，印发 1.5 万册，制作了"乌蒙神草——昭通天麻"专题片，指导和协助彝良拍摄了"天麻之父"专题片，进一步传承了当地特色天麻文化，提高了影响力，提升了当地的品牌形象。

六、三七美丽乡村模式

三七为传统名贵中药材，享有"参中之王""金不换"等美誉[①]。研究表明，三七对血液、心脑血管、神经、免疫、代谢等系统相关疾病防治均有确切效用，目前常用于防治心脑血管类疾病[②]。三七是我国重要的中药材，在生物医药产业中具有重要地位。云南是三七的原产地和主产区，全国 95%以上的三七产自云南。三七及其制品是云南的传统出口商品，现在不仅在东南亚畅销，并且还进入了日本、英国、加拿大等国际市场。

（一）云南三七美丽乡村建设模式

云南三七美丽乡村建设模式主要采用产业发展型。围绕三七特色天然药材，以生物

---

① 林景超、张永煜、崔健等：《我国三七产业的发展现状及前景》，《中国药业》2005 年第 2 期。
② 朴春花：《三七的药理作用研究进展概述》，《中国医药指南》2011 年第 13 期。

医药产业基地建设为依托，大力引入国内外知名现代中药企业，深度开发三七系列产品，实现产品结构由以初级原料为主向以精深产品为主的转型。支持本地企业与国内外有实力的单位共建研发生产基地，吸引国内外知名大专院校与科研院所在临沧设立研发中心，建设产、学、研一体化的大健康产业集聚区，打造生物制药产业化基地，积极提升三七产业带动效果，为美丽乡村建设奠定坚实的经济基础。

（二）三七产业发展对美丽乡村建设的作用

规模化种植三七，提高三七产量和质量，促进三七种植村三七产业发展，为乡村创收。云南省三七在种植地域和规模选择上，从农户零星种植转向种植基地规模化区域化种植，从普遍种植转向最适宜的地区种植，始终坚持"适度规模、择优布局、集中连片、科学种植"的原则。在以三七为建设重点的美丽乡村，充分发挥龙头企业的引领作用，抓住国内外还没有大规模三七种植生产基地这一有利时机，推进有机及 GAP 等示范基地建设，扩大产品效应，推动三七产业集约化、集聚化、产业化发展。在建设基地培育起规模大、效益高、环保型的三七种植及加工生产企业。与当地三七药农共同发展"企业+专业合作社+家庭农场+种养大户+农户"等产业经营体系，三七产量和质量也有较大幅度的提高，销售量稳步上升，促进建设村三七产业规模扩大和综合效益提高。

整合云南省三七资源可持续利用重点实验室、云南省三七工程技术研究中心资源，建立国家三七技术创新中心；系统开展以三七为主的物质基础和作用机理研究、加工关键技术和中药材种植及产地加工机械化装备研发、中药新型饮片和新药、保健食品等新产品开发和推广应用等。采取原产地域保护措施，通过国际多边或者双边合作，对文山三七独特的民族历史与地理经济遗产进行保护，可有效地避免文山三七遭受来自国内外的各种假冒产品的侵害，还可以保持文山三七产品高质量、高知名度、高附加值的优势，提高市场竞争力，促进优势品牌的民族文化发展。

（三）经典案例

1. 古木镇发展优势

古木镇位于文山县城东南部，面积171.66平方千米，是文山三七的主产区。当地政府将古木镇重点打造为三七精深产品研发、生产、交易、仓储、物流等平台和基地，发展以三七为主的生物资源加工产业集群。适当布局发展果蔬、畜牧等高原特色产业和建设以文山城后花园为目标的美丽乡村。

2. 古木镇美丽乡村建设

依托三七小镇特色产业园区建设，推进文山三七交易市场整合和中药材市场建设，以就业促脱贫，带动周边农户脱贫致富。按照"政府推动、科技支撑、农户参与、规范发展"的总体要求，产业园引进大型企业，以发展三七产业为主，形成完备的全产业链条，形成了"市场+产地+企业+科技+政府"五位一体的产业化发展新模式，产品涵盖中成药、中药饮片、提取物、保健品、日化产品等多个领域。2019 年吸纳 4 万人就业，古木镇村民有了较为稳定的收入，推动了古木镇集体致富。

古木镇美丽乡村建设项目主要是将古木镇建设为古木三七特色小镇。古木三七特色小镇建设项目由文山市人民政府主导，通过前期对资源、区位、交通、上位规划、文化等方面的研究，明确古木三七特色小镇以三七产业为支撑，注重生态保护、文化传承、乡村营建、旅游休闲、品牌塑造等多种价值的实现，通过休闲旅游业促进乡村产业的融合发展，创造宜居、宜业、宜游的小镇环境，给居民和游客带来福祉，打造全国一流农业特色小镇。古木镇政府在本次特色小镇建设规划中明确提出在原有公路基础上进行拓宽，并配套有污水处理厂，改善当地基础设施情况，提升村内整洁程度。

第五节　云南美丽乡村建设的可持续发展之路

一、云南探索出了一条特色农业与美丽乡村互动发展的生态文明道路

习近平总书记在云南考察时指出，"良好的生态环境是云南的宝贵财富，也是全国的宝贵财富"[1]，要求云南争当全国生态文明建设排头兵。云南省、市（州）、县、乡（镇）各级党委和政府部门根据习总书记指示，因地制宜，依靠各自发展的特点和优势，在保护生态环境的基础上，已经成功探索出了特色农业与美丽乡村互动发展的生态文明之路。

（一）以政府为主导，村民积极参与

云南省各级政府充分发挥在推动高原特色农业发展与组织美丽乡村建设中的主导作用，通过协调各部门参与建设、因地制宜规划建设路线、各级财政支持建设等方式，形

---

① 陈豪：《闯出一条跨越式发展的路子来》，《人民日报》2017 年 9 月 6 日。

成整体联动、资源整合、社会共同参与的建设格局。政府主导并不意味着政府包办建设过程中的一切，美丽乡村建设需要联合政府和群众各方力量，从规划、建设到管理、经营，自始至终都离不开村民的积极参与，以保证美丽乡村"始于民，利于民"，而不是政府的一厢情愿，更不是凸显政绩的形象工程。通过调动村民参与的积极性，切实让农民成为美丽乡村建设的主体，真正共享美丽乡村建设的成果。

（二）坚持规划引领，做到绿色推进

从云南美丽乡村建设实践来看，各建设区都十分注重规划引领，并通过项目形式进行推进。第一，做到规划因地制宜。从云南各地乡村的区位优势和人文环境出发，因地质、地形、海拔和气候的不同，确定不同的产业模式，制定不同的发展规划。在产业发展向生态化转型过程中，必须集中整合产业发展、地方特色等，将自身独特优势充分体现出来。第二，美丽乡村建设规划坚持"绿色、人文、智慧、集约"的规划理念，在制定美丽乡村建设规划的过程中，各级政府充分考虑采用有利于保护原始生态环境的最佳建设方案，遵循乡村自然发展规律，切实保护乡村生态环境，围绕乡村生态环境、生态经济、生态文化和生态人居项目建设，形成本村的生态文明发展之路。第三，在以上两方面的基础上，注重规划的可操作性。为了落实蓝图的整体规划，实现美丽乡村建设，将规划内容从时间、空间进行细化分解，以年度行动计划、区域计划将整体项目细化为具体的实施项目。

（三）依赖产业支撑，实行乡村经营

美丽乡村建设必须有产业作为支撑。以当地特色高原农业产业为核心，建立集约化、标准化产业生产基地或专业合作社，并积极引入龙头企业，发挥其带头作用，为美丽乡村建设提供资金支持，增加村民收入，提高生活质量。云南美丽乡村建设，将特色农业和独特的历史人文景观相结合，推行一户一策、一组一策和一村一策，做到各村个性中有共性，共性中不乏独特之处，积极优化特色美丽乡村建设格局。在美丽乡村建设的产业发展中体现乡村经营的理念，通过空间改造、资源整合、人文开发，达到美丽乡村的永续发展。

二、多样性的生物资源保护、多样性的产业与多样性的乡村振兴之路

（一）多样性的生物资源保护

云南是中国生物多样性最丰富、分布最为集中、具有国际意义的生物多样性关键地

区，云南美丽乡村建设可持续发展之路必须注重保护多样的生物资源。为了保护生物多样性，保障生态安全，推进生态文明建设，促进经济社会可持续发展，实现人与自然和谐共生，云南颁布了《云南省生物多样性保护条例》，要求各级人民政府应当对本行政区域内的生物多样性保护负责。云南是一个农业大省，各级人民政府在发展云南高原特色农业及推进美丽乡村建设过程中，势必要将保护生物资源多样性放在重要位置。"在保护中开发，在开发中保护"，坚持可持续性、长远性、多样性开发利用，发展生态农业。把生物多样性保护与生物资源管理融为一体，做好生态文明建设排头兵。

（二）多样性的产业

云南美丽乡村建设可持续发展之路必须立足云南多样性农业产业资源。打好高原特色现代农业这张牌，重点发展云南具有明显发展优势且具有多样性的农业产业，如茶叶、花卉、烟草、咖啡、中药材、橡胶等产业，大力发展绿色食品、药品、保健品，推动高原特色农业绿色化、特色化、优质化、品牌化发展。推进"大产业+新主体+新平台"发展模式和"种植养殖+深加工+流通"全产业链发展，大力发展特色产品产地初加工，支持主产区发展农产品精深加工，培育农业龙头"小巨人"、专业合作社、家庭农场、种养大户等新型经营主体，打造农产品加工产业集群，促进一二三产业融合，推动美丽乡村建设[①]。

（三）多样性的乡村振兴之路

云南高原特色农业的多样性，决定了其乡村振兴之路具有多样性。云南乡村振兴着眼于云南地形复杂、气候多样、物种多样的特点，着眼于"人无我有、人有我优、人优我特"的差异化、特色化道路。乡村振兴之路，需要加大财政扶持力度、建设特色项目，用项目带动农业产业发展，以农业发展促进乡村建设。努力实现乡村振兴规划的专业化，注重农业农村发展与当地旅游资源的跨界融合，用农业带动一二三产业进一步发展，从多方面实现农村经济实力增加。云南乡村振兴之路要加强与科研组织、农业院校的合作，着眼于农业科研推广、科技兴农，用科技推进乡村振兴。云南乡村振兴之路既要依靠经验丰富的农民，也要依靠接受过高等教育、掌握农业科技的返乡青年农民工，鼓励青年农民工返乡成为乡村振兴的主力军。云南乡村振兴之路要融入云南优秀的传统文化，树立全新的发展理念，将农村经济发展与农村文化的保护结合起来，因地制宜地采取传统文化开发和保护的发展模式。

---

① 陈豪：《走中国特色社会主义乡村振兴道路——谱写云南新篇章》，《云南农业》2018年第5期。

第三章　云南自然资源特色及空间规划

　　人类的一切活动，不论是工农业生产还是日常活动，都受到自然规律和社会经济规律的制约。十八大以来，中国特色社会主义进入了新时代，生态文明建设已经成为指导我国应对日益突出的资源环境与生态问题、处理生态环境保护和社会经济发展之间矛盾关系的根本所在。要以生态文明理念指导人们生产生活实践活动，将生态文明建设放在突出位置，融入政治建设、经济建设、文化建设和社会建设的各方面和全过程。然而，在生态文明建设的实践中，普遍存在建设目标缺乏针对性、建设主体及不同主体间的责任权利界定不清晰、建设成效性低等问题，难以从根本上提升区域生态文明建设水平。

　　云南省地处我国西南边疆，是中国唯一可以同时从陆上沟通东南亚、南亚的省份，是国家物种资源宝库和生态屏障，在建设我国面向西南开放重要桥头堡和保障国家生态安全中具有重要的战略地位。云南如何更好地建设生态文明？怎样以生态文明理论指导云南省社会经济发展？这些非常紧迫的课题摆在了我们面前。需要深入剖析生态文明建设的动力机制，探索云南省及不同地区推动生态文明建设的有效模式和政策措施。

第一节　生态文明建设模式

一、生态文明建设的动力机制

（一）生态文明建设的主体与客体

生态文明建设需要有一个良好、高效的动力机制。研究生态文明建设动力机制，首先应当厘清生态文明建设主体及不同主体的责权利。生态文明建设要由政府、企业、公众多元行为主体协同完成，这三大主体相互依存、相互制约，组成了生态文明建设的主体。探寻动力机制，还须明确生态文明建设的客体，即生态文明建设的对象——人类赖以生存的生态系统，是以人为中心的各种要素的总和，是社会—经济—自然复合生态系统，且具有系统性、复杂性、因果制约与互补性、冲突性及不确定性等特点。

政府、企业和个人是生态文明建设的主体，而不同主体利用自然资源、改造自然及有意无意地保护或破坏环境等行为本身也恰恰是生态文明建设中需要约束的"客体"对象——人类在改造客观世界的同时也从理念、规则、行动等方面改造着人类自己。因而，生态文明建设的主体和客体不是一成不变的，而是相互融合、相互转化的。尤其应意识到，政府、企业、公众作为生态文明建设主体的同时，也是需要根据生态文明建设的理念、原则和要求而进行改造的对象。生态文明建设是一项涉及社会发展、经济繁荣和环境保护各个方面的复杂系统工程，很难从单一视角独自开展，生态文明建设的过程是各种社会力量相互作用的过程。

（二）生态文明建设的驱动因素

生态文明建设是区域内外力量相互作用的过程，这些内外各种行为主体的利益诉求是生态文明建设的"原生"动力。中央政府站在国家的全局利益和战略高度，寻求全国生态安全、全社会稳定和谐、经济高质量发展；地方政府按照中央政府的整体部署和针对本地区的具体要求，须实现本地区生态环境质量改善、地方经济发展和社会稳定等地方利益诉求；企业期望在特定投资下利益最大化，获得宽松优惠的政府政策支持和市场份额；公众则希望获得更多的就业机会、更高的经济收入、更美好而健康安全的生态环境及舒适宜人的人居环境。因此，地方政府作为生态文明建设主体，其主要驱动因素包括政绩考核指标、财政分配体制、环境约束责任和社会舆论监督；企业参与生态文明建设的动力主要来源于市场竞争的需要、政府规制的动力和公众作为消费者的偏好；公众参与生态文明建设则更多是出于自身对美好生活、优美环境的需要。

但是，目前还存在制约各方力量参与生态文明建设或影响其在生态文明建设中发挥其主动性、能动性、智慧和力量的制度性因素。当前考核评价体系单一、现行财政体制存在缺陷、社会舆论导向作用不明显及环境责任约束弱等制约了地方政府生态文明建设；企业生态文明建设动力的制约因素包括制度设计有漏洞可钻、政府环境执法力度弱、激励政策缺失、公众舆论压力小等；由于公众收入水平较低，本身没有形成强烈参与生态文明的动力，同时公众参与渠道不畅、相关消费政策缺乏，这些因素导致公众在当前生态文明建设中的主体地位不明显。

（三）生态文明建设的动力源

要最大化发挥驱动因素的动力作用，厘清动力来源至关重要。从其来源角度，生态文明建设的动力源包括两个方面：一是内在动力，如企业追求经济效益最大化，政府寻求公共利益最大化和社会公正，公众追求个人利益及实现个人价值等。这些内在动力之间、主体之间的关系，可以是矛盾的也可以是和谐的，这就取决于各内在动力及各主体利益分配机制的构建。二是外在动力，主要是为生态文明建设提供的政策支持和法律保障等。政策支持及法律保障给予生态文明建设的各行为主体以激励和约束，推动着生态文明建设。激励功能以政府政策引导、市场利益驱动、社会参与为基础，约束功能则通过法律法规来规范各个主体的行为。此外，市场竞争的外在压力同样对生态文明建设的行为主体起着重要的影响作用，表现为高资源消耗迫使政府不得不重视有限资源的利用率及环境效益，以及市场通过市场价格、供求和竞争机制的作用促使企业不得不提高技术、更新产品以适应激烈的市场竞争等。

从动力类型来看，影响生态文明建设的动力有三种形式：一是经济发展的推动力；二是资源环境的约束力；三是观念—制度—管理—科学技术的协调力。在复合生态系统的框架下，短期内资源环境容量对于区域发展速度和水平的约束并非刚性约束，而科学技术的能动性、价值规律的普遍性、人们观念的可塑性和规章制度的调节作用，则将对缓解甚至释放资源环境约束发挥关键性作用。图3-1为生态文明建设动力作用图。

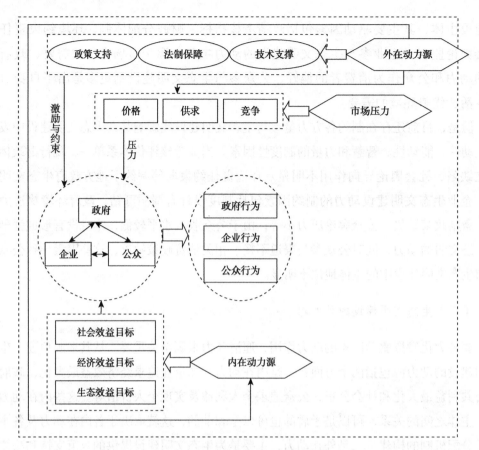

图 3-1 生态文明建设动力作用图

二、基于主体的生态文明建设模式

（一）不同行为主体在生态文明建设中的角色定位

政府是生态文明建设的制度供应者、利益冲突的协调者和仲裁者。政府是公共物品的提供者，是根据公众需要而产生的，其本身的合法性就在于它是被公众推举出来保护公共利益、调节社会纠纷的仲裁人。调节社会冲突、维护社会公正、促进社会公平是政府的重要使命。

企业作为市场经济活动的主体：一方面，企业所创造的经济财富为地方的经济发展和财富增长注入活力，间接地为生态环境保护与治理积累了大量资金；另一方面，企业运营带动了地区居民的就业，满足了群众追求美好生活的需要，缓解了当地居民因贫穷而对生态环境和自然资源的高度依赖及迫于生计而破坏自然。企业应当适应绿色发展、低碳发展和循环发展要求，主动选择有利于环境保护的生产和经营方式，从而成为生态文明建设的自觉行动者。

归根结底，生态文明建设活动都要落实到每一个公众身上，而生态文明建设的最根本目标也是为满足人民对美好生活的向往与需求。因此，公众既是生态文明的建设者、生产者，也是生态文明成果的共享者、消费者。作为具有双重身份的公众，最能直观感受政策执行或企业生产所带来的不良环境影响，公众是环境污染和破坏的直接受害者，公众有权利和义务督促政府和企业等相关主体遵守制度法规，从而形成对地方政府和企业强有力的监督约束。

（二）生态文明建设的主要模式

根据生态文明建设主体的角色定位，可将生态文明建设划分为政府主导型、市场主导型、社会主导型及混合型4种模式，见表3-1。

表3-1　生态文明建设的主要模式

模式	运作规律	优势	不足	适合区域
政府主导型	政府作为管理主体进行制度安排和行动干预	强制性、直接性和高效性	易形成"政府依赖型"社会	经济高速和超高速增长的区域
市场主导型	发挥市场机制在要素移动方面的基础性和主导性作用	有助于发挥建设主体能动性，更具活力	若缺乏约束易因争夺利益而致混乱无序	自然资源禀赋条件尚好的地区
社会主导型	依靠社会组织的力量，通过社会自我管理、服务和调节解决难题	可有效解决市场和政府难以解决或难以顾及的难题	对社会组织有较高要求	区域工业经济发展相对成熟的协调发展型地区
混合型	同时吸收政府、企业和公众等多元主体的力量	多元主体共同发挥作用	政府基础性工作需先行	社会经济基础薄弱地区

1. 政府主导型模式

政府主导型模式是指作为管理主体的政府及其部门或机构，采用行政、经济、法律和工程技术等措施和手段，对作为被管理主体的企业、社会团体和公民个人等开发、利用环境资源的活动及其相应后果进行干预的模式。该模式强调政府的主导作用。生态文明建设是一项涉及政治、经济、技术、社会各个方面的复杂系统工程，具有很强的全局性和综合性，一个强势政府才有足够的权威和能力来组织和协调如此繁杂的工作。政府直控型环境治理模式通过行政权力，采用强制性手段来实施相关政策，因而还具有强制性、直接性和高效性等特点。政府主导使得政府的组织和决策能力直接决定区域生态文明建设水平，同时也易形成"政府依赖型"社会。

该模式适合经济高速和超高速增长的区域。这类地区虽然经济发展较快，但片面追求较高的增长速度，形成劳动、资源密集型主导的产业结构，存在产业结构水平低、资源综合利用率低的问题，目前还是以粗放型发展为主，工业化和城市化带来的资源环境压力表现明显。这些地区，生态文明建设的一个重点任务是加强政府管制，推动市场的生态化转型，改善产业结构，转变增长方式，大力发展循环经济，促进经济可持续发展，这些都需要强势型政府的协调和有力干预。

2. 市场主导型模式

发挥市场机制在要素移动方面的基础性和主导性作用，用市场化的方式，遵循市场运行的一般规则，依靠主体的自主决策、创新和协调，在国家和区域经济社会发展整体利益、环境可承载力和可持续发展要求、以人为本的全面发展理念等约束条件下，推动生态文明建设进程。市场主导，有助于发挥建设主体的能动性，使生态文明建设更具活力。但是，倘若市场运作缺乏约束与规则，又极易因争夺经济利益而导致混乱与无序。

这类模式适合自然资源禀赋条件尚好，在生态服务供给和环境总量控制要素上表现尚佳的地区。这类区域，在生态文明建设过程中需要发挥市场在资源配置上的作用，以生态优势带动区域发展，适度开发、因地制宜发展资源环境可承载的特色生态产业。这类地区拥有丰富的自然资源，往往具有重要的生态服务价值，同时又是重要的生态屏障，具有生态环境脆弱性。因而必须坚持保护优先，加强生态修复和环境保护。这就要求市场主导型生态文明建设必然要走市场推动和政府引导相结合的道路，政府的引导能生成、催化与提升市场的力量，为市场机制的运行提供保障。

3. 社会主导型模式

生态文明建设既不能以市场调节为主，也不能以政府干预为主，而要依靠各种社会组织的力量，通过社会自我管理、自我服务和自我调节，有效地解决市场和政府难以解决或难以顾及的难题。生态文明建设中，社会主导型模式最大的特点是鼓励各种相关中介组织的建立和发展。中介组织是独立于政府之外，以自己的行为对市场主体和各种交易行为起服务、公证和监督作用的组织，使各个不同的市场主体相互衔接、协调，使之成为一个和谐的整体。

这种模式适合协调发展型地区，区域工业经济发展相对成熟，工业化进程相对较快，各类生产要素和条件较齐全，工业企业的技术装备水平、管理水平和技术创新能力相对较高。但由于经济和人口总量庞大，区域发展带来的环境问题依然存在，其主要的环境问题是由部分大中城市的大气污染和主要农业区水体的富营养化等引起的，因而这类地区属于相对协调发展型地区。这类区域主要分布在东部沿海地区，其经济技术发达，制度条件较好，居民生活水平较高，公众有较强的生态文明建设的需求。

4. 混合型模式

在生态文明建设中同时吸收政府、企业和公众等多元主体的力量。生态文明建设不仅需要充分利用市场机制推动要素向利于环境保护的产业流动，还需要利用政府的推动力促进公共设施的完善，特别是增大科技和知识竞争力的基础投入。从历史实践看，西方发达的市场经济国家越来越重视有目的的规划的制定，以引导社会经济的发展方向，说明政府导向的发展因素在增加；同时，政府导向比较强的发展中国家则越来越重视市场导向的因素，以克服政府主导的弊端。

这种模式适合社会经济基础薄弱的地区，如工业化进程相对滞后，工业经济相对薄弱，区位条件相对较差，行业结构单一，工业企业规模小而散，工业行业间的关联性不强，为加快经济增长而大量采伐森林、超采地下水的地区。该类型区域主要分布在西部地区，经济技术落后，社会保障体系不完善，发展所需的资金、技术、人才、信息等条件不足。这类地区的经济子系统和环境子系统均处于相对较低的发展水平，因而政府首先需要搞好基础设施建设，完善市场体系的建设，加快对经济发达地区产业转移的承接，加大环保设施建设、环境管理、生态系统恢复等方面所投入的人力、物力，预防环境发生恶化。

三、生态文明建设的区域差异性

（一）区域分类

当前，生态文明建设涉及区域社会、经济和生态环境三大领域。一般情况下，经济较发达的地区，社会发展水平也较高。根据社会经济是否发达、生态环境是否优良和谐，将区域分为增长滞后型、粗放增长型、失调恶化型和协调发展型等四类，如图3-2所示。

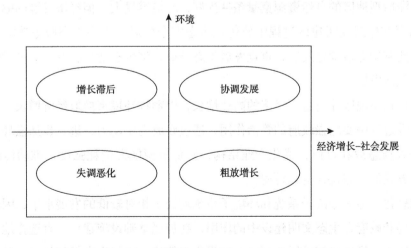

图 3-2　环境—经济—社会复合系统类型

1. 增长滞后型

自然资源禀赋条件尚好，环境容量大；经济发展的驱动力明显不足，经济发展水平相对较低，表现为经济总量偏小、发展速率低。经济子系统和社会子系统的发展滞后于环境子系统的发展。尚未大规模开发的边远地区或资源面临枯竭的地区属于此类。

2. 粗放增长型

片面追求经济的高速增长，以牺牲环境来换取经济增长，导致资源消耗速率显著快于经济增长速率，资源和环境承载力已接近阈值，环境子系统已处于恶化和崩溃的边缘，属于先污染、后治理的发展模式。

3. 失调恶化型

过度的资源开发活动导致资源枯竭和环境质量严重退化，与此同时，经济增长也受到了极大制约，经济子系统和环境子系统均处于相对较低的发展水平，环境经济复合系统处于恶性循环状态。大多数资源枯竭型城市或地区属于此类。

4. 协调发展型

经济结构趋于优化，低消耗、无污染的产业占据主导地位；经济增长并未导致环境质量退化，相反，经济增长累积的资金资本为环境保护提供了物质和技术支持，通过投资自然资本改善环境，使得环境与经济处于同步、并重、协调、和谐发展状态，这是复合系统的"顶级"类型。

（二）不同地区生态文明建设的有效模式和政策措施

增长滞后型地区的自然资源禀赋条件尚好，环境容量大，但经济发展的驱动力明显不足，因而在生态文明建设过程中要优化生态安全格局，提高生态服务功能的保护水平，并在此基础上适度地发展，重点发展生态产业，将生态优势转变成经济优势，实现高质量的经济发展。

粗放增长型地区片面追求经济的高速增长，以牺牲环境来换取经济增长，因而在生态文明建设过程中要增强政府的管治作用，通过政府的驱动力，进一步加强环境监管，把提高增长质量放在首位，优化产业结构，降低资源能源消耗强度，推动传统生产方式、生活方式的生态化或生态转型。

失调恶化型地区经济子系统和环境子系统均处于相对较低的发展水平，因而需要同时加强市场和政府在生态文明建设中的作用，在加强基础设施建设、有选择地承接发达地区产业转移、推进经济发展的同时，加强生态管治，守好生态保护红线、环境质量不下降的底线、自然资源利用的上线，加强环境风险防范。

协调发展型地区的经济发展相对成熟，但由于经济和人口总量大，环境问题依然存在，因而在生态文明建设中主要发挥社会组织的作用，通过提高公众生态意识、改善消费模式来促进资源节约，以解决日益严峻的消费领域环境问题，并且注重生态文明建设的制度创新。

我国幅员辽阔、区域差异显著，对于处于不同发展阶段的地区，生态文明建设内容和建设重点存在一定的差异。宏观上，生态文明建设的目标是环境协调健康、经济持续高效和社会包容发展，然而在具体的生态文明建设过程中，不同区域应根据自身的实际情况，结合当地国民经济、社会、文化、生态环境等的发展水平，制定出切实可行、符合自身实情的阶段性目标。

第二节　云南生态文明建设模式分析——基于相关政策、制度与规划文本的分析

在全国生态文明建设"热潮"中，云南省作为全球生物多样性重点区域和国家西南生态安全屏障，以及我国西南面向东南亚和南亚开放重要桥头堡，担负着争当全国生态文明建设排头兵的战略任务和历史使命。对照生态文明建设主要目标，云南省生态文明建设从国家到省到地方层面，形成了自身的定位及特点。

一、国家生态文明建设格局及其对云南的定位和要求

（一）积极响应国家政策要求，争做全国生态文明建设排头兵

党中央、国务院高度重视，先后做出了一系列重大决策部署。2015 年 5 月 5 日，《中共中央 国务院关于加快推进生态文明建设的意见》印发，这是中央对生态文明建设的一次全面部署，是当前和今后一个时期推动我国生态文明建设的纲领性文件，是生态文明建设顶层设计和总体部署的路线图和时间表。2015 年 9 月，中共中央、国务院通过《生态文明体制改革总体方案》，提出到 2020 年，构建起由自然资源资产产权等八项制度构成的产权清晰、多元参与、激励约束并重、系统完整的生态文明制度体系，其是生态文明体制建设的"四梁八柱"。同年，《环境保护督察方案（试行）》《生态环境监测网络建设方案》《关于开展领导干部自然资源资产离任审计试点方案》《党政领

导干部生态环境损害责任追究办法（试行）》《编制自然资源资产负债表试点方案》《生态环境损害赔偿制度改革试点方案》等6项相关配套文件相继出台，初步形成了我国生态文明建设的顶层设计。十三届全国人大第一次会议表决通过《中华人民共和国宪法修正案》，生态文明历史性地写入宪法，标志着我国步入了新时代生态文明建设和发展的新阶段。十九大更加明确了加快生态文明体制改革，建设美丽中国的战略部署，明确指出"建设生态文明是中华民族永续发展的千年大计"。为贯彻落实党的十九大关于深化机构改革的决策部署，第十九届中央委员会第三次全体会议通过《中共中央关于深化党和国家机构改革的决定》，提出"实行最严格的生态环境保护制度，构建政府为主导、企业为主体、社会组织和公众共同参与的环境治理体系"，并明确了生态文明建设的主导、主体及参与力量。为构建政府主导型、市场主导型、社会主导型或混合型等不同主体的地方生态文明建设模式的实践探索提供了顶层制度保障。

良好的生态环境是云南发展的宝贵资源和最大优势。通过相关试验示范区建设，探索云南生态文明制度建设及建设模式，争做全国生态文明建设排头兵。2007年，云南省全面实施"七彩云南保护行动"，确立了"生态立省、环境优先、和谐发展"的思路。2009年2月，《中共云南省委 云南省人民政府关于加强生态文明建设的决定》（云发〔2009〕5号）指出，"坚持生态立省、环境优先，努力争当生态文明建设排头兵"；2009年12月，《七彩云南生态文明建设规划纲要（2009—2020年）》出台，分阶段提出了生态文明建设的目标任务，成为动员全省参与生态文明建设的行动纲领。2013年8月，中共云南省委、云南省人民政府发布《中共云南省委 云南省人民政府关于争当全国生态文明建设排头兵的决定》（云发〔2013〕11号），云南省生态文明建设提效增速。2015年中共云南省委、云南省人民政府印发实施《中共云南省委 云南省人民政府关于努力成为生态文明建设排头兵的实施意见》（云发〔2015〕23号），结合省情，提出云南努力成为生态文明建设排头兵的总体要求、目标愿景、重点任务和保障机制。2016年4月，《云南省国民经济和社会发展第十三个五年规划纲要》（云政发〔2016〕36号）印发，部署了加快建设主体功能区、筑牢生态安全屏障、加大环境治理力度、大力促进低碳循环发展及加快生态文明制度建设五大方面的生态文明建设工作。2016年11月，云南省委、省政府印发了《云南省生态文明建设排头兵规划（2016—2020年）》，提出了"十三五"时期云南省生态文明建设排头兵工作的指导思想、基本原则、建设目标、主要任务、保障措施和重点工程，对"十三五"时期生态文明建设进行了具体部署。

（二）优化国土空间开发格局，建设国家西南生态安全屏障

国土空间是宝贵资源，必须推进形成主体功能区，科学开发我们的家园。2010 年 12 月，国务院发布了《国务院关于印发全国主体功能区规划的通知》（国发〔2010〕46 号），要构建"两横三纵"城市化战略格局、"七区二十三带"农业战略格局、"两屏三带"生态安全战略格局为主要支撑的国家层面的主体功能区，并要求必须明确国家层面优化开发、重点开发、限制开发、禁止开发四类主体功能区的功能定位、发展目标、发展方向和开发原则。云南省的国家层面重点开发区域位于滇中地区；国家层面限制开发区域的农产品主产区包括西南的小麦、玉米、马铃薯产业带及云南的甘蔗、天然橡胶产业带；国家层面限制开发区域的重点生态功能区分布在云南东北及东南部的桂黔滇喀斯特石漠化防治生态功能区和云南西北及南部、东南部的川滇森林及生物多样性生态功能区；国家禁止开发区域包括云南省的国家级自然保护区、世界文化自然遗产、国家级风景名胜区、国家森林公园、国家地质公园。至此，云南省作为"青藏高原生态屏障"、"黄土高原—川滇生态屏障"及"南方丘陵山地带"的"两屏三带"生态安全战略格局的重要组成已十分明确。

2014 年 2 月，国家发展和改革委员会（以下简称国家发改委）等多个部委印发《全国生态保护与建设规划（2013—2020 年）》，以自然生态资源为对象开展保护与建设，云南被纳入长江中上游地区和南方山地丘陵区，在充分考虑全国主体功能区布局基础上，明确云南生态保护与建设重点为青藏高原东南缘生态屏障、哀牢山—无量山生态屏障、南部边境生态屏障、滇东—滇东南喀斯特地带、干热河谷地带、高原湖泊区和其他点块状分布的"三屏两带一区多点"区域。此外，还明确了各区域保护与建设的主要措施，旨在构建起覆盖全国主体功能区中分布于云南的重点生态功能区及云南 6 个二级分区的生态安全屏障[①]。

2017 年 1 月，《国务院关于印发全国国土规划纲要（2016—2030 年）的通知》（国发〔2017〕3 号）进一步明确上述云南省区域主体功能区定位。国土集聚开发方面，云南滇中地区是重要的国土开发集聚区；云南昆明是"两横三纵"开发轴带中沪昆轴带、包昆轴带"一横一纵"两条轴带的交汇中心，是我国向西南开放、密切西部地区联系、打造畅通东南与西南地区沟通联系重要通道的西南重要端口；云南还属于重点发展水稻、小麦、玉米和马铃薯种植的西南地区粮食主产区。"五类三级"国土全域保护中，有云南北部环境质量维护区、滇中人居生态与环境质量维护区、珠江源水源涵养保护区、桂黔滇石漠化及川滇干热河谷水土保持保护区、川滇山区生物多样性保护区、青藏

---

① 《云南省通过首个生态保护与建设规划》，《云南日报》2018 年 11 月 16 日。

高原南部山地自然生态保护区、青藏高原南部自然生态维护区和西双版纳山间河谷盆地优质耕地保护区。国土综合整治中，云南除重点整治的"四区"，即主要城市化地区、农村地区、重点生态功能区及矿产资源开发集中区外，又特别指出了云南受污染耕地集中区域优先组织开展治理与修复及桂黔滇石漠化片区综合整治的问题。作为特殊边疆地区，云南需深化开放合作，加强区域联动，在如下方面获得规划的政策支持：建成面向南亚、东南亚的辐射中心，中国—中南半岛、中巴、孟中印缅等国际经济合作走廊，加快建设面向国际的综合交通枢纽和开发开放基地，发展建设面向国际区域合作的陆路边境口岸城镇（勐腊、瑞丽、磨憨、畹町、河口）等。

划定并严守生态保护红线是贯彻落实主体功能区制度、实施生态空间用途管制的重要举措，是提高生态产品供给能力和生态系统服务功能、构建国家生态安全格局的有效手段，是健全生态文明制度体系、推动绿色发展的有力保障。2017 年，《关于划定并严守生态保护红线的若干意见》出台，提出了具体的建设要求：具有重要水源涵养、生物多样性维护、水土保持、防风固沙、海岸生态稳定等功能的生态功能重要区域，以及水土流失、土地沙化、石漠化、盐渍化等生态环境敏感脆弱区域。这些区域，是保障和维护国家生态安全的底线和生命线，必须强制性严格保护。此外，《中共中央 国务院关于深入实施西部大开发战略的若干意见》（中发〔2010〕11 号）、《国务院关于支持云南省加快建设面向西南开放重要桥头堡的意见》（国发〔2011〕11 号）等文件亦明确了云南作为中国面向西南开放重要桥头堡的资源、区位及环境优势地位。

（三）促进资源高效利用，以水资源为重点

我国是一个水资源严重短缺的国家。2012 年 1 月，国务院发布《国务院关于实行最严格水资源管理制度的意见》（国发〔2012〕3 号），实行最严格水资源管理。为深入贯彻中央节水优先方针，落实最严格水资源管理制度，全面推进节水型社会建设，一系列政策相继出台，如《国务院办公厅关于印发实行最严格水资源管理制度考核办法的通知》（国办发〔2013〕2 号）、《实行最严格水资源管理制度考核工作实施方案》、《水利部关于加强重点监控用水单位监督管理工作的通知》（水资源〔2016〕1 号）、《水利部关于加强水资源用途管制的指导意见》（水资源〔2016〕234 号）。农业灌溉是用水大户，用水效率总体不高，节水潜力大。大力发展高效节水灌溉是缓解我国水资源供需矛盾、加快生态文明建设、促进水资源可持续利用的必然要求和重要保障。2012 年 11 月，国务院办公厅印发《国家农业节水纲要（2012—2020 年）》，计划到 2020 年，在全国初步建立农业生产布局与水土资源条件相匹配、农业用水规模与用水效率相协调、工程措施与非工程措施相结合的农业节水体系。《中华人民共和国国民经济和社会发展第十三个五年规划纲要》要求，今后五年"新增高效节水灌溉面积 1 亿亩"。2016 年《政府工作报告》提出当年全国"新增高效节水灌溉面积 2000 万亩"。《水利部 国家发展和改革委员会 财政部 农业部 国土资源部关于加快推进高效节水灌溉发展的实施意见》（水农〔2016〕239 号）确定了 2016 年度新增 2000 万亩的分省高效节水灌溉建设任务，其中云南省 120 万亩，居全国第 5 位。

云南省虽然水资源总量丰沛，但开发利用难度大、成本高、边际效益低，水资源与人口、耕地等经济发展要素极不匹配，水资源时空分布极不均匀，水环境承载能力低，水资源高效利用是发展的必由之路。云南加快灌排工程更新改造，适当发展管道输水灌溉，大力发展水稻控制灌溉。在丘陵山区兴建小水窖、小水池、小塘坝、小泵站、小水渠等"五小水利"工程，积极推广节水灌溉技术，提高抗旱减灾能力；搞好水土保持和生态建设，推广坡耕地综合治理，采取覆盖等农艺措施，提高土壤蓄水保墒能力等。

（四）以生态环境质量改善为抓手，建设中国最美丽省份

2018 年 6 月，《中共中央 国务院关于全面加强生态环境保护 坚决打好污染防治攻坚战的意见》（中发〔2018〕17 号）发布，对全面加强生态环境保护、坚决打好污染防治攻坚战进行了部署安排。该意见提出了 2020 年的总目标，确定了具体指标，确保到 2035 年节约资源和保护生态环境的空间格局、产业结构、生产方式、生活方式总体形成，生态环境质量实现根本好转，美丽中国目标基本实现；针对重点领域，明确要求打好"蓝天、碧水、净土"三大保卫战及七大标志性重大战役（打赢蓝天保卫战，打好柴油货车污染治理、水源地保护、城市黑臭水体治理、长江保护修复、渤海综合治理、农业农村污染治理攻坚战）；推动形成绿色发展方式和生活方式是攻坚战的重要内容，也是重要保障，通过生活方式绿色变革，倒逼生产方式绿色转型；该意见将"全面加强党对生态环境保护的领导"独立成章，充分反映了党中央对生态文明建设和生态环境保护的坚定态度和坚强决心，为坚决打好污染防治攻坚战提供了坚实的政治保障。

结合云南实际，中共云南省委、云南省人民政府于 2018 年 7 月随即提出了《中共云南省委 云南省人民政府关于全面加强生态环境保护坚决打好污染防治攻坚战的实施意见》，提出"到 2035 年，基本形成有利于资源节约和生态环境保护的空间开发格局，生产、生活、生态空间得到进一步优化，绿色发展水平进一步提升，生态环境质量保持优良，生态产品供给能力明显增强，坚持生态美、环境美、城市美、乡村美、山水美，将云南建设成为中国最美丽省份，实现建成全国生态文明建设排头兵的奋斗目标"。

二、云南省生态文明建设实践

（一）试点示范引领，推动生态文明示范区建设

《中共中央 国务院关于深入实施西部大开发战略的若干意见》（中发〔2010〕11号）中已提出"选择一批有代表性的市、县开展生态文明示范工程试点"的要求。2011年8月，国家发改委等部委印发了《关于开展西部地区生态文明示范工程试点的实施意见》，云南作为西部13个省区之一，积极参与生态文明示范试点工作。2014年6月，国家发改委等6部委联合发布《关于生态文明先行示范区建设名单（第一批）的公示》，拟将全国55个地区作为生态文明先行示范区建设地区（第一批），云南省作为4个省域示范区之一被列入"生态文明先行示范区建设名单（第一批）"。生态文明建设示范区创建是生态示范创建工作的延续。《关于大力推进生态文明建设示范区工作的意见》（环发〔2013〕121号）将"生态建设示范区"（包括生态省、市、县、乡镇、村、生态工业园区）正式更名为"生态文明建设示范区"，并要求在多年来坚持不懈推动包括生态省、市、县、乡镇、村、生态工业园区建设的基础上，着眼更高的标准，推进生态文明建设示范区工作。云南省环境保护厅继而印发《云南省生态文明州市县区申报管理规定（试行）》，编制了《云南省生态文明州（市）建设指标》《云南省生态文明县（市、区）建设指标》，积极推进云南省生态文明州市县区建设。云南省环境保护厅转发《国家生态文明建设示范村镇指标（试行）》，完善了云南省生态文明州市县区村镇各级建设制度设计。

多年来，云南省深入贯彻落实"生态立省、环境优先"战略，坚持把生态文明建设示范区创建工作作为推进生态文明建设的重要载体和抓手，建立了生态文明建设示范区创建申报管理规定和指标体系，全面开展了生态文明州市、县、乡镇、村创建。从2014年"第一批云南省生态文明县市区"命名以来，云南省生态文明建设示范创建并取得明显成绩。截至2018年10月，云南省累计建成2个国家生态文明建设示范市县、10个国家级生态示范区、85个国家级生态乡镇、3个国家级生态村；1个省级生态文明州、21个省级生态文明县、615个省级生态文明乡镇、29个省级生态文明村；上报生态环境部待命名的国家生态州1个、国家生态县4个、第二批国家生态文明建设示范市县2个、"两山"理论实践创新基地1个；全省建成各级各类绿色学校3182所，绿色社区530家，环境教育基地70个；2人获得首届中国生态文明奖。云南省在生态创建中，得到了地方各级党委、政府的高度重视，不少地区都探索出符合当地实际的创建之路，积

累了宝贵的创建经验①。2018 年 3 月，云南省普洱市获水利部批准，成为第一批通过全国水生态文明建设试点验收的城市。作为生态文明建设重要载体的生态文明建设示范区创建工作，从最基层的生态文明村、生态文明乡镇的"细胞工程"抓起，在此基础上创建省级生态文明县、国家生态文明建设示范区，从而推动生态文明建设的全面、无死角覆盖。

（二）科学布局空间，加快建设主体功能区

主体功能区和生态功能区划是生态文明建设的重大基础性工作，2009 年，云南省环境保护厅就已编制印发《云南省生态功能区划》，为制定区域生态环境保护与建设规划、维护区域生态安全、合理利用自然资源、合理布局工农业生产、保育区域生态环境、促进经济社会可持续发展提供了科学依据。继《全国主体功能区规划》发布后，《云南省人民政府关于印发云南省主体功能区规划的通知》（云政发〔2014〕1 号）发布，进一步明确了云南省重点开发、限制开发、禁止开发三类主体功能区所涉及地区的功能定位和发展方向；细化了国家层面重点开发区域、省级层面集中连片重点开发区域及其他重点开发的城镇；区分了国家和省级两个层面的农产品主产区、重点生态功能区和禁止开发区域，并明确了重点生态功能区的保护类型，指明禁止开发区域是国家和云南省保护自然文化资源的重要区域及珍贵动植物基因资源保护地等。《云南省主体功能区规划》是推进形成云南省主体功能区的基本依据，是科学开发云南省国土空间的行动纲领和远景蓝图，是国土空间开发的战略性、基础性和约束性规划。

云南省生态文明建设的整体性安排。国民经济和社会发展计划是国家对一定时期内国民经济的主要活动、科学技术、教育事业和社会发展所做的规划和安排。《云南省国民经济和社会发展第十三个五年规划纲要》对云南省"十三五"时期经济社会发展战略、发展目标、主要任务和重大举措做出了总体部署。细化了"一核一圈两廊三带六群"（11236）全省经济社会发展空间格局；明确提出滇中新区要努力建设成为全省新的经济增长点，滇中城市经济圈要努力打造成为全省经济增长极；突出了"民族团结进步示范区、生态文明建设排头兵、面向南亚东南亚辐射中心"三大战略定位等。该规划纲要是云南省各族人民齐心协力，建设我国民族团结进步示范区、生态文明建设排头兵、面向南亚东南亚辐射中心和与全国同步全面建成小康社会的行动纲领，也是云南省一段时期内土地空间开发、建设及保护的政策依据。

重点区域、重点领域开发建设方面。《七彩云南生态文明建设规划纲要（2009—

---

① 云南省生态环境厅：《云南攻坚克难推进生态创建 2020 年省级生态文明县要达五成》，2018 年 11 月 16 日。

65

2020 年）》出台，分阶段提出了生态文明建设的目标任务，成为动员全社会参与生态文明建设的行动纲领。该规划指出优先实施"10 大工程"（九大高原湖泊及重点流域水污染防治工程、生物多样性保护工程、节能减排工程、生物产业发展工程、生态旅游开发工程、生态创建工程、环保基础设施建设工程、生态意识提升工程、民族生态文化保护工程、生态文明保障体系建设工程），发挥政府引导作用，动员全社会力量，分期分批建设。《云南省产业发展规划（2016—2025 年）》《云南省工业园区产业布局规划（2016—2025 年）》《云南省高原特色现代农业产业发展规划（2016—2020 年）》《云南省沿边城镇布局规划 2017—2030 年》《云南省沿边地区开发开放规划（2016—2020 年）》《云南澜沧江开发开放经济带发展规划（2015—2020 年）》等多项规划，分别对经济、产业或地区开发进行了部署。其中，实施新一轮城乡人居环境提升行动，是云南省贯彻落实习近平总书记考察云南重要讲话精神，努力成为全国生态文明建设排头兵的重大决策和重要举措。《云南省进一步提升城乡人居环境五年行动计划（2016—2020 年）》提出，着力改善城乡环境质量、承载功能、居住条件、特色风貌，努力建设生态宜居、美丽幸福家园，让人民生活更健康、更美好。《中共云南省委云南省人民政府关于印发〈云南省新型城镇化规划（2014—2020 年）〉的通知》提出，努力走出一条以人为本、四化同步、优化布局、生态文明、文化传承的云南特色新型城镇化道路。改善农村人居环境，建设美丽宜居乡村，是实施乡村振兴战略的一项重要任务。《云南省农村人居环境整治三年行动实施方案（2018—2020 年）》将云南省农村地区划分为旅游特色型、美丽宜居型、提升改善型、自然山水型、基本整洁型 5 种类型村庄，到 2020 年，实现"有新房有新村有新貌"，村庄环境基本干净整洁有序。此外，云南省城乡规划委员会办公室配套印发实施了《云南省城市设计编制导则与审查要点》《云南省城乡规划委员会办公室关于在建筑设计中突出云南地域特色的指导意见》和《云南省民居建筑特色设计导则》，指导全省城市建筑设计和村镇民居设计工作，更好地体现云南本土地域特色及民族生态文化特点。

《云南省生态保护红线》于 2018 年 6 月正式发布，划定的生态保护红线包含生物多样性维护、水源涵养、水土保持 3 大类型，11 个分区构成了云南省"三屏两带"的生态保护红线空间分布格局。

（三）全面提升功能，筑牢生态安全屏障

云南省是我国生物多样性最丰富的省份之一，也是全球 34 个物种最丰富且受到威胁最大的生物多样性热点地区之一，是我国重要的生物多样性宝库和西南生态安全屏障。滇西北地区生态区位极其重要，生物多样性极为丰富、独特，但生态环境脆弱，贫困面较大。为全面推动以滇西北为重点的生物多样性保护工作，云南省人民政府出台了《云南省人民政府关于加强滇西北生物多样性保护的若干意见》（云政发〔2008〕43号），并编制《滇西北生物多样性保护规划纲要（2008—2020年）》。云南省制定了首个以自然生态资源为对象的保护与建设规划——《云南省生态保护与建设规划（2014—2020年）》，该规划覆盖云南省16个州市129个县市区，以2012年为规划基准年，规划期限为2014—2020年。该规划突出保护优先原则，明确到2020年云南省基本构筑形成以青藏高原东南缘生态屏障、哀牢山—无量山生态屏障、南部边境生态屏障、滇东—滇东南喀斯特地带、干热河谷地带、高原湖泊区和其他点状分布的重要生态区为核心的"三屏两带一区多点"的生态建设与保护格局，森林覆盖率达56%，森林蓄积量达18.5亿立方米，林地保有量达2487万公顷，国家重点保护野生动物植物物种保护率达90%，自然湿地保护率达45%，城市建成区绿化率达36%等。至今，云南省已发布了三批省级重要湿地名录，全省省级重要湿地达31家。2018年9月，我国生物多样性保护的第一个地方性法规——《云南省生物多样性保护条例》表决通过并于2019年1月1日起施行，标志着云南省生物多样性保护和管理进入了规范化、法治化轨道。该条例确立了保护优先、持续利用、公众参与、惠益分享、保护受益、损害担责的原则，将生物多样性的生态系统、物种和基因三个层次作为保护对象，建立政府主导、企业主体、全民参与的保护体系。该条例的施行，对云南省保护生物多样性、保障生态安全、推进生态文明建设、促进经济社会可持续发展、实现人与自然和谐共生将发挥重要作用。云南省在全国率先出台生物多样性保护的专项地方性法规，开创了我国生物多样性保护立法的先河，对健全我国生物多样性保护法规体系、推动国家开展相关立法具有积极促进作用。《云南林业发展"十三五"规划》也提出牢牢把握"生态文明建设排头兵"的战略定位，按照"建设生物多样性宝库、西南生态安全屏障和森林云南"的总体部署，到2020年，全省森林覆盖率达到60%以上，森林蓄积量达到19.01亿立方米以上；全社会林业总产值达到5000亿元，农民从林业中获得的人均收入超过5000元；建成现代林业重点县20个；森林年生态服务价值达到1.6万亿元，国家森林城市达到5个，国家公园达到15个，国家湿地公园达到15处以上等目标。

　　生态保护红线制度是优化和有效保护国土生态空间、保持生态功能稳定、完善国家生态安全格局的强有力措施，国家多部政策法规都明确了"划定并严守生态保护红线"的要求。2018年6月，《云南省生态保护红线》正式发布，划定生态保护红线面积11.84万平方千米，占全省面积的30.90%，包含生物多样性维护、水源涵养、水土保持三大红线类型，11个分区，主要分布在青藏高原南缘滇西北高山峡谷区、哀牢山—无量山山地、南部边境热带森林区等生物多样性富集及水源涵养重要区域，以及金沙江、澜沧江、红河干热河谷地带和东南部喀斯特地带水土保持重要区域，构成了云南省"三屏两带"的生态保护红线空间分布格局。

近年来，《云南省湿地保护条例》（2014 年 1 月 1 日施行）、《云南省水资源红黄绿分区管理办法（试行）》（云水资源〔2016〕39 号）、《云南省土地整治规划（2016—2020 年）》、《云南省人民政府办公厅关于加快推进海绵城市建设工作的实施意见》（云政办发〔2016〕6 号）、《云南省人民政府办公厅关于贯彻落实湿地保护修复制度方案的实施意见》（云政办发〔2017〕131 号）及《云南寻甸黑颈鹤省级自然保护区总体规划（2016—2025）》等多部加强生态保护、改善提升生态系统功能的其他相关文件也陆续出台。

（四）切实改善质量，加大环境治理力度

"推进污染防治，深入实施大气、水、土壤污染防治行动计划，实行最严格的环境保护制度，强化排污者主体责任，形成政府、企业、公众共治的环境治理体系，实现环境质量的持续改善"是云南省国民经济和社会发展"十三五"环境治理的规划目标。《云南省环境保护"十三五"规划纲要》制定了环境质量、污染防治、环境风险防范及生态保护四大类别规划目标，也聚焦于环境治理。作为云南省"十三五"期间开展环境保护工作的纲领性、指导性文件，该规划纲要是云南省环境保护"十三五"规划体系的基础。在此基础上，以《滇池流域水环境保护治理"十三五"规划（2016—2020年）》《阳宗海流域水环境保护治理"十三五"规划》《星云湖流域"十三五"水环境保护治理规划》等为重点的九大高原湖泊环境保护治理规划配套出台实施。

此外，水环境治理方面的《牛栏江流域（云南部分）水环境保护规划（2009—2030年）》、《云南省地表水水环境功能区划（2010~2020 年）》、《滇中引水工程受退水区水污染防治规划（2013—2040 年）》、《云南省人民政府关于印发云南省水污染防治工作方案的通知》（云政发〔2016〕3 号）；土壤环境治理方面的《云南省人民政府关于印发云南省土壤污染防治工作方案的通知》（云政发〔2017〕8 号）；大气环境治理方面的《云南省人民政府关于印发云南省大气污染防治行动实施方案的通知》（云政发〔2014〕9 号）、《云南省人民政府关于印发云南省"十三五"控制温室气体排放工作方案的通知》（云政发〔2017〕16 号）；云南省年度污染物减排计划、河长制、环境污染第三方治理、生态环境损害责任追究等管理制度，促进了环境治理工作抓细落实。

2018 年 7 月，《中共云南省委　云南省人民政府关于全面加强生态环境保护坚决打好污染防治攻坚战的实施意见》出台。要切实扛起"把云南建设成为中国最美丽省份"

的时代使命，全面提升生态文明建设水平，筑牢国家西南生态安全屏障。对坚决打赢蓝天碧水净土三大保卫战、推动形成绿色发展方式和生活方式、改革完善生态环境治理体系、全面加强党对生态环境保护的领导等做出具体部署。该实施意见明确了六项基本原则，即坚持"五个最"（最高标准、最严制度、最硬执法、最实举措、最佳环境），坚持空间管控，坚持问题导向，坚持改革创新，坚持依法监管，推进全民共治；强调坚决打赢蓝天碧水净土三大保卫战，突出重点，打好九大高原湖泊保护治理攻坚战、以长江为重点的六大水系保护修复攻坚战、水源地保护攻坚战、城市黑臭水体治理攻坚战、农业农村污染治理攻坚战、生态保护修复攻坚战、固体废物污染治理攻坚战、柴油货车污染治理攻坚战等8个标志性战役。

（五）强化贯彻落实，加快生态文明制度建设

为贯彻党的十七大关于建设生态文明的总体部署，云南勇于探索实践，强力推出一系列政策、规章、制度。2009年印发《中共云南省委 云南省人民政府关于加强生态文明建设的决定》，并制定颁布《七彩云南生态文明建设规划纲要（2009—2020年）》，云南率先持续开展了生态文明建设的有力尝试。继《全国主体功能区规划》发布后，2014年1月，云南省人民政府印发《云南省主体功能区规划》，进一步明确了云南省国家级及省级的重点开发、限制开发、禁止开发三类主体功能区所涉及地区的功能定位和发展方向。此外，《云南省农村人居环境整治三年行动实施方案（2018—2020年）》《云南省生态文明建设目标评价考核办法》《云南省生态文明建设考核目标体系》《云南省绿色发展指标体系》等，亦是对国家宏观政策的具体安排落实。

近年，围绕生态文明体制机制建设，云南省又密集出台一批改革文件。作为当前和今后一个时期全省生态文明制度建设的纲领性文件，《中共云南省委 云南省人民政府关于贯彻落实生态文明体制改革总体方案的实施意见》（云发〔2016〕22号）出台，全省积极探索建立有利于实现生态文明领域国家治理体系和治理能力现代化的制度。以2016年为例，云南省人民政府印发《云南省人民政府办公厅关于推行环境污染第三方治理的实施意见》，云南省委办公厅、云南省人民政府办公厅印发《开展领导干部自然资源资产离任审计试点实施方案》《云南省生态环境损害赔偿制度改革试点工作实施方案》，试行《云南省党政领导干部生态环境损害责任追究实施细则（试行）》《各级党委、政府及有关部门环境保护工作责任规定（试行）》，出台了《支持普洱市建设国家绿色经济试验示范区的若干政策》，制定《云南省国家公园管理条例》《云南省县域生态环境质量监测评价与考核办法（试行）》《云南省人民政府办公厅关于加强环境监管执法的实施意见》等文件。并结合国务院印发的《水污染防治行动计划》，制定《云南

省水污染防治工作方案》；按照国家与云南省签订的《云南省水污染防治目标责任书》中明确的内容和任务，拟定省政府与各州（市）政府的《水污染防治目标责任书》等。出台《云南省人民政府办公厅关于健全生态保护补偿机制的实施意见》《云南省全面贯彻落实湖长制的实施方案》《云南省空间规划暨国土规划（2016—2035年）》《生态环境损害赔偿制度改革实施方案》《深化环境监测改革提高环境监测数据质量实施方案》《关于建立资源环境承载能力监测预警长效机制的实施意见》。2018年7月印发《关于全面加强生态环境保护坚决打好污染防治攻坚战的实施意见》等，系统完整的生态文明体制机制正加快落实。

党的十八大以来，云南秉持"绿色"这张发展名片，牢记习近平总书记关于"要像保护眼睛一样保护生态环境"的嘱托和"争当全国生态文明建设排头兵"的战略定位，以构建系统完善的生态文明制度体系、努力成为生态文明建设排头兵为目标，积极推动生态文明体制改革，生态文明体制改革的总体方案和实施意见、主体功能区规划、环境污染第三方治理、河长制、环境监管执法、生态环境损害责任追究、流域横向生态补偿试点等具有支撑性、全局性、关键性改革的"四梁八柱"已初步建立，为云南成为生态文明建设排头兵提供坚强的制度保障，云南生态文明建设取得了阶段性的成果。

三、云南省地市州层面生态文明建设的制度落实

"七彩云南"之"七彩"，即已揭示云南的多样性特点。"一山有四季、十里不同天"的气候多样性，"山高谷深、地貌类型多元交错"的地形多样性，有着齐全的陆生生态系统类型及全国近一半物种的生物多样性，因储量大、矿种全而号称中国的"有色金属王国"的资源多样性，拥有全国26个民族的民族多样性，以及文化多样性……云南各地的生态文明建设亦呈现多样的特点。以云南省各州市名称及"生态文明"为关键词在百度搜索，昆明市和大理白族自治州相关结果高居16州市榜首，迪庆藏族自治州相关结果最少，但因其自然及民族文化独特性在此予以特别关注。因此，这里将重点分析昆明市、大理白族自治州及迪庆藏族自治州三地的生态文明建设实践特色。

（一）生态文明建设排头兵及"美丽中国"典范城市的昆明样板

昆明是云南省省会，国家历史文化名城，全省政治、经济、文化、交通等多功能中心，理应发挥生态文明建设省会城市龙头作用。党的十九大报告把"坚持人与自然和谐共生"纳入新时代坚持和发展中国特色社会主义基本方略，指出"建设生态文明是中华

民族永续发展的千年大计""我们要建设的现代化是人与自然和谐共生的现代化，既要创造更多物质财富和精神财富以满足人民日益增长的美好生活需要，也要提供更多优质生态产品以满足人民日益增长的优美生态环境需要"。生态文明建设和美丽中国部署提升到一个新高度。昆明市审时度势，提出了努力成为生态文明建设排头兵示范城市、"美丽中国"典范城市的定位。

生态文明建设系列重要政策和文件《中共昆明市委、昆明市人民政府关于加强生态文明建设的实施意见》（昆发〔2010〕8号）、《中共昆明市委、昆明市人民政府关于加快推进生态文明建设的意见》（昆发〔2013〕14号）、《昆明市生态文明建设规划（2014—2020）》（昆政发〔2014〕16号）、《昆明市生态文明建设三年行动计划》（昆政办〔2014〕32号）、《昆明市人民政府关于印发昆明市环境保护与生态建设"十三五"规划的通知》（昆政发〔2017〕19号）等相继发布实施，宏观上指导了昆明市生态文明建设的有序展开。

在生态宜居城市建设方面，获得国务院批复的《昆明市城市总体规划（2011—2020年）》对昆明的城市发展目标进行了明确定位：中国面向南亚、东南亚开放的辐射中心和重要的区域性国际交通枢纽、信息枢纽，融历史人文和自然风光于一体的高原湖滨生态宜居城市。《中共昆明市委办公厅　昆明市人民政府办公厅关于加快推进智慧城市建设的实施意见》（昆办通〔2016〕88号）的"智慧城市"等建设，提升了昆明生态宜居城市的品质；围绕滇池保护治理这一昆明生态建设的核心工作，在《云南省滇池保护条例》于2013年上升为省级条例实施后，《滇池分级保护范围划定方案》、《环滇池湖滨生态区管理规定》、《昆明市环滇池生态区保护规定》（市政府令第136号）、《昆明市河道管理条例（2016年修订版）》和《昆明市城镇排水与污水处理条例》等法规相继公布施行，助力滇池水环境保护治理相关工作；大气污染防治以改善空气环境质量为目标，印发《昆明市大气污染防治行动计划实施细则》《昆明市环境空气重污染应急处置预案》《昆明市环境空气扬尘污染应急预案（试行）》《昆明市人民政府办公厅关于进一步加强主城区建设工地文明施工管理的通知》《2018年昆明市大气污染防治工作目标任务》等相关文件，加强空气质量实时监测分析，实施周通报、月排名、预警及联防联控机制；土壤污染防治方面，编制实施《昆明市土壤污染防治工作方案》《昆明市土壤环境保护优先区划分技术报告》《昆明市土壤重点治理区划分技术报告》，开展土壤污染状况详查，摸清土壤污染现状，印发《关于进一步加强重金属环境监管的通知》《昆明市重金属污染防治"十三五"实施方案》，加强土壤环境重点监管企业和重金属企业环境监管等。在绿色发展方面，印发了《昆明市人民政府办公厅关于印发昆明市"多规合一"工作实施方案的通知》（昆政办〔2016〕20号）、《昆明市生态保护红线划定工作方案》（昆政办〔2016〕46 号）、《昆明市节约能源条例》、《昆明市十二五太阳能产业发展规划》、《中共昆明市委 昆明市人民政府关于加快推进工业结构调整和优化升级的实施意见》（昆通〔2010〕24 号）等。严格落实生态环境保护制度，自然资源资产产权、环保督察等制度陆续出台，鼓励绿色发展、倡导绿色生活。积极开展绿色制造体系建设，绿色工厂、绿色设计产品、绿色园区、绿色供应链管理示范企业创建成果喜人。2017 年首批国家级绿色制造示范名单中，云南上榜的 4 家绿色工厂、1 家绿色园区均来自昆明。在生态文明体制改革方面，《中共昆明市委办公厅 昆明市人民政府办公厅关于印发昆明市全面深化生态文明体制改革总体实施方案的通知》（昆办发〔2015〕8 号）印发执行，提出了健全自然资源资产产权制度和用途管制制度、划定生态保护红线、实行资源有偿使用制度和生态补偿制度、改革生态环境保护管理体制等 4 方面的改革任务。仅落实最严格水资源管理就有如《昆明市人民政府关于落实最严格水资源管理制度的实施方案》（昆政发〔2014〕27 号）、《昆明市落实最严格水资源管理制度考核办法》、《昆明市和滇中产业新区水功能区划（2011—2030 年）》（昆政复〔2015〕8 号）、《昆明市"十三五"落实最严格水资源管理制度考核工作实施方案》（昆政办〔2017〕20 号）、《昆明市人民政府办公厅关于印发昆明市加强节水型社会建设实施方案的通知》（昆政办〔2017〕78 号）、《昆明市水资源红黄绿分区管理实施细则（试行）》（2017 年 2 月印发执行）等一系列制度出台。在监管督察工作方面，在全国率先创建公检法环保执法联动机制，推出"环保警察"、"环保检察"、"环保法庭"、"环保公益诉讼"、环境污染损害鉴定评估等措施，出台《关于建立环境保护执法协调机制的实施意见》，积极探索联动执法、环保公益诉讼、公众参与、有奖举报、环保行政执法与司法衔接的新机制。率先成立了昆明市环境污染损害鉴定评估中心（全国 7 个环境污染损害鉴定评估试点城市之一）、昆明环境污染损害司法鉴定中心。昆明市委办公厅、市政府办公厅印发了《关于建立健全环境保护督察长效机制的意见》，建立了环境保护责任，领导干部亲力亲为抓督察，人大、政协环保监督，环保问题举报处理、监督常态化，水、大气、土壤污染防治、环境监测，环保执法规范化、效能化，环境保护投入，环境保护激励，环境保护督察追责问责等"10 项"长效机制，实行环保督查常态化，持续稳固环保督查成果。在生态环境保护责任方面，生态责任成为政绩考核重要方面，印发了《中共昆明市委办公厅 昆明市人民政府办公厅关于转发〈云南省党政领导干部生态环境损害责任追究实施细则（试行）〉的通知》（昆办发〔2016〕14 号），出台了《昆明市和云南滇中新区各级党委（党工委）、政府（管委会）及有关部门生态环境保护工作责任规定（试行）》《昆明市领导干部自然资源资产离任（责任）审计工作方案（试行）》《昆明市领导干部自然资源资产离任审计评价办法（暂行）》《关于建立健全环境保护督察长效机制的意见》等系列文件，尤其是在生态责任的划分上，着重细化了党委和政府主要领导成员的"责任清单"，强调"党政同责""一岗双责"。昆明市将生态文明建设作为一项庞大的系统工程，各项建设工作做到了抓细、落实。

（二）以洱海保护为治理重点的"三清洁"大理样板

大理白族自治州是云南最早的文化发祥地之一，是云南省规划建设的滇西中心城市、区域交通枢纽和滇西物流中心。自治州首府大理，集国家级历史文化名城、国家级风景名胜区、国家级自然保护区、中国优秀旅游城市、最佳中国魅力城市、国家地质公园、中国十佳旅游休闲城市、中国最佳休闲旅游目的地、最中国文化名城等桂冠于一身。近年，尤其是党的十八大以来，大理全州上下以习近平新时代生态文明思想为引领，牢固树立创新、协调、绿色、开放、共享的发展理念，坚持"绿水青山就是金山银山"，秉持统筹"山水林田湖"系统治理理念，以洱海保护治理为重点，综合施策，久久为功，干部群众生态文明意识显著提高，生态文明制度建设得到加强，生态安全屏障不断巩固，洱海保护治理取得新的突破，城乡人居环境质量得到有效提升，生态文明建设迈出了新的步伐。在生态文明制度体系、空间开发格局、产业转型升级、生态环境治理质量、生态文明示范建设等方面，取得了诸多新突破。

大理白族自治州委、州政府始终把洱海保护治理作为推动全州生态文明建设的重要抓手。从"双取消"（取消网箱养鱼、取消机动渔船）、"三退三还"（退塘还湖、退耕还林、退房还湿地）、"三禁"（禁磷、禁白、禁牧），到"六大工程"（流域截污治污工程、主要入湖河道综合整治工程、流域生态建设工程、水资源统筹利用工程、产业结构调整工程、流域监管保障工程）、洱海Ⅱ类水质目标三年行动计划"2333"工程，到如今洱海保护治理抢救模式实施的"七大行动"（全面抓实流域"两违"整治、村镇"两污"整治、面源污染减量、节水治水生态修复、截污治污工程提速、流域执法监管、全民保护洱海）……保护洱海一系列扎实有效措施正在着力推进。制定了《云南省大理白族自治州洱海保护管理条例》《云南省大理白族自治州苍山保护管理条例》《云南省大理白族自治州湿地保护条例》《云南省大理白族自治州水资源保护管理条例》等一系列政策。洱海治理从"一湖之治"到"流域之治"再到"生态之治"转变，经历了"水污染综合防治、综合保护治理和流域生态文明建设"三个阶段。洱海水质连续 9 年保持在Ⅱ类和Ⅲ类，主要入湖河流水质明显改善，洱海流域成为贯彻落实"水十条"的样板。洱海保护治理"七大行动"成为"砥砺奋进的五年"大型成就展中云南唯一入选的宣传主题。全民保护洱海行动引导社会各界客观理性地认识洱海保护治理工作、科学治湖、精准治污，标本兼治、久久为功，依靠基层、依靠群众的意识不断树立和强化，全民参与洱海保护治理的氛围日益浓厚。

面对生产生活垃圾日益增多、环境保护任务日益加重，特别是洱海保护压力日趋加大的严峻形势，大理白族自治州委、州政府充分认识到生态文明建设需要落实到具体个人、需要全民参与。2014年1月开始，在全州范围内启动实施了以"清洁家园、清洁水源、清洁田园"为主要内容的环境卫生整治工作，形成了提升城乡人居环境行动的"三清洁"大理模式。制定完善了大理白族自治州第一部地方性法规《大理白族自治州乡村清洁条例》，以及《城乡建筑垃圾管理》《农村垃圾清运补助办法》《城乡垃圾处理费收费标准》等一系列政策文件。从湖泊、河道到街道、路段，再到村委会社区，将任务层层细化分解、责任到人，按照坝区、山区两种模式，在坝区基本建立了"户清扫、组保洁、村收集、乡（镇）清运、县（市）处理"五级联动的农村垃圾处理工作机制；在山区，普遍采取生活垃圾初分、减量、就地焚烧、还田、填埋等多种方式，因地制宜做好垃圾处理。不论城市乡村，做到全覆盖、无死角。实施"千村整治百村示范"工程，每年建设一批"三清洁"示范村，抓好典型示范，做到年初有目标，年终有考核，确保"三清洁"工作取得实效。此外，通过"一事一议"及召开村组干部会、户长会等形式的倡导，村民们逐渐形成"自己的事情自己办、自己的劳动成果自己享受"的观念，自筹垃圾清运处理费。大理各地还推行了"门前三包""四包""五包"责任制，把"三清洁"写入村规民约，形成了群众定期清扫、创优评先等日常机制。其中，宾川县金牛镇试点就探索形成了现金兑现、建立积分档案、兑换生活用品、表彰先进家庭等垃圾分类回收联动新机制[①]。"清洁观念"蔚然成风。全州"美丽乡村"建设力度进一步加大，生态文明建设步伐加快。

（三）争当藏区生态文明建设排头兵及"全国最美藏区"迪庆样板

迪庆藏族自治州位于云南省西北部滇、藏、川三省区交界处，是云南省唯一的藏族自治州；有三江并流国家级风景名胜区、梅里雪山等北半球纬度最低的雪山群、明永恰等罕见的低海拔（海拔2700米）现代冰川及亚洲大陆最纯净的淡水湖泊群等独特景观；地处"亚洲水塔"东南端，水能蕴藏量达1650万千瓦；是全国十大矿产资源富集区之一；被誉为"动植物王国"和"天然高山花园"；是金沙江、澜沧江上游和西南地区重要的生态屏障，生态地位独特而重要。独特而丰富的自然资源及民族宗教、历史文化，成就了《消失的地平线》中永恒和平宁静之地——香格里拉，成为人们心中"吉祥

---

① 赵红、王敬元：《守护大理绿水青山 "三清洁"为洱海保护治理提供有力支撑》，http://www.cnr.cn/yn/ttyn/20180517/t20180517_524236693.shtml（2018-05-17）。

如意的地方"。

党的十八大以来，迪庆藏族自治州委、州政府坚持把加强环境保护作为推动迪庆跨越发展、脱贫攻坚和全面小康的重要抓手，着力提升全州环境质量，努力推进迪庆生态文明建设，促进全州社会经济持续健康发展。首先，强力落实生态环境保护工作的全覆盖。近年来，迪庆藏族自治州各部门、各行业建立了生态环境保护工作责任体系，全州上下形成了"党委领导、政府负责、人大政协监督、环保部门牵头、各部门联动、齐抓共管"的环保工作大格局，成立了州委、州政府领导的迪庆藏族自治州生态环境保护委员会、生态文明体制改革专项小组、环境保护督察领导小组、污染防治领导小组办公室等统筹协调机构，形成齐抓共管的"大环保"格局。其次，筑牢生态屏障，加强生物多样性保护。实施《迪庆州生物多样性保护实施方案（2015—2025 年）》，加强迪庆生物多样性保护优先区域、重点领域、重要生态系统和物种的保护；严格执行《云南省迪庆藏族自治州草原管理条例》（2013 年 9 月 1 日起施行）及《云南省迪庆藏族自治州草原管理条例实施细则》（2016 年 1 月 30 日起施行），实现草原生态功能和生产功能的"双赢"。持续开展退耕还林、退牧还草、天然林保护、国土整治、小流域治理、防污治污等生态环境治理工作，实施"森林迪庆"建设，切实加强自然保护区管理，严厉打击违法违规行为。再次，综合施策，争当藏区生态文明建设排头兵及全国最美藏区。2017 年，《中共迪庆州委 迪庆州人民政府关于把迪庆建成全国藏区生态文明建设排头兵的实施意见》出台，这是迪庆全面推进生态文明建设进程中的一个重要举措。该意见提出了"蓝天行动""青山行动""绿水行动""净土行动"及构筑绿色生态屏障等十二项重点任务。《中共迪庆州委迪庆州人民政府关于在全州开展创建全国最美藏区的实施意见》（迪发〔2018〕20 号）继而印发施行，确定了把迪庆建设成为全国最美藏区的目标，通过深入开展"最美城市、最美集镇、最美村庄、最美家庭"的"四美"创建活动，全面提升人居环境，以保护好迪庆的生态环境，守护好世界的香格里拉品牌，走出一条高质量跨越发展的路子①。最后，完善生态文明制度建设。制定出台《迪庆州各级党委、政府及有关部门环境保护工作责任规定》《迪庆州党政领导干部生态环境损害责任追究实施办法（试行）》《迪庆州生态文明建设考核目标体系》等政策。制定出台《迪庆州绿色发展指标体系》以加快推进全州产业结构优化升级，促进全州经济发展绿色化、循环化、低碳化，为评价各县市（区）绿色发展指标动态情况和变化趋势提供了制度依据。

---

① 《全州推进生态环境保护创建"全国最美藏区"动员部署大会召开》，《迪庆日报》2018 年 9 月 4 日。

第三节　云南生态文明建设的政策建议

云南省生态文明建设所取得的成绩有目共睹，但与中央要求、与云南特殊生态地位和人民群众期盼相比，尚存在差距。当前，云南面临的生态环境问题依然突出，中央环保督察反馈意见就指出了生态环境保护工作要求不严、高原湖泊治理保护力度仍需加大、重金属污染治理推进不力、自然保护区和重点流域保护区违规开发问题时有发生、园区建设环保重视不足等主要问题。造成这些问题的最根本原因是没有处理好生态环境保护与经济发展的关系，体制不完善、机制不健全、责任不落实、改革不到位等则是其深层次因素，需要在深化改革中加以解决①。云南全省各地，自然条件、社会文化、经济发展都有着较大差异，生态文明建设也有着较大的地区差别，各地建设程度及进度参差不齐等情况客观存在。政府是国家"公权"的代表，我国的生态文明建设仍要积极发挥政府在生态文明建设中的主导作用，通过制定政策制度，分别从价值引领、制度建设和行政监管三个方面来定位政府在生态文明建设中应发挥的主导作用。今后一段时期，云南的生态文明制度建设还应着力于以下几个方面的转变。

一、以群众需求和问题为导向着力解决突出环境问题

云南的生态文明制度体系正逐步完善，尤其是各项生态文明建设的指导性政策，充分体现了"把生态文明建设放在突出地位，融入经济建设、政治建设、文化建设、社会建设各方面和全过程"的总要求，涉及自然保护及社会经济发展的方方面面，政策融合度高。然而，中央环保督察仍然指出了"部分湖泊保护条例条款缺乏可操作性""多数地区和个别牵头部门没有按照要求制订生物多样性保护和水污染防治等政策的具体实施方案"等问题；群众依然对个别化工企业的环境问题投诉强烈；高原湖泊规划治理项目总体进展缓慢，滇池、抚仙湖、阳宗海等高原湖泊中保护区违规开发及开发建设问题突出。这些长期存在、久而未决、群众敏感的问题，应尽早细化解决方案，落实责任单位、责任人、时间进度等，并充分加强党对生态文明建设的领导，坚决担负起生态文明建设政治责任，充分发挥政府的主导、企业的主体、公众的参与监督等作用，以提

---

① 《推进生态文明建设 加快建设美丽云南》，《云南日报》2018年3月20日。

供更多优质生态产品满足人民日益增长的优美生态环境需要，为人民创造良好生产生活环境。

着力解决突出环境问题首先应找准突出环境问题。老百姓反映强烈的问题、制约地区可持续发展的问题、环保督察反馈的意见问题等，都是突出的环境问题，归结起来就是，打好碧水保卫战、蓝天保卫战、净土保卫战、青山保卫战、田园保卫战，坚决打赢污染防治攻坚战。政策制度应围绕突出环境问题，既要有强化落实的"具体实施方案"，也要有注重效率的"执行监督政策"及奖惩分明的"评价与激励制度"。

二、坚持"五位一体"着力构建生态文明体系

党的十八大将生态文明建设纳入"五位一体"中国特色社会主义总体布局，要求"把生态文明建设放在突出地位，融入经济建设、政治建设、文化建设、社会建设各方面和全过程"。这表明，作为"五位一体"总体布局的组成之一，生态文明建设不仅要发挥重要的成员功能，还要与其他"四大建设"融为一体，共同发展，齐力推进中国特色社会主义现代化建设和中华民族伟大复兴。生态文明体系包括以生态价值观念为准则的生态文化体系，以产业生态化和生态产业化为主体的生态经济体系，以改善生态环境质量为核心的目标责任体系，以治理体系和治理能力现代化为保障的生态文明制度体系，以及以生态系统良性循环和环境风险有效防控为重点的生态安全体系。基于云南的现实与不足，云南离五大体系的建成还有较大差距，经济发展和环境保护的矛盾仍十分突出，生态优势完全转化为经济优势还需长期努力。在扶贫攻坚工作中，大理等多州市及林业等部门，积极探索"生态扶贫攻坚战"，力争实现脱贫攻坚与生态文明建设取得"双赢"。云南省发展和改革委员会会同省林业厅等部门联合印发《云南省生态扶贫实施方案（2018—2020年）》，明确了生态扶贫的具体实施途径，为构建生态文明体系再添"新砖"。但在生态文化体系、生态安全体系等方面的建设，云南仍需加大力度。

三、以人为本着力于调动、鼓励及约束参与人主体

生态文明是人类文明发展的新的社会形态，以人与自然、人与人、人与社会和谐共生为基本宗旨，"人"是生态文明要解决的各种关系中的核心角色。从生态文明的建设需求到建设过程，最终到享有建设成果，也都离不开"人"的作用。因而，建设与完善生态文明体系，应紧紧抓住"人"这一核心要素，秉持以人为本的理念。

以人为本意味着云南的生态文化体系建设应注重挖掘丰富多样的少数民族生态文化，尊重积极的少数民族传统生态价值观念；云南的生态经济体系建设应充分认识本地产业条件及生态基础，发挥各地的生态优势，积极打造不同州市各异的产业生态特点和生态特色产业；云南的目标责任体系建设应充分聆听人民追求美好健康生活环境的愿望，改善生态环境质量，提升生态环境的健康、安全性，满足人民大众的环境需求；云南的生态文明制度体系建设要能更高效持久地约束、规范、监督人的行为，制度体系要能全方位地管住人、管好人、发挥好人的作用，综合运用行政、市场、法治、科技等多种手段，着力提升环境治理能力和水平，力求制度的实施落实、执行到位。生态安全体系建设是国家安全重要组成部分，是经济社会持续健康发展的重要保障，只有培养起人们的生态安全意识，充分调动起人的主动性、积极性、自觉性，才有可能实现或获得广大公众监督严守资源消耗上限、环境质量底线、生态保护红线的基本要求。因而政府政策的制定应着眼于人的需求及实施的可能性。

四、共治共享着力于生态文明建设均衡发展

生态文明建设的均衡发展，既包括空间上的地区均衡发展，也包括不同民族的均衡发展，还包括构成上生态、社会及经济等各要素的均衡发展。云南多样性的特点，使全省各个不同地区在资源禀赋、历史文化、经济基础等方面都有较大差异。生态文明作为一种新的文明形态，对于因自然条件或历史文化原因造成的种种不均衡现象，理应有着较强的协调及自组织功能。

生态文明的政策制度，应能在空间、人与人之间及要素构成等方面，协调好地区、流域及其上下游间，生态文明建设的政府、企业或普通公众不同主体间，环境保护与社会经济发展间的利益与冲突。生态文明空间均衡发展，就是要构建以空间治理和空间结构优化为主要内容，全省统一、一体布局、相互衔接、分级管理的空间规划体系。要因地制宜，分类施策，通过国土综合开发规划，权衡区域人口、经济、资源环境的平衡点，控制人口规模、产业结构、增长速度绝不超出当地水土资源承载能力和环境容量。人口发展自身的状态及个人和家庭乃至社会的行为方式决定资源利用和环境保护，因而，生态文明建设中人的均衡发展，就是要在全省充分考虑内地与边疆、城市与乡村、少数民族聚居区等不同地区居住的居民之间，尤其是生态文明建设中政府、企业或普通公众等不同主体间的差异，通过政策制度（如生态补偿、公众参与等），保障弱势群体的权利，缩小差别，改善城乡人居环境，实现共治共享。生态文明要素均衡发展，就是要坚持绿色发展，实现环境保护与经济发展"双赢"。着力在调结构、优布局、强产

业、全链条上下功夫，在全社会倡导简约消费、绿色消费、低碳消费、适度消费，推动形成绿色生产生活方式，以及浓厚的生态文化氛围。

　　"生态环境是云南的宝贵财富，也是全国的宝贵财富"。新时期带来了新机遇，云南作为中国西南生态安全屏障、面向西南开放重要桥头堡、面向南亚东南亚的辐射中心，以及"一带一路"建设和长江经济带发展的重要交会点等，具有得天独厚的区位优势和资源优势，那么，要如何在国家新一轮的建设开发、对外开放中获得跨越式发展，使生态文明建设再获新突破？2018年初召开的云南省第十三届人民代表大会第一次会议上，确立了云南省全力打造世界一流的"绿色能源""绿色食品""健康生活目的地"这"三张牌"的建设目标。《人民日报》头版"在习近平新时代中国特色社会主义思想指引下——新时代新气象新作为"栏目刊发消息"云南打好三张绿色牌"，点赞云南省发挥资源优势，树牢绿色发展理念。"打好三张绿色牌"是贯彻落实习近平总书记提出的云南要努力成为全国生态文明排头兵的具体举措，明示了生态文明理念的融入，云南发展步入了快车道，找准了方向。

第四章　区域生态文明建设推进的云南实践

总体而言，全国各地的生态文明建设，既是一个全面贯彻落实党和政府的大政方针决策与总体战略部署的过程，也是一个结合地方实际不断有所拓展、深入与创新的过程。云南也不例外。更具体地说，如果把我国生态文明建设的现实推进实践大致划分为如下两种进路或模式，即像广东、江苏与山东那样的"生态现代化模式"和像福建、江西与贵州那样的"绿色发展模式"①，那么，云南整体上显然属于后一种情况②。也就是说，对于云南而言，生态文明建设过程中的主要矛盾是如何在保持省域生态环境较高质量的前提下实现经济、社会与文化的更高水平、更协调发展。

第一节　争当全国生态文明建设排头兵：省域战略的
形成与演进

毫无疑问，云南生态文明建设的现实实践或省域战略离不开党和政府大力推进生态文明建设的顶层设计或国家战略的整体性进展。2007 年，党的十七大报告首次用独立的一段话阐述了"建设生态文明"的主体性政策内容，即"基本形成节约能源资源和保

---

① 郇庆治：《生态文明创建的绿色发展路径：以江西为例》，《鄱阳湖学刊》2017 年第 1 期；郇庆治：《生态文明示范省建设的生态现代化路径》，《阅江学刊》2016 年第 6 期。

② 中国生态文明研究与促进会、中国西部生态文明发展报告编委会：《中国西部生态文明发展报告（2017）》，北京：中国环境出版社，2018 年，第 18—22 页。

护生态环境的产业结构、增长方式、消费模式。循环经济形成较大规模，可再生能源比重显著上升。主要污染物排放得到有效控制，生态环境质量明显改善"[①]——可大致概括为实施经济绿色转型、推动绿色发展和改善生态环境质量等三个大的方面或要素，此外，还强调了在全社会树立"生态文明观念"的政策与政治重要性。

2012 年，党的十八大报告用一个独立的篇章阐述了我国大力推进生态文明建设的理念基础、长远目标、整体思路和战略部署及任务总要求，因而实际上就是中国共产党关于生态文明建设议题的执政政纲或政策纲领。概括地说，生态文明建设的根本目标是"努力建设美丽中国，实现中华民族永续发展"，整体思路是将其作为中国特色社会主义"五位一体"总体布局的核心性元素"融入经济建设、政治建设、文化建设、社会建设各方面和全过程"，并在坚持"基本国策"（即节约资源和保护环境）的基础上实施"三个发展"（即绿色发展、循环发展和低碳发展），逐步转向节约资源与保护环境的"空间格局、产业结构、生产方式、生活方式"，从而实现如下三个具体性"绿色目标"："从源头上扭转生态环境恶化趋势，为人民创造良好生产生活环境，为全球生态安全作出贡献"。战略部署及任务总要求则是着力抓好如下四大政策议题领域，即"优化国土空间开发格局""全面促进资源节约""加大自然生态系统和环境保护力度""加强生态文明制度建设"。而对于"生态文明观念"，十八大报告既强调了"尊重自然、顺应自然、保护自然"等一系列具有强烈环境主义、生态主义色彩的价值伦理理念，也明确指出我们要"努力走向社会主义生态文明新时代"[②]。

2017 年，党的十九大报告既在核心内容和篇章结构上与十八大报告有着一脉相承的连续性、相近性，又呈现出了诸多方面的拓展与创新。单就后者而言，一方面，报告明确地将"坚持人与自然和谐共生"作为新时代中国特色社会主义思想及其基本方略这一更宏大理论体系的构成元素之一，强调"我们要建设的现代化是人与自然和谐共生的现代化，既要创造更多物质财富和精神财富以满足人民日益增长的美好生活需要，也要提供更多优质生态产品以满足人民日益增长的优美生态环境需要"[③]，并依此将我国生态文明建设的阶段性目标做了"三步走"的中长期规划，即"打好污染防治的攻坚战"（2020 年之前）、"生态环境根本好转，美丽中国目标基本实现"（2020—2035 年）和"生态文明全面提升"（2035—2049 年）。另一方面，十九大报告明确规定了以加快体制改革与制度创新来引领、推进生态文明建设。由"推进绿色发展""着力解决突

---

① 胡锦涛：《高举中国特色社会主义伟大旗帜　为夺取全面建设小康社会新胜利而奋斗》，北京：人民出版社，2007 年，第 20 页。

② 胡锦涛：《坚定不移沿着中国特色社会主义道路前进　为全面建成小康社会而奋斗》，北京：人民出版社，2012 年，第 39—41 页。

③ 习近平：《决胜全面建成小康社会　夺取新时代中国特色社会主义伟大胜利》，北京：人民出版社，2017 年，第 50 页。

出环境问题""加大生态系统保护力度""改革生态环境监管体制"①等构成的新"四大战略部署及任务总要求",详细阐述了未来五年甚至更长时间内我国生态文明建设的战略推进与重大改革取向。

此外,在十八大和十九大期间,党中央和国务院还制定出台了关于大力推进生态文明建设的一系列政策文件,从而构成了它们之间的重要衔接和过渡。其中,最为重要的政策文件包括如下三个:2013 年 11 月十八届三中全会通过的《中共中央关于全面深化改革若干重大问题的决定》、2015 年 3 月中央政治局审议通过的《关于加快推进生态文明建设的意见》和2015 年 9 月中央政治局审议通过的《生态文明体制改革总体方案》。

因而,到十九大之前,党中央和国务院已经初步完成了对我国生态文明建设的愿景构想或"顶层设计",而十九大报告则将这种构想或设计置于"新时代中国特色社会主义思想"的更宏大、更坚实的理论体系基础之上,并且呈现为一种阶段性实现的系列目标或达致一个较高水准目标的"路线图"。可以说,基于上述这种日渐清晰的整体设计,持续推进生态文明建设已经成为中国共产党的政治意识形态与治国理政能力的有机组成部分,成为各级地方党委、政府及其主要负责人政治与政策议事日程上的日常性工作,成为广大人民群众高度关注与自觉参与其中的中国特色的民生政治或环境政治②。

云南省各界对经济建设、社会建设、文化建设与生态环境治理等各方面"省情"的认识也日益客观、科学。一方面,云南的经济社会发展水平确实相对较低,尤其是基于传统的经济社会现代化测度尺度而言。2017 年,云南省地区生产总值为 16 531.34 亿元,人均生产总值为 34 545 元,其中,第一产业完成增加值 2310.73 亿元,第二产业完成增加值 6387.53 亿元,第三产业完成增加值 7833.08 亿元,三次产业结构比例为 14.0∶38.6∶47.4。这些基础性数据与 21 世纪之初的 2000 年和改革开放之初的 1984 年相比,确实已经发生了重大的阶段性提升,如地区生产总值分别为原来的 8.2 倍和 118 倍(两个参考年份的地区生产总值分别为 2011.19 亿元和 140 亿元),但如果与同时期的福建省相比(2017 年的地区生产总值和人均生产总值分别为 32 298.28 亿元和 82 976 元,2000 年和1984 年的地区生产总值分别为 3765 亿元、157 亿元),云南省经济发展的相对水平是降低而不是提高了(地区生产总值由最初为福建省的 89% 逐渐降低到后来的 53.4% 和 51.2%,居全国第 23 位)。而云南省在我国西部地区的地区生产总值排名,虽然落后于陕西(21 898.81 亿元)、内蒙古、广西、重庆,但却领先于山西、贵州、新

① 习近平:《决胜全面建成小康社会 夺取新时代中国特色社会主义伟大胜利》,北京:人民出版社,2017 年,第 50—52 页。
② 郇庆治:《生态文明建设是新时代的"大政治"》,《北京日报》2018 年 7 月 16 日。

疆、甘肃、海南、宁夏、青海和西藏（1310.6 亿元），属中上游水平[①]。

另一方面，云南的生态与社会文化多样性特征和地处西南边陲的地理方位，又构成了某种得天独厚的绿色发展禀赋或优势。云南省位于中国的西南边陲，北回归线横贯南部，属低纬度内陆地区，东部与贵州、广西为邻，北部与四川相连，西北部紧依西藏，西部与缅甸接壤，南部与老挝、越南毗邻，国境线总长达 4060 千米，是中国通往东南亚、南亚的窗口与门户。云南省土地总面积 39.41 万平方千米，占我国国土总面积的4.1%，居全国第 8 位，总人口 4 829.5 万人（2018 年），是我国民族种类最多的省份，下辖 8 个地级市、8 个少数民族自治州。变幻莫测的气候气象、千姿百态的地形地貌、源远流长的民族与历史文化，共同造就了云南极其丰富的自然生态与社会文化多样性，尤其是一系列具有世界遗产价值的自然与人文历史景观，如丽江古城、三江并流、石林、哈尼梯田、大理古城、崇圣寺三塔、玉龙雪山、滇池洱海、抚仙湖、梅里雪山、普达措国家公园、西双版纳热带雨林等。

因而，生态文明建设对于云南来说，既是一个重大的时代挑战，也是一个史无前例的发展机遇。云南要努力通过发展理念、模式和战略的深刻绿化或革新来实现整个区域的绿色跨越式发展，让最广大人民群众享受到更加富足美好的生活[②]。正是在上述认知或共识的基础上，云南逐渐形成了生态文明建设的区域推进思路与战略。

概括地说，云南生态文明建设可以大致划分为如下四个阶段：一是党的十七大（2007 年）之前，主要是围绕着实施生态省（市、县）建设。1999 年 7 月，云南省人大常委会批准通过了《云南绿色经济强省建设规划纲要》，从而拉开了云南生态省建设的序幕。该纲要指出，建设生态省，既是基于云南省情的可持续发展战略的进一步深化，也是坚持经济建设为中心的具体体现，而建设生态省的关键或根本是发展具有云南特色的生态经济，并认为这是一条既不因发展而牺牲生态环境，也不为单纯保护而放弃发展，既要遵循生态规律搞好开发，又要按经济规律搞好建设，既要创建一流的生态环境和生活质量，又要确保社会经济健康持续快速发展的道路[③]。可以明显看出，云南生态省创建的一个突出特点就是把更有效的生态环境保护与进一步的经济社会发展结合起来。云南省虽然出环境保护局于 2003 年主持发布了《云南省生态乡镇验收暂行规定（试行）》等政策文件，并做了大量的评比创建工作，但却并没有正式加入由环境保护部组织实施的包括全国 14 个省区市的"生态省"试点建设（个别市区县如江川区、楚

[①] 相关信息来自国家统计局"年度统计公布"数据，http://www.stats.gov.cn/tjsj/tjgb/ndtjgb/（2018-11-25）。

[②] 周琼：《云南省绿色发展新理念确立初探》，《昆明学院学报》2018 年第 2 期；张佐：《实施绿色发展战略、建设云南生态文明》，《西南林学院学报》2008 年第 4 期。

[③] 文小勇、陈炳灿、吴云：《试论云南生态省的建设与生态经济发展》，《大理师专学报》2000 年第 3 期。

雄市、普洱市思茅区、曲靖市麒麟区、易门县、华宁县等获批了同样由环境保护部组织实施的"生态示范区建设试点"系列下的"国家级生态示范区"），也就没有按照试点要求制定编制自己的"生态省建设总体规划"，而是在2007年2月出台了"七彩云南保护行动"计划——包括七个方面的战略举措，旨在经过15—20年的不懈努力实现生态省的创建目标[①]。

二是党的十七大和十八大（2007—2012年）前后，主要是围绕着实施生态文明示范区（先行区）建设。十七大之后，云南省委、省政府更加重视生态文明建设，出台了一系列推进战略举措，如明确提出了"生态立省、环境优先"的省域绿色发展战略，并于2009年颁布了《七彩云南生态文明建设规划纲要（2009—2020年）》，成为全国最早的省域生态文明建设规划纲要之一，要求从生态意识、生态行为、生态制度三个领域着手努力完成培育生态意识、发展生态经济、保障生态安全、建设生态社会、完善生态制度等五大任务。2011年11月，云南省第九次党代会明确提出了要努力实现经济建设与生态建设同步进行、经济效益与生态效益同步提高、产业竞争力与生态竞争力同步提升、物质文明与生态文明同步前进的"四个同步"发展目标。十八大之后，云南省委、省政府明确要求以建设"美丽云南"为目标将生态文明建设贯穿于经济社会发展的各方面和全过程，重点处理好人与自然、加快发展与加强保护、生态文明建设与转变发展方式、行政主导和法制保障等"四个关系"。2013年6月，云南省委、省政府审议通过了《关于争当全国生态文明建设排头兵的决定》，强调在"生态立省、环境优先"的建设过程中，做到经济建设与生态建设同步进行、经济效益与生态效益同步提高、产业竞争力与生态竞争力同步提升、物质文明与生态文明同步前进；确立云南省到2020年建设成为美丽中国示范区[②]。具体到生态文明建设（先行）示范区的创建，由环境保护部组织实施的"生态示范区"（生态省市县）创建在2007年后转变为"生态文明建设示范区"创建。由于云南省并未正式加入由环境保护部组织实施的全国14个省区市的"生态省"试点建设，也就未能广泛参与随后的"生态文明建设示范区"创建。截至2013年10月，在由环境保护部先后六批批准设立的125个"国家生态文明建设试点示范区"中，云南省只有大理白族自治州的洱源县入选。十八大以后，国家其他部委明显增强了对生态文明建设试点工作的重视，纷纷出台自己的示范区试点规划或方案。2013年12月，国家发改委等六部委（随后增加了住房和城乡建设部变为七部委）联合发布了《关于印发国家生态文明先行示范区建设方案（试行）的通知》，正式启动生态文明先行示范区建设。云南省成为共计102个行政区域中5个全省域入选的省份之一。此外，在

---

① 张军莉、曾广权、夏晓纯：《云南建设生态省的对策建议研究》，《环境科学导刊》2008年第5期。
② 周琼：《云南生态文明建设的历史回顾与经验启示》，《昆明理工大学学报》（社会科学版）2016年第4期。

2013—2014年由水利部组织实施的104个"全国水生态文明建设试点城市"中，云南省的普洱市、玉溪市和丽江市成功入选。在2017年9月和2018年11月由生态环境部组织评选的第一批、第二批"国家生态文明建设示范市县"中，云南省西双版纳傣族自治州、保山市和石林彝族自治县、华宁县成功入选（共计93个市县）。

　　三是2008年11月，时任国家副主席的习近平同志视察云南时，就对云南省提出了努力争当生态文明建设排头兵的殷切希望。为此，云南省委、省政府制定实施了一系列贯彻落实政策文件和战略举措。例如，2009年初举行的云南省第一次环保工作大会所确定的云南省环保工作重点就是"抓好争当全国生态文明建设排头兵工作"，中共云南省委、云南省人民政府随后做出的《中共云南省委　云南省人民政府关于加强生态文明建设的决定》也提出了"坚持生态立省、环境优先，努力争当生态文明建设排头兵"的方针；2013年8月，中共云南省委、云南省人民政府还专门通过了《中共云南省委　云南省人民政府关于争当全国生态文明建设排头兵的决定》，要求到2020年做到"生态环境质量保持全国领先，协调发展成效显著，建设成为'美丽中国'的示范区"。2015年初，习近平总书记再次来到云南，提出了更为明确、更高水平的政治要求。对此，云南省委、云南省人民政府高度重视，先后印发了《中共云南省委　云南省人民政府关于努力成为生态文明建设排头兵的实施意见》（2015年）、《中共云南省委　云南省人民政府关于贯彻落实生态文明体制改革总体方案的实施意见》（2016年）和《云南省生态文明建设排头兵规划（2016—2020年）》（2016年）等许多重要政策文件，其中后一个文件明确规定了加快成为全国生态文明建设排头兵的"指导思想""建设目标""主要任务""保障措施"。自那时起，"争当全国生态文明建设排头兵"已经成为云南省生态文明建设的最重要战略引领和行动指南①。

　　四是2018年7月举行的云南省生态环境保护大会提出了"把云南建设成为中国最美丽省份"的新要求。会议强调，"把云南建设成为中国最美丽省份"这一时代命题的基本内涵就是深入贯彻落实习近平生态文明思想和中央关于生态文明建设的重大决策部署，尤其是总书记对云南提出的努力成为全国生态文明建设排头兵的目标定位，使云南的生态文明建设迈出更加坚实的步伐，切实增强紧迫感、责任感，坚决打好污染防治攻坚战，以更有力的担当在生态建设和环境保护、绿色发展、制度建设等方面勇于创新、探索经验、走在全国前列，促进生态环境建设质量持续改善，做到"生态美、环境美、山水美、城市美、乡村美"②。可以看出，"把云南建设成为中国最美丽省份"的新要

① 段昌群：《争当生态文明建设排头兵》，《社会主义论坛》2015年第4期。
② 《牢记习近平总书记嘱托 扛起时代使命担当 为把云南建设成为中国最美丽省份而努力奋斗》，《云南日报》2018年7月24日。

求，既是新一届省委、省政府领导班子对于贯彻落实党的十九大精神尤其是习近平生态文明思想的明确政治宣誓，也是"努力争当全国生态文明建设排头兵"这一省域性战略的进一步精细化、本地化。而在具体战略举措上，最为重要的仍是从严从实抓好中央环保督查"回头看"整改工作、坚决打好污染防治攻坚战、全面推动绿色发展、深入实施城乡环境综合治理工程、改革完善生态环境治理体系、广泛开展生态文明建设宣传教育等方面。

那么，我们应如何评价云南省近年来生态文明建设实践的成效呢？这方面有两个特别值得关注的量化评价指标体系及其结果。

一是由北京林业大学于 2010 年创制的中国省域生态文明建设评价指标体系，涵盖了十年左右的主要指标数据及其变化。其大致理念与做法是，基于对生态文明概念的"五位一体"的整体性理解，着重从 4 个二级指标即生态活力、环境质量、社会发展和协调程度（最初还包括"转移贡献"指标）来综合考核 31 个省区市的生态文明建设年度成效及其变化。2016 年，云南生态文明指数得分为 73.51 分，排全国第 9 位，而排名前两位的广东和北京分别为 81.23 分和 81.22 分①。具体来说，云南省的生态活力得分为 22.50 分，位列全国第 12 位，环境质量得分 22.05 分，位列全国第 3 位，社会发展得分 8.86 分，位列全国第 27 位，协调程度得分 20.10 分，位列全国第 5 位，因而属于典型的"环境优势型"。而从动态的角度看，云南省的全国排名最初在第 15—20 位，而后位次有着明显的提升——2007—2015 年分别为第 13 位、第 22 位、第 16 位、第 17 位、第 23 位、第 19 位、第 22 位、第 15 位、第 8 位。上述评估结果证实了云南省在森林覆盖率和环境空气质量等指标方面的巨大天然优势，以及在经济社会发展方面的明显不足或"短板"（尤其是与经济总量相关的社会发展指标）。

二是由国家统计局、国家发改委、环境保护部和中共中央组织部共同创制发布的"绿色发展指数"。绿色发展指数考核是根据中共中央办公厅、国务院办公厅印发的《生态文明建设目标评价考核办法》和国家发改委、国家统计局、环境保护部、中共中央组织部印发的《绿色发展指标体系》《生态文明建设考核目标体系》的要求进行的。绿色发展指数采用综合指数法进行测算，具体包括资源利用、环境治理、环境质量、生态保护、增长质量、绿色生活等6个方面，共52项评价指标（以及单列的公众满意程度指标）。依据 2017 年 12 月公布的《2016 年生态文明建设年度评价结果公报》，排名第一的是北京，然后是福建、浙江、上海、重庆、海南等地，排名靠后的是辽宁、天津、宁夏、西藏、新疆（表4-1）。云南凭借80.28分的总得分排名第 10 位，进入全国先进

---

① 严耕、吴明红、樊阳程等：《中国省域生态文明建设评价报告（ECI 2016）》，北京：社会科学文献出版社，2017年，第1—6页。

行列。这既反映了云南省生态文明建设近年来所取得的重大进展，也与"绿色发展指数"指标体系下对生态环境质量的更加关注相关。例如，绿色发展指标体系中，人均GDP增速的权重仅仅为1.83%，而环境和资源方面的考核权重非常大，地级及以上城市空气质量优良天数比率、细颗粒物（$PM_{2.5}$）未达标地级及以上城市浓度下降、地表水达到或好于Ⅲ类水体比例、地表水劣Ⅴ类水体比例等所占权重均为2.75%，同时资源利用方面的单位GDP能耗、水耗考核权重也很大，均为2.75%。

表4-1　2016年生态文明建设年度评价结果排序

地区	绿色发展指数	资源利用指数	环境治理指数	环境质量指数	生态保护指数	增长质量指数	绿色生活指数	公众满意程度
北京	1	21	1	28	19	1	1	30
福建	2	1	14	3	5	11	9	4
浙江	3	5	4	12	16	3	5	9
上海	4	9	3	24	28	2	2	23
重庆	5	11	15	9	1	7	20	5
海南	6	14	20	1	14	16	15	3
湖北	7	4	7	13	17	13	17	20
湖南	8	16	11	10	9	8	25	7
江苏	9	2	8	21	31	4	3	17
云南	10	7	25	5	2	25	28	14
吉林	11	3	21	17	8	20	11	19
广西	12	8	28	4	12	29	22	15
广东	13	10	18	15	27	6	6	24
四川	14	12	22	16	3	14	27	8
江西	15	20	24	11	6	15	14	13
甘肃	16	6	23	8	25	24	23	11
贵州	17	26	19	7	7	19	26	2
山东	18	23	5	23	26	10	8	16
安徽	19	19	9	20	22	9	23	21
河北	20	18	2	30	13	25	19	31
黑龙江	21	25	25	14	11	18	12	25
河南	22	15	12	26	24	17	10	26
陕西	23	22	17	22	23	12	21	18
内蒙古	24	28	16	19	15	23	13	22
青海	25	24	30	6	21	30	30	6
山西	26	29	13	29	20	21	4	27
辽宁	27	30	10	18	18	28	29	28
天津	28	12	6	31	30	5	7	29
宁夏	29	17	27	27	29	22	16	10

续表

地区	绿色发展指数	资源利用指数	环境治理指数	环境质量指数	生态保护指数	增长质量指数	绿色生活指数	公众满意程度
西藏	30	31	31	2	4	27	31	1
新疆	31	27	29	25	10	31	18	12

注：本表中各省（自治区、直辖市）按照绿色发展指数值从大到小排序，若存在并列情况，则下一个地区排序向后递延

具体来说，云南绿色发展指数的六个二级指标的得分分别如下：资源利用（85.32）、环境治理（74.43）、环境质量（91.64）、生态保护（75.79）、增长质量（70.45）、绿色生活（68.74）和公众满意程度（81.81），而上述成绩分别对应的全国排名是第 7 位、第 25 位、第 5 位、第 2 位、第 25 位、第 28 位和第 14 位。可以看出，尽管每一项的得分赋值有些不易理解，但云南的全国排名显然是合理的，即生态保护指数和环境质量指数遥遥领先，但环境治理指数、增长质量指数和绿色生活指数明显滞后[①]。

而同样值得注意的是，云南省内部各州市之间也并不十分均衡，尽管彼此间的差距不是太大。2016 年，云南省 16 个州市的绿色发展指数考核结果如下：昆明（83.63）、西双版纳（82.04）、德宏（81.06）、临沧（80.22）、怒江（79.73）、迪庆（79.48）、楚雄（79.06）、保山（79.04）、文山（78.96）、普洱（78.77）、昭通（78.35）、玉溪（77.89）、红河（76.81）、丽江（76.78）、大理（76.59）、曲靖（76.27）（表 4-2）。多少有些让人感到意外的是，拥有世界知名古城与自然生态景观的丽江和大理的绿色发展指数排名并不靠前，而昆明之所以能够名列榜首，在很大程度上仍得益于它较高的环境治理指数、增长质量指数和绿色生活指数（类似于京沪渝等的全国排名）。

表4-2　2016年云南省各州市生态文明建设年度评价结果

地区	绿色发展指数	资源利用指数	环境治理指数	环境质量指数	生态保护指数	增长质量指数	绿色生活指数
昆明	83.63	83.81	93.61	80.71	73.48	93.47	79.91
曲靖	76.27	72.80	76.56	92.79	66.83	72.57	73.10
玉溪	77.89	78.76	77.54	83.47	76.62	68.66	75.81
保山	79.04	73.15	82.47	93.56	74.88	72.14	75.87
昭通	78.35	81.57	78.62	88.64	73.42	64.24	69.16
丽江	76.78	72.05	79.70	89.71	75.33	67.32	71.89
普洱	78.77	74.56	79.47	94.58	77.00	69.47	70.56

---

① 在另一份由北京师范大学研制并自 2010 年起连续发布的《中国绿色发展指数报告》中，2013 年绿色发展水平排名前十位的省市分别是北京、上海、青海、天津、海南、浙江、云南、福建、江苏、广东（共 30 个省区市参与排名），绿色发展水平排名前十位的城市分别是深圳、海口、昆明、北京、合肥、广州、大连、青岛、长沙、福州（共 34 个城市参与排名），云南和昆明都表现优异。

续表

地区	绿色发展指数	资源利用指数	环境治理指数	环境质量指数	生态保护指数	增长质量指数	绿色生活指数
临沧	80.22	82.62	74.67	94.74	72.11	72.49	74.63
楚雄	79.06	79.77	78.23	86.95	73.18	77.52	74.11
红河	76.81	77.30	85.09	75.25	72.93	73.91	73.70
文山	78.96	75.80	85.22	95.02	65.99	75.81	70.84
西双版纳	82.04	81.09	77.60	91.28	84.18	74.25	77.85
大理	76.59	73.71	82.52	79.26	77.40	70.66	74.26
德宏	81.06	79.98	78.55	88.88	82.25	73.58	78.22
怒江	79.73	73.76	67.14	96.06	91.43	73.34	72.89
迪庆	79.48	70.56	77.69	95.49	84.90	74.15	73.45

当然，借助其他一些评价指标体系也可以衡量云南省生态文明建设的某一议题领域或层面，如由中国生态文明研究与促进会自 2017 年开始编辑出版的《中国西部生态文明发展报告》[1]。《中国西部生态文明发展报告（2017）》以区域综述和专题分析等形式，系统论述西部自然生态系统和西部生态文明建设在我国经济社会发展中所具有的战略屏障和基础保障作用，从西部地区整体状况和 12 个省（自治区、直辖市）具体情况出发，对西部生态文明建设现状、态势、成果和经验做了较为系统深入的阐述。课题组认真研究西部地区生态文明建设的战略地位、主要任务和路径选择上的普遍性与独特性，设计构建了一套符合西部地区特点、反映其纵向动态变化和横向空间差异的指标评价体系——"西部生态文明建设评价指标体系"（WECCI）。该指标体系分为生态环境、社会发展、协调程度三大类二级指标和 17 个三级指标，并依此对西部各省（自治区、直辖市）生态文明建设状况进行了评价分析。该报告还计算了西部地区及西部各省（自治区、直辖市）生态文明建设进步指数，反映了西部地区近年来在生态文明建设方面取得的进步情况。此外，通过对西部典型地区生态文明建设案例的剖析，该报告还总结了西部地区在抓好主体功能区定位、有序推进城镇化、加速发展新型工业化、推动绿色发展中所取得的进展和经验，可以为同类地区发展提供示范和借鉴。该报告的最大特点是专注于我国西部区域的生态文明建设，并且引入了基于分区管理的生态文明建设实践及其量化评估体系概念[2]，有助于我们更好地结合西部区域的自然生态和人文历史特点来构想、从事与评估生态文明建设。而云南省作为一个自然生态与人文历史文化极其丰富的省域，显然更适合这样一种更具有针对性的新型评估体系。其具体

---

[1] 中国生态文明研究与促进会、中国西部生态文明发展报告编委会：《中国西部生态文明发展报告（2017）》，北京：中国环境出版社，2018 年。

[2] 祝光耀：《基于分区管理的生态文明建设指标体系与绩效评估》，北京：中国环境出版社，2016 年。

评估结果如下①：列前五位的指标有重点城市环境空气质量（1）、水体污染物排放变化效应（3）、水土流失率（5），列十位之后的是人均 GDP（11），其他 13 个指标均处于第 6—10 位（大气污染物排放变化效应为第 6 位，地表水体质量、农村改水率和城市生活垃圾无害化率为第 7 位，工业固体废物综合利用率为第 8 位，自然保护区的有效保护、建成区绿化覆盖率、化肥施用超标量、人均可支配收入、城镇化率和每千人口医疗机构床位为第 9 位，农药使用强度和人均教育经费投入为第 10 位）。

此外，2015 年开始全面铺开的建设国家公园体制试点，也给云南省这样的"原生态景观大省"提供了一个难得的历史机遇②。建立国家公园体制是党的十八届三中全会提出的重点改革任务之一，是我国生态文明制度建设的重要内容。2013 年 11 月，党的十八届三中全会通过的《中共中央关于全面深化改革若干重大问题的决定》首次提出建立国家公园体制。2015 年 9 月，中共中央、国务院印发的《生态文明体制改革总体方案》对建立国家公园体制提出了具体要求，强调"加强对重要生态系统的保护和永续利用，改革各部门分头设置自然保护区、风景名胜区、文化自然遗产、地质公园、森林公园等的体制""保护自然生态和自然文化遗产原真性、完整性"。2015 年 5 月 8 日，国务院批转《关于 2015 年深化经济体制改革重点工作的意见》，提出在 9 个省份开展"国家公园体制试点"。为此，国家发改委等 13 个部委联合印发了《建立国家公园体制试点方案》。该方案所提出的目标是，试点区域国家级自然保护区、国家级风景名胜区、世界文化自然遗产、国家森林公园、国家地质公园等禁止开发区域中交叉重叠、多头管理的碎片化问题得到基本解决，形成统一、规范、高效的管理体制和资金保障机制，自然资源资产产权归属更加明确，统筹保护和利用取得重要成效，形成可复制、可推广的保护管理模式。根据上述方案，国家选定北京、吉林、黑龙江、浙江、福建、湖北、湖南、云南、青海 9 省市开展国家公园体制试点。每个试点省市选取 1 个区域开展试点，试点时间为 3 年，2017 年底结束。在这些试点基础上，中共中央办公厅、国务院办公厅于 2017 年 9 月 26 日印发了《建立国家公园体制总体方案》。该方案所确定的目标是，到 2020 年，国家公园体制试点基本完成，整合设立一批国家公园，分级统一的管理体制基本建立，国家公园总体布局初步形成。到 2030 年，国家公园体制更加健全，分级统一的管理体制更加完善，保护管理效能明显提高。

就云南省而言，从 1996 年开始就在借鉴国外经验的基础上，率先开展国家公园这一自然保护地模式的研究、探索和实践，以求寻找切合云南实际、实现保护与发展和谐

① 中国生态文明研究与促进会、中国西部生态文明发展报告编委会：《中国西部生态文明发展报告（2017）》，北京：中国环境出版社，2018 年，第 129 页。
② 滕玲：《国家林业局昆明勘察设计院院长唐芳林谈云南国家公园建设》，《地球》2016 年第 12 期。

共赢的可持续发展路子；2008 年，云南被国家林业局确定为国家公园建设试点省，开始按照"研究—试点—规划—标准—立法—推广"的步骤，积极探索国家公园保护、建设、管理的有效模式，并取得了一系列被广泛关注的制度建设与管理创新经验①。2015 年，云南被国家发改委等 13 个部委确定为全国国家公园体制试点省，以普达措国家公园为试点区，积极参与到国家层面的国家公园体制试点工作。而在依据《建立国家公园体制总体方案》首批设立的十大国家公园中，云南省的普达措国家公园也得以成功入选。当然，相对于多年来已经开展的试点园区数量来说，云南省首批入选一个并不是太多（到 2017 年底，云南省已划建了 13 个国家公园），而且呈现出相关法规不健全、管理体制不顺、保护和利用关系处理不当等一些值得关注或亟待解决的问题②。

综上所述，近年来尤其是党的十八大以来，围绕"争当全国生态文明建设排头兵"这一区域战略抉择，云南省的生态文明建设在强化城乡环境污染综合整治、加大生态系统保护力度、推进绿色高质量发展、推动制度建设与体制机制改革创新等方面都取得了诸多重要进展③，提供了许多值得充分关注的云南实践做法或经验。接下来，笔者将以滇池、洱海与普洱市为例具体分析云南省在大力推进生态环境综合整治和积极发展绿色经济方面的扎实努力，以及这些努力如何促进地域或省域意义上的生态文明建设。

第二节 强力推进生态环境综合整治：以滇池、洱海治理为例

2015 年 1 月，习近平总书记在云南考察工作时明确指出："要把生态环境保护放在更加突出位置，像保护眼睛一样保护生态环境，像对待生命一样对待生态环境，在生态环境保护上一定要算大账、算长远账、算整体账、算综合账，不能因小失大、顾此失彼、寅吃卯粮、急功近利。"④对于云南广大党政干部与人民群众来说，深刻理解与全面落实总书记上述政治要求的一个根本性方面，就是在经济社会发展与生态环境相协调的总体格局中算好"生态账"，也就是始终牢记云南"三个定位"的战略目标，坚定走

---

① 张一群：《云南先行探索国家公园体制立法》，《云南林业》2015 年第 3 期；杨芳：《云南国家公园的探索与实践》，《云南林业》2014 年第 2 期。

② 杨东、郑进烜、华朝朗等：《云南省国家公园建设现状与对策研究》，《林业调查规划》2016 年第 5 期；覃阳平：《国家公园发展障碍分析——以云南省普达措国家公园为例》，《林业建设》2015 年第 6 期；唐芳林、孙鸿雁、张国学等：《国家公园在云南省试点建设的再思考》，《林业建设》2013 年第 1 期。

③ 中共云南省委党校中国特色社会主义理论体系研究中心：《推进生态文明建设、加快建设美丽云南》，《云南日报》2018 年 3 月 20 日；赵林、任秀芹：《拓展生态文明制度建设新路径》，《社会主义论坛》2017 年第 6 期。

④ 中共中央文献研究室：《习近平关于社会主义生态文明建设论述摘编》，北京：人民出版社，2017 年，第 8 页。

好"生态立省、环境优先"的绿色发展道路①。而九湖水污染综合防治作为生态文明建设进程中最为复杂和艰巨的系统工程，既全面反映着云南生态文明建设实践的切实成效，也是检验云南各界生态文明及其建设整体认知水平的一面镜子。

云南是一个天然高原湖泊众多的省份，湖泊面积超过 30 平方千米的就有 9 个：滇池、阳宗海、抚仙湖、星云湖、杞麓湖、洱海、泸沽湖、程海、异龙湖，统称九大高原湖泊。九湖流域占全省地域面积的 2.1%，人口约占全省人口总数的 11%，其所在区域大多是云南开发较早、利用强度较大、人口较为密集的重要功能区，也是全省城市化发展最迅速、人湖关系最突出、保护与发展矛盾最集中的敏感地带，因而要在保持区域经济社会持续发展的同时，保护和改善湖泊水环境质量，的确是一个世界性难题，所面临的巨大挑战是不言而喻的。自 20 世纪 90 年代后期开始，九湖水体污染迅速加剧，昔日璀璨的"珍珠链"渐趋黯淡。经过近 20 年的不懈治理，九大湖泊目前正在从"救命阶段"转向"治病阶段"，从工程治理转向生态修复。尤其是党的十八大以来，云南省委、省政府把九湖水污染治理作为头等大事来抓，采取了一系列强有力措施，坚持"一湖一策"、分类施策，使得九湖水质总体上保持稳定，主要污染物稳中有降，部分湖泊水环境有所改善，综合防治工作初见成效，并初步总结形成了两大治理保护模式：针对重度污染湖泊的"滇池治理模式"和针对典型富营养化初期湖泊的"洱海保护治理模式"②。

滇池又称昆明湖、昆明池、滇南泽、滇海，位于昆明市西南部，有盘龙江等河流注入，湖面海拔 1886 米，面积 330 平方千米，是云南省最大的淡水湖和中国第六大淡水湖，素有高原明珠之美誉。湖面南北长 40 千米（含草海），东西平均宽 7 千米，最宽处 12.5 千米，湖岸线长约 150 千米，流域面积（不包括海口以下河道流域面积）为 2920 平方千米。湖体北部有横亘东西的海埂，是一个长 3.5 千米、宽 300 米的障壁沙坝，东端与盘龙江三角洲相连，西端伸入滇池，将湖体分为内外两部分，有"一线平分秋色"的美称。海埂以南称外海，是滇池的主体部分，占滇池总面积的 97.2%；海埂以北称内海，又名草海，面积约为 10 平方千米。湖水在西南海口泄出，称螳螂川，为长江上游干流金沙江支流普渡河的上源。滇池周边风光秀丽，为国家级旅游度假区。其四周有云南民族村、云南民族博物馆、西山华亭寺、太华寺、三清阁、龙门、筇竹寺、大观楼及晋宁盘龙寺、郑和公园等风景区。

环湖地区原来常有洪涝水患，因而早在 1262 年就在盘龙江上修建松华坝，1268 年

① 周琼：《屏障与安全：生态文明建设的区域实践与体系构建》，北京：科学出版社，2018 年；周琼：《探索与争鸣：建设美丽中国的西南实践》，北京：科学出版社，2018 年。
② 孔燕、余艳红、苏斌：《云南九大高原湖泊流域现行管理体制及其完善建议》，《水生态学杂志》2018 年第 3 期。

又开凿海口河，加大滇池的出流量，减轻环湖涝灾。1955 年后更是在湖上游的各个河流先后建设了十余座大中型水库，沿湖修建起几十座电力排灌站，以解除洪涝灾害，并确保农田灌溉和城市工业、生活用水。但总的来说，滇池湖面呈不断萎缩趋势。在战国至西汉的古滇国时期，滇池东北岸的水位已下落至 1915 米左右，至唐宋时期则进一步下降到 1890 米，滇池水面共有 510 平方千米；此后，元朝时水面缩小到 410 平方千米，明朝时为 350 平方千米，清朝时为 320 平方千米，如今则已不足 300 平方千米。相应地，滇池的总库容也不断减少，唐宋时为 18.5 亿立方米，到清代为 16 亿立方米，1947 年估算约为 15.7 亿立方米，如今的库容仅为 13 亿立方米左右。

伴随着水面与库容的缩减，滇池的水质逐渐变差[①]。20 世纪 60 年代，无论是草海还是外海的水质均为Ⅱ类，到 70 年代下降为Ⅲ类，而到 80 年代，草海和外海的水质分别为Ⅴ类和Ⅳ类，90 年代后水质进一步恶化，分别为劣Ⅴ类和Ⅴ类。也就是说，滇池的整体水质下降了三个等级。在 20 世纪 50 年代，草海的水体透明度可达 2 米，外海为 1 米左右，有的地方甚至清澈见底。但到了 80 年代，草海水体透明度只有 0.40—0.60 米，外海为 0.65— 0.75 米。90 年代情况最差时，草海的透明度只有 0.25 米，外海的透明度只有 0.41 米。20 世纪 50 年代，滇池的水生高等植物十分丰富，植被占湖面的 90% 以上。但到 70 年代末期，植被面积已不到 20%。60 年代之前，草海曾因海菜花繁茂而被称为"花湖"。但到 70 年代时，海菜花已经寥寥无几。随后，海菜花被水葫芦取代，水体富营养化日趋严重。过去滇池水产资源丰富，有多种鱼类，其中以鲤鱼产量最高，金线鱼最名贵。但随着水质变差，生物群种结构产生不良演变。20 世纪 50 年代中期滇池尚有水生植物 44 种，而到 80 年代中期减少到 29 种；滇池原有鱼类 23 种，其中土著鱼 15 种，如今土著鱼只剩下 4 种。

造成滇池水污染不断加剧的原因主要有三个[②]。其一，滇池地处昆明城市下游，是昆明盆地最低凹地带，所以客观上成为昆明的"排污桶"。它必须不停地接纳城市的生活污水、工业废水和含有农药化肥的农业污水，加之滇池流域城镇化发展迅速，污水数量在短期内大量增加。据统计，每年排入滇池的污水约 2 亿立方米，即 2 亿吨左右。其二，滇池属于半封闭性湖泊，缺乏充足的洁净水输入对湖泊水体进行置换。其三，在自然演化过程中滇池湖面渐趋缩小，湖盆变浅，内源污染物堆积，进入老龄化阶段，而人为加大湖水排泄量和周边森林覆盖率降低，更是加速了其老龄化进程。

进入 21 世纪以来，云南省明显加大了滇池水污染治理的政策力度与财政投入，使

---

① 吴瑛：《滇池流域人口社会分化与水环境空间结构变迁》，《云南社会科学》2013 年第 1 期；李益敏、彭永岸、王玉朝等：《滇池污染特征及治理对策》，《云南地理环境研究》2003 年第 4 期。

② 彭永岸、朱彤：《滇池污染的成因及其治理新方案》，《地球信息科学》2003 年第 1 期。

得滇池整体水质实现"企稳向好"。例如，生态环境部的监测数据显示，2018 年 1—6 月全湖水质达到Ⅳ类，为 20 多年来最好，并初步形成了一个政府主导型的水环境综合治理模式①。

为了让高原美湖重返人间，对滇池进行抢救性治理被列入我国生态环境保护和水污染治理的标志性工程。从 1996 年起，国家已经连续在 4 个五年规划中将滇池流域水污染防治纳入重点治理流域，而昆明市也始终把滇池治理作为头等大事来抓。过去 20 年来，云南省及昆明市先后开展了环湖截污和交通、外流域引水及节水、生态修复等系列工程治理措施，累计投入资金高达 500 亿元。早在 2008 年，昆明市委、市政府就在滇池流域全面实行河（段）长负责制。与此同时，以工业污染和城市污染为治理重点，昆明市人民政府大量取缔、关停或外迁滇池流域内污染严重的企业，让流域内企业向工业园区集中。尽管如此，在经济社会高速发展的大背景下，滇池治理仅是"还旧账"，污染的蔓延趋势仍难以得到有效遏制。近几年来，昆明市从改变滇池治污理念入手：从最初的点源控制逐渐过渡到全流域治理，从"单兵作战"走向"系统突围"，遵循"以水定城、量水发展"的原则，将滇池治理纳入城市管理体系，全面实施了以环湖截污、外流域引水、入湖河道整治、农村面源污染治理、生态修复与建设、生态清淤"六大工程"为主线的综合治理体系建设，在"遏制增量污染"的同时"削减存量污染"。其具体措施包括：组织实施环湖截污工程，在滇池畔和昆明城内规划了长达 5700 千米的截污管道；从金沙江的一级支流牛栏江向滇池补水，将滇池内部水循环周期从 4 年缩短至 3年；将水质目标及污染负荷削减目标精确到每条河道沟渠各个断面，推行"谁污染，谁买单"；等等。截至 2017 年底，牛栏江共向滇池补水超过 22.87 亿立方米，有力地改善了滇池的水质，而到 2018 年 7 月，昆明主城及环湖建设了超过 5674 千米的市政排水管网和 23 座城市污水处理厂，截污治污系统基本建成。滇池水质的改善，让蒙尘已久的"高原明珠"逐渐重焕光彩。接下来，昆明市将继续开展滇池保护治理三年攻坚行动，目标是到 2020 年滇池草海和外海水质稳定达到Ⅳ类（2016 年滇池水质由劣Ⅴ类提升为Ⅴ类）②。

洱海在古代文献中曾被称为叶榆泽、昆弥川、西洱河、西二河等，位于大理市郊区，是云南省第二大淡水湖。洱海北起洱源县，长约 42.58 千米，东西最大宽度为 9.0千米，湖面面积 256.5 平方千米，平均湖深 10 米，最大湖深达 20 米，因而虽然面积比滇池小，但蓄水量却更大些，总径流面积 2565 平方千米。湖面除接受大气降水外，主

---

① 张帆、杨文明、李茂颖：《昆明：亮出新颜值、美出新气质》，《人民日报》2018 年 11 月 12 日；杨宏山：《构建政府主导型水环境综合治理机制——以云南滇池治理为例》，《中国行政管理》2012 年第 3 期。

② 王密：《滇池治理显成效》，《昆明日报》2017 年 2 月 28 日。

要靠河流补给，从北面入湖的河流有弥苴河、罗蒔河、永安河，从南面入湖的有波罗河，西面有苍山十八溪入湖。洱海有两个出水口，一是在下关镇附近经西洱河流出，二是"引洱入宾（宾川县）"。洱海是大理"风花雪月"四景之一"洱海月"所在地，据说因其形状像一个耳朵而取名为"洱海"。同时，洱海也是白族人民的"母亲湖"，白族先民称之为"金月亮"。

洱海形成于冰河时代末期，其成因主要是沉降侵蚀，属构造断陷湖。它历史上的最高水位是 1976.10 米，最枯水位是 1973.28 米。1969 年，由于西洱河水电工程的建设，水位降至 1970.66 米，并随之出现了一系列生态失调问题：岸边重构、已建泵站悬空失效、鱼类资源骤减、井水干涸等。而自 20 世纪 80 年代以来，对洱海自然资源的过度开发则导致了日趋严重的水质变坏和污染问题。概括地说，导致洱海水污染的原因有如下三个[①]：一是养殖业的过度发展。许多渔民在洱海上建起了养殖圈，而这些养殖圈里的鱼类大都不是本地物种，从而破坏了洱海原本的生态平衡，导致其生物种类急剧下降。二是油气渔船的数量过多。洱海周边的许多渔民家庭都有油气渔船，而油气的污染对洱海的水质产生了严重影响，使得洱海中的一些破坏性元素积聚，从而导致了蓝藻暴发等水污染灾害。三是外来物种入侵。水葫芦作为一种净化水质的水生植物，原本是作为治理洱海的一种较环保方式来引进的，但由于其生长速度过快而对湖中的水下生物和植物造成了严重破坏。20 世纪末至 21 世纪初，洱海的水污染变得日益严重：1996 年和 1998 年，洱海连续爆发了两次全湖性的"蓝藻"危机，水体透明度由 3—5 米下降到 0.4—1.5 米；1992—2001 年，洱海保持在中营养水平，整体上处于从中营养向富营养湖泊过渡的阶段，总硬度和总氮上升趋势明显。

经过 21 世纪以来尤其是党的十八大以来云南省和大理白族自治州的持续性努力，洱海的水质保护与污染治理取得了一定成效。洱海湖区 2005—2014 年水质监测资料表明[②]，洱海水质整体处于清洁状态，保持在中营养状态，湖泊富营养化进程减缓，磷作为内梅罗指数最大贡献因子成为影响洱海水质的主要污染物，洱海枯水期水质好于丰水期水质，污染以面源污染为主，洱海水环境保护工作取得成效。甚至有的学者指出[③]，水污染防治及湖泊治理是一个世界性难题，也是当前我国亟待研究解决的重大问题，洱海治理是当今我国湖泊治理中少有的成功范例，因为它清楚地展示了我国水污染防治和湖泊治理正在发生的经济发展方式和污染治理方式的双重转型：一方面纠正传统的通

① 李凤香：《洱海面源污染治理现状及对策》，《环境科学导刊》2008 年第 B06 期。
② 羊华：《洱海 2005—2014 年水质状况及变化分析》，《水利信息化》2016 年第 1 期。
③ 项继权：《湖泊治理：从"工程治污"到"综合治理"——云南洱海水污染治理的经验与思考》，《中国软科学》2013 年第 2 期。

过高消耗追求经济数量增长和"先污染后治理"的发展模式,走人口、经济、社会、环境和资源相互协调的可持续发展的道路;另一方面纠正传统的"重城镇轻农村""重工业轻农业""重技术轻社会""重点轻面、抓大放小"的污染治理方式,大力调整产业结构,致力于"结构减排"和"经社控污",着力加强农业面源污染、农村生活污染的治理,实施全域性的综合治理。

更值得关注的是,以习近平总书记2015年1月视察并做重要指示为节点,云南省和大理白族自治州对洱海水环境治理的政策力度与财政投入明显加大。2018年11月1—2日,云南省委副书记、省长阮成发再次来到大理白族自治州督导洱海保护治理工作,并召开了现场办公会,而这是他担任洱海省级湖长一年多来的第四次现场调研督导。他在大理市龙王庙箐检查非煤矿山生态修复情况,在海东镇塔村、下关镇洱滨村督导"三线"划定、生态搬迁安置、环湖湿地恢复、"四水全收"工作,在挖色镇污水处理厂督导村镇污水收集处理,在大理镇清碧溪查看农业面源污染防治情况,在海东新区、大理至南涧高速公路施工现场督导新区规划建设、人口和产业疏解、水循环系统建设,在双廊镇商户、客栈随机调研经营户污水收集处理情况,明确要求在推进经济社会发展过程中,始终牢牢坚持洱海保护治理优先的原则。在大理白族自治州洱海保护治理现场办公会上,阮成发认真听取洱海保护治理工作情况的汇报,并与大理白族自治州、省级有关部门负责人及有关专家共商保护治理的良策。他强调,洱海保护治理工作虽然取得阶段性成效,但离总书记和党中央的要求还有很大差距。一要认真学习领会习近平总书记重要批示精神,提高政治站位,增强紧迫感,切实扛起保护好洱海的政治担当、历史担当、责任担当,坚决打赢洱海保卫战。二要认真剖析工作不足,勇于走出认识误区,实现保护治理洱海质的飞跃;三要以不达目的决不罢休的决心和毅力,坚决打赢洱海保护治理"八大攻坚战"[①]。

党的十九大以来,大理白族自治州认真学习与践行习近平生态文明思想,坚定树立"绿水青山就是金山银山"的发展理念,以洱海保护治理统领全州经济社会发展全局,把洱海保护治理作为各族干部群众的责任担当和政治担当,以洱海流域保护为引领统筹抓好全州生态建设,以洱海流域规划为核心统筹全州空间布局,以洱海流域治理为突破统筹推进全州产业绿色转型,以洱海流域为枢纽统筹全州路网建设,以洱海流域为重点统筹深化全州各项改革。立足于洱海污染累积型、输入型双重叠加的实际,大理白族自治州坚持标本兼治、长短结合,把全面贯彻落实省委、省政府决策部署与持续推进"七大行动"相结合,近期攻坚与久久为功相结合,坚持保水质防蓝藻与转变发展方式"两

---

① 李绍明:《阮成发在大理州督导洱海保护治理工作时强调提高政治地位 扛起责任担当 坚决打赢洱海保护治理攻坚战》,《云南日报》2018年11月5日。

手抓"。具体而言，一方面持续推进流域"两违"整治、村镇"两污"治理、面源污染减量、节水治水生态修复、截污治污工程提速、流域执法监管、全民保护洱海等"七大行动"，确保洱海水质不下降、不恶化、不发生规模化蓝藻水华；另一方面坚持生态优先、保护优先的原则，落实"共抓大保护、不搞大开发"的理念，调整优化洱海流域空间规划、城镇布局，推动洱海流域加快绿色发展，尤其是打好、打赢如下"八大攻坚战"：一是"环湖截污攻坚战"，加快截污治污工程设施调试和排查整改，妥善处理污水厂尾水排放问题；二是"生态搬迁攻坚战"，加快洱海生态环境保护蓝线、绿线、红线"三线"划定及生态搬迁，高水平建设"1806 特色小镇"和 20 千米环洱海生态绿道；三是"面源污染治理攻坚战"，全力推进以"三紧四推"为政策抓手的生态有机农业发展；四是"河道治理攻坚战"，全面落实河长责任制，深入清理整治河湖乱占、乱采、乱堆、乱建；五是"矿山整治攻坚战"，严厉打击非法开采和私挖盗采行为，抓紧开展非煤矿山植被修复；六是"环湖生态修复攻坚战"，加快流域生态增容，抓紧实施系列生态工程，持续改善流域生态环境；七是"水质提升攻坚战"，统筹做好洱海外补水，科学调度流域水资源，强化水生态建设立法与技术体系完善；八是"过度开发建设治理攻坚战"，将洱海水质和水环境承载力作为刚性约束，不断优化以洱海为核心的"1市+6县"区域生产空间、生活空间和生态空间布局，构建流域绿色发展新格局[①]。

综上所述，完全可以相信，洱海的保护治理就像滇池的污染治理一样，最艰难的时刻已经过去，假以时日肯定会取得更为明显的和实质性的成效，而这显然与我国大力推进生态文明建设的新时代背景与话语语境密不可分。也就是说，无论从（现代化）发展方式还是生态环境治理方式上来说，大力推进生态文明建设的执政党政治意识形态与基本国策都已经提供了一种十分明确的新型路径选择与政策框架。尤其关键性的是，自党的十八大以来，各级党委政府政治理解与政策落实大力推进生态文明建设的执政水平和能力已有了显著提高。

当然，也必须看到，云南九湖的保护治理依然面临着诸多不易克服的困难和十分严峻的挑战[②]。一方面，这些湖泊目前依然肩负着超过其环境承载力的污染负荷，污染存量巨大，污染源还没有完全杜绝，截污治污体系尚未完善，湖泊生态环境体系尚未形成，因而稍有懈怠和不慎，以前努力的成效将可能化为乌有。也就是说，如何在减少污染物输入增量的前提下尽快有效处置现有的污染物存量仍是一项十分繁重的任务，2020

---

① 庄俊华：《大理州洱海保护治理增强紧迫感打好攻坚战》，《云南日报》2018 年 11 月 14 日。

② 董云仙、吴学灿、盛世兰等：《基于生态文明建设的云南九大高原湖泊保护与治理实践路径》，《生态经济》2014 年第 11 期；张召立、吕昌会、刘春学：《云南九大高原湖泊治理的复杂性、艰巨性和长期性》，《社会主义论坛》2011 年第 5 期。

年前打好、打赢实质性提升九湖水质的系列攻坚战并非易事。另一方面，这些湖泊的高水平保护与根治并不是一个孤立的水环境治理政策或政治议题，而是必须置于整个生态环境治理体系与能力建设乃至生态文明建设的大系统大框架之下。也正是在这一意义上，云南省的九湖保护治理还任重而道远，因而必须清楚认识其复杂性、艰巨性和长期性，坚定信念，从长计议，科学谋划，有序推进。概括地说，一是要坚持保护与治理相结合，对于那些水质良好的湖泊（如洱海）要按预防为主、保护优先、发展优化的思路，而对于其他污染型的湖泊（如滇池），则必须采取工程与管理措施并举，内源和外源共治、存量和增量共减，加大综合治理力度，确保入湖污染负荷得到有效削减并逐步控制到流域环境承载力范围之内，逐步恢复水环境功能并最终建立湖泊健康生态系统；二是要遵循系统治理思路，突出流域管控与生态系统恢复，划定并严守湖泊生态红线，强化建立九湖流域部门联动，建立和完善省级巡查、州市县区检查的环境监督执法机制，大力推进湖泊生态圈建设；三是要加强组织领导，建立完善的治理长效机制，营造全民参与、监督的社会氛围，以治理成效切实改善城乡人居环境，提升群众生态获得感；四是要加快形成绿色生产方式和生活方式，坚持发展与保护并重，走"两型三化"的产业发展路子，提升绿色发展水平，构建绿色产业体系，发展壮大绿色经济，通过九大湖泊治理保护，逐渐形成环保产业集群，为降低治理成本提供开创性实践。总之，只有做到像习近平总书记所要求的那样算好"生态账"，切实践行"绿水青山就是金山银山"的发展理念，走出一条经济发展与环境改善双赢之路，才能最终让九颗高原明珠还原亮丽本色，重现湖泊生态美景。

第三节　积极发展绿色经济：以普洱市为例

无论从生态环境问题长期有效治理还是大力推进生态文明建设的视角来说，如何全面践行"绿水青山就是金山银山"的重要价值理念，彻底打破简单地把发展与保护对立起来的思维范式，真正实现经济社会发展与生态环境保护的内在统一，都是一个不容忽视的重要议题方面，而这对于像云南这样的生态环境资源既十分丰富又相当脆弱的省域来说尤为关键。也就是说，一方面，良好的生态环境不仅是云南人民的宝贵财富，也是全国人民的共同财富。因而，云南作为国家的西南生态安全屏障，承担着维护区域、国家乃至全球生态安全的战略性任务，同时又是生态环境比较脆弱敏感的地区，使得生态环境保护的任务极其艰巨，必须要像保护眼睛一样保护好那里的绿水青山、蓝天白云。

换言之，对于云南来说，"争当全国生态文明建设排头兵"的基本要求，就是切实保护好七彩云南的山山水水、一草一木，否则一切都将无从谈起。另一方面，同样重要的是，云南省必须牢记总书记的嘱托，按照中共中央、国务院印发的《生态文明体制改革总体方案》的明确要求，树立发展和保护相统一的理念，坚持走出一条绿色发展、循环发展、低碳发展的新路子，按照主体功能定位控制开发强度，调整空间规划结构，实现发展与保护的内在统一、相互促进。也就是说，对于云南而言，"争当全国生态文明建设排头兵"的另一个基本要求，就是全面落实党的十九大报告的战略部署，大力促进全社会向绿色生产方式和绿色生活方式的转型，积极构建绿色产业体系，探寻实现绿水青山就是金山银山的发展新路径，从而构建起人与自然和谐相处的社会主义现代化新格局[1]。

基于此，云南省委、省政府确定了以下几项促进绿色发展的重大政策举措[2]：一是把节约资源作为保护生态环境的根本之策，大力推动全社会节能减排。云南省将坚持节约资源的基本国策，综合运用市场、法律、经济等手段，全面推进工业、建筑、交通运输、商业、公共机构、农业和农村等各领域的节能降耗与资源综合利用，加快建设资源节约型、环境友好型社会，确保到 2020 年，构建起覆盖全面、科学规范、管理严格的资源总量管理和全面节约制度，着力解决资源使用浪费严重、利用效率不高等问题；按照节水优先、空间均衡、系统治理、两手发力的方针，健全用水总量控制制度，保障供水安全；完善基本农田保护制度，划定永久基本农田红线，按照面积不减少、质量不下降、用途不改变的要求，将基本农田落地到户、上图入库，实行严格保护；建立健全矿产资源集约开发机制，提高矿区企业集中度，鼓励规模化开发。

二是建立健全绿色低碳循环发展的经济体系，培育更多绿色产业市场主体和新增长点。云南省将牢固树立"生态立省、绿色发展"的理念，积极探索实践具有云南特色的绿色产业发展路径，实现经济跨越式发展与生态文明建设的双赢。在产业部署方面，第一产业将深化农业供给侧结构性改革，推进高原特色农业现代化，大力发展生态农业，提高农产品质量和效益，推进农产品绿色营销，着力打造云南高原特色农产品的"金字招牌"。第二产业要坚定不移走新型工业化道路，转变经济发展方式，发展集约、特色和多元工业经济，坚持实施以信息化带动工业化、以工业化促进信息化的发展道路，保证工业发展沿着科技含量高、经济效益好、资源消耗低、环境污染少、人力资源优势得

① 张纪华：《争当生态文明建设排头兵 擦亮"绿色云南"名片》，《环境保护》2017 年第 22 期；陈豪：《争当全国生态文明建设排头兵》，《云岭先锋》2015 年第 4 期。
② 中共云南省委党校中国特色社会主义理论体系研究中心：《推进生态文明建设、加快建设美丽云南》，《云南日报》2018 年 3 月 20 日。

到充分发挥的发展思路顺利进行。第三产业要积极探索现代服务业发展新模式，加强自然环境保护、基础设施建设，提高旅游服务质量，并通过挖掘历史文化资源突出地方旅游特色，优化游客旅游体验，重塑云南旅游业的良好形象，同时，加大对绿色科技创新的支持力度，对具有前沿性、应用性、创新性的绿色科技给予政策倾斜和资金帮助，将目前分头设立的环保、节能、节水、循环、低碳、再生、有机等产品统一整合为绿色产品，建立统一的绿色产品标准、认证、标志等体系，进一步完善绿色财政、税收政策，大力推行建立绿色信贷、绿色发展基金、绿色担保机制等绿色金融体系，为绿色发展提供政策支撑。

三是发展壮大循环经济，促进生产、流通、消费过程的减量化、再利用、资源化，提高全社会资源产出率。云南省将积极鼓励与支持社会组织和民间团体参与促进循环经济发展的各项活动，使全民能够理解、支持和自觉参与节约资源、爱护资源、合理利用资源和循环经济事业的发展，从而使循环经济步入良性发展的轨道；加快研究制定与国家促进循环经济发展、固体废弃物回收处理和再资源化、废旧家电和电子产品回收处理和再资源化、推进清洁生产、城市生活废弃物分类处理和再资源化等法律法规相配套的地方法；充分发挥税收、金融、财政等经济政策对循环经济的导向、推动作用；突出抓好省级工业园区循环化改造，逐步实现园区土地集约利用、能源梯级利用、废物交换利用、废水循环利用；探索建立促进资源高效利用考核指标体系，推进传统产业转型升级，积极开展工业产品生态（绿色）设计示范企业创建工作，总结推广示范企业推进模式和成功经验，引导工业走绿色低碳循环发展道路。

基于笔者所提出的对我国生态文明建设两大类型的大致性区分，不难理解，云南省及其所辖的普洱等地市属于第一种类型，即绿色发展模式（另一种是生态现代化模式）。笔者一行于 2018 年应《人民论坛》杂志社邀约对普洱市澜沧、西盟和孟连等县进行了实地考察，大大丰富与深化了对我国生态文明建设地方实践的绿色发展模式的理解①。

普洱市地处云南西南部，辖 9 县 1 区，土地面积为 4.5 万平方千米，是云南省面积最大的州市，总人口 262.7 万，有着十分优厚的自然生态气候条件（如森林覆盖率高达68.7%，并拥有 16 个县级以上自然保护区）、生物（水电）资源禀赋（如分布着全国1/3 的生物物种，拥有 1500 万千瓦的水能蕴藏量）、民族文化多样性（如少数民族占总人口的 61%）和区域地理区位（如有着长达 486 千米的国境线和两个国家级一类口岸），被设立为全国唯一的"国家绿色经济试验示范区"。2017 年，全市实现地区生产总值624.59 亿元，地方公共财政预算收入 53.22 亿元（支出 271.78 亿元），城乡居民

---

① 郇庆治：《生态文明建设的绿色发展模式：以云南省普洱市为例》，载《普洱国家绿色经济试验示范区白皮书》，北京：《人民论坛》杂志社，2018 年，第 96—99 页。

人均可支配收入分别为 26 853 元和 9484 元，三大产业比例为 25.59 : 35.68 : 38.73。可以看出，一方面，普洱市有着令人羡慕的生态环境条件和居民生活环境质量，冬无严寒、夏无酷暑，连中心城区也有着每立方厘米空气高达 8000—10 000 个的负氧离子含量，高出世界卫生组织规定的"清新空气"标准 12 倍之多，被称为最适宜人类居住、最适宜动植物生长、最适宜人与自然和谐发展的地区，至于澜沧、西盟和孟连三县的县城（尤其是西盟新县城），就只能用"窗明几净"来形容。但另一方面，必须承认，按照现代经济的衡量测算方式，普洱市的经济实力仍是相对有限的，年人均地区生产总值 23 776 元，而澜沧县则是云南省 27 个深度贫困县之一，贫困人口分别占县总人口的 24.1% 和全市贫困人口的 1/3，因而面临着十分艰巨的脱贫攻坚任务。也正是在上述意义上，普洱市及云南省的生态文明建设确有自身的明显特殊性。

普洱市绿色发展的经验性做法可以概括为如下三个方面[①]：一是将绿色发展理念与战略贯穿于区域经济社会发展的各个方面与全过程。这突出表现在普洱市将自然生态价值的实现或转换理念引入了区域经济生产价值的核算，如经过中国科学院课题组测算，2016 年该市全年森林生态服务功能价值约为 2850 亿元，生态系统生产总值约为 7430 亿元，是当年地区生产总值的 13 倍。这两组数据表明，传统意义上以工业制造为核心的地区生产总值统计与核算体系正在得到突破，而这对于绿色经济发展和生态文明建设具有前提性、重要性。其中特别值得关注的有两点：水电开发和生态扶贫。对于前者，笔者参观考察了位于云南省澜沧江中下游河段"二库八级"水电开发方案中处在第五梯级的糯扎渡水电站。水库设计总容量 237.03 亿立方米，电站装机容量 5850 兆瓦，年发电量 239.12 亿千瓦时。需要特别指出的是，它从 2004 年 1 月开始施工准备，2014 年 6 月全部 9 台机组投产发电，历时十年之久，是澜沧江流域单体投资额最大的水电工程和基建工程项目（除了最近正在建设过程中的高速公路工程），直接促进了澜沧县 8 个乡镇 28 个村庄的摆脱贫困与经济发展，同时，这座只有不足 300 名员工的水电站也是迄今为止普洱市境域内最大的工业生产企业，贡献着 1/4 以上的地区生产总值。同样重要的是，水电是作为一种绿色能源、水电开发是作为绿色经济的一部分来理解与统计的。对于后者，笔者参观了西盟佤族自治县的三江并流农业科技股份有限公司的班母村养殖小区和中蜂养殖项目，政府大力扶持这些企业发展的重要考量，除了充分开发利用当地丰富的草地资源（人均 8.8 亩）和蜜源植物资源，就是把农业结构优化调整与脱贫攻坚战略有机结合起来。因为，在这些产业的发展过程中，贫困农民可以通过"龙头企业+平台+合作社+贫困户"的模式，参与到一种产业与经济脱贫的健康性链条之中。对

---

① 这里所使用的相关数据主要来自调研期间（2018 年 9 月 12—15 日）由普洱市绿色经济办公室及澜沧、西盟和孟连三县政府所提供的背景材料。

此，在此挂职的县委副书记（兼任县驻村扶贫工作队总队长）还就这样一种新农村产业发展链条模式的持久脱贫意义向笔者一行做了阐释（13 个云岭牛养殖小区全部建成后可以让 1.2 万名贫困人口人均增收 2850 元）。

二是利用十分丰富的地域生物（生态）多样性资源，大力发展特色农林畜牧产业（品）。这方面最突出的当然是以古茶林、生态有机茶和高品质大众茶为代表的普洱茶产业发展。作为茶树原产地中心地带和普洱茶的故乡，普洱市（尤其是澜沧县）境内有野生茶树 11.8 万亩，有最古老的树龄达 1700 多年的过渡型大茶树——邦崴千年古茶树，有全世界迄今发现种植年代最久远、连片面积最大、保存最完好的人工栽培型古茶林——景迈山千年万亩古茶林。笔者一行在雨中参观考察了位于惠民镇东南部的景迈山千年古茶林，以及正在建设中的景迈山茶文化遗产景区和附近的翁基古寨。概括地说，古老的茶树与茶产业赋予了普洱的茶种植、生产加工与销售以浓郁的文化气息与品味，而文化意涵又大大提升了茶产业的经济价值。当然，同样基于丰富的生态生物多样性资源的其他农林畜牧产品（业）也在迅速兴起与成长，如西盟的蜜蜂养殖加工业与牛养殖加工业、孟连的牛油果产业与蔗糖综合加工业等。

三是利用极其丰富的地域生态文化资源，大力发展生态文化旅游业。这方面除了地方特色性的澜沧县的酒井老达保（拉祜族古村寨和国家非物质文化遗产传承保护基地）和翁基古寨（布朗族古村寨）、西盟佤族自治县的博航村佤族古寨和勐梭龙潭风景区、孟连县的龙血树自然保护区等生态人文景观，最具有代表性的则是景迈山世界文化遗产的打造与申报。按照目前规划，普洱景迈山古茶林将是一个达 177 平方千米的文化遗产风景区，其中包括遗产区 72 平方千米、缓冲区 105 平方千米，申报要素为三片人地关系最显著、分布最集中、保存最好的古茶林约 1.84 万亩和 9 个传统村落。至少从笔者的实地观察来看，尽管更大范围内和更宽阔视野的筹划更有助于景迈山申遗的成功，但这的确反映了普洱市上下努力打造一个世界级旅游景区的决心（普洱市境内设有两个支线机场就是明证），从而带动全市生态文化旅游业乃至整个产业结构的升级转型。

可以说，上述三方面突出体现了普洱市以绿色发展引领区域生态文明建设的模式或进路特点，如更多考虑脱贫攻坚战政策目标的实现和更自觉开发利用境域内丰富的生态生物与民族文化资源。甚至在某种程度上说，包括普洱市在内的云南省各地更接近于一种文化建设引领的区域生态文明建设模式或进路[1]。当然，这些县区的生态文明建设鲜

① 张修玉：《云南少数民族生态文明建设路径》，载周琼：《屏障与安全：生态文明建设的区域实践与体系构建》，北京：科学出版社，2018 年，第 196—198 页；尹绍亭：《生态文明论：文化人类学的视角》，载周琼：《探索与争鸣：建设美丽中国的西南实践》，北京：科学出版社，2018 年，第 3—13 页；刘豪：《生态文明建设对云南民族文化的作用研究初探》，《昆明学院学报》2016 年第 1 期；廖小明、冯颜利：《生态文明视阈下的云南生态文化建设》，《中共云南省委党校学报》2013 年第 1 期。

活实践也提出或彰显了一系列需要进一步观察与思考的问题：如绿色经济、生态脱贫与水电开发之间复杂的理论和实践关系（简单拒绝水电开发自然是无济于事的，但如何使之更好地服务于当地绿色经济发展却是值得深入研究的），生态社会与文化资源开发中面临的相对于生态农林业、生态旅游业和生态商业的显而易见的困难（需要从源头上防止新形式的"文化搭台、经济唱戏"），驻地扶贫干部先进事迹所进一步凸显的如何发挥绿色企业家和生态文明建设大众主体的作用及其培育机制，等等。

第四节　环境政治学视野下的分析与思考

作为我国生态文明建设区域实践的一个典型案例，云南省的做法或经验可以从不同的层面与视角加以概括归纳。而从环境政治学的视野来看，笔者认为，最值得关注或强调的有如下三点。

其一，学习贯彻与努力践行习近平生态文明思想的整体指导引领作用。无论从云南省生态文明建设省域战略的渐进形成还是从它的阶段性推进来说，习近平生态文明思想都发挥了重要而直接的指导性作用。从习近平总书记 2008 年首次视察云南时所提出的云南要争当"生态文明建设排头兵"的殷切希望到 2015 年再次视察云南时所提出的更明确、更严格的要求，既是云南省"争当全国生态文明建设排头兵"省域推进战略的核心理念与根本遵循，也是习近平生态文明思想的重要内容体现[1]。

从理论层面上说，习近平总书记的系列重要讲话清楚地表明，像云南这样的传统视野下的西南部边疆民族欠发达地区，依然可以成为我国生态文明建设的排头兵、先行者与引领者。这既是由于云南省所拥有的得天独厚的生态环境资源在全国大力推进生态文明建设的社会主义现代化发展新时代有着更为突出的重要性——尤其是区域、全国乃至全球意义上的生态安全屏障与生态生物多样性保障的重要性，也是由于我国社会主义现代化发展的阶段性跃迁与新时代改革开放的大背景为像云南这样的省份提供了前所未有的绿色发展历史机遇。也就是说，只要从大力推进生态文明建设与生态文明体制改革、努力建设美丽中国的时代大势出发，像云南这样的省份就会发现自己独特的发展条件、发展机遇和发展优势，甚至原来意义上的发展劣势或障碍都会转化成为先天优势或正能量。例如，原来作为经济实力重要衡量指标的传统工业尤其是矿产业、制造业和化工业

---

[1] 张纪华：《学习贯彻党的十九大精神、为建设美丽云南砥砺前行》，《西南林业大学学报》（社会科学版）2018 年第 1 期。

的确是云南省的薄弱环节，但在经济结构绿色转型的背景下就有可能呈现为一种先天优势或"发展资源"；又如，长期以来自我界定为西南边陲的地理区位在国家新一轮改革开放和积极推进"一带一路"倡议的大背景下则会成为一种明显的经济开放发展前沿的地缘优势。

因而，云南省生态文明建设的切实成效包括"争当全国生态文明建设排头兵"省域战略的阶段性推进的一个重要前提，就是不断深入学习贯彻习近平生态文明思想①。当然，其关键性方面并不是习近平总书记系列讲话中的个别词句表述，而是这些讲话的精神实质，并及时转化为云南省上下的战略推进举措和实践行动。例如，其中有两个核心性问题需要解决：一是如何从十八大报告所要求的"五位一体"的意义上全面推进云南省的生态文明建设，因为单纯从东部省份生态环境质量改善或保持目标的意义上来要求云南省既没有可比性也意义不大，主要问题是如何做到必要的区域经济社会现代化发展不会对当地、区域和全国的生态环境安全与质量产生重大影响（尤其是不可逆性影响）。二是云南及西南地区的生态文明建设是否可以在未来目标创新、制度架构创新、体制机制创新等方面进行更为大胆主动的探索，提供更为根本意义上的我国社会主义现代化发展乃至人类现代文明发展的地方（全球）经验，因为当代社会对于可持续发展或生态文明建设的认知与经验毕竟仍是非常有限的。可以说，过去近十年里，云南省"争当全国生态文明建设排头兵"省域战略的丰富完善与阶段性推进正是不断深入学习与努力践行习近平生态文明思想的结果。

其二，地方党委与政府明显的推进主体作用。总的来说，历届云南省委、省政府及各级地方党委与政府都十分重视生态文明建设，而且明显地呈现出一种力度与广度渐次提升的阶段性变化。甚至可以说，地方党委与政府及其主要负责人是各自地区生态文明建设推进的主要责任主体。

在党的十七大、十八大、十九大之后和习近平总书记视察云南之后，以及历届省党代会之后等一系列重要时间节点，云南省委、省政府及其主要负责同志都会对云南省"争当全国生态文明建设排头兵"的省域战略做出明确政治表态，而对于其中带有全局性影响的重要战略举措也都是亲力亲为、重点督办。例如，昆明滇池、大理洱海的水污染和环境治理，就主要是通过云南省委、省政府和昆明市、大理白族自治州党委与政府的强力行政举措来推动的。2017年初，云南省全面推行河长制，以加强长江、珠江等六大水系和滇池、洱海等九大高原湖泊的保护治理。省委书记陈豪出任全省总河长和抚仙湖河长，省长阮成发担任全省副总河长和洱海河长。2017年4月21—22日，陈豪书

---

① 王传发：《建设中国最美丽省份、展现新时代云南新担当新作为》，《云南日报》2018年7月26日；瞿姝宁，杨猛：《坚决贯彻落实习近平生态文明思想 切实担负起生态环境保护政治责任》，《云南日报》2018年9月9日。

记就以全省总河长和抚仙湖河长身份，带头履行河长责任制，率领调研组深入澄江、江川等地，实地调研"三湖"保护治理。他强调，要深化思想认识，夯实责任担当，全面贯彻落实中央对河长制的工作部署，深入推进以高原湖泊为重点的水环境综合治理，不断增加良好生态带给百姓幸福生活的获得感；党政领导要亲力亲为，强化河长制责任落实，千方百计守住保持抚仙湖Ⅰ类水质这条红线，决不让一湖清水在我们这代人手里失去；要找准问题，保护优先，统筹实施好生态移民和"一城五镇多村"规划建设，确保一级保护区内企事业单位按时全部退出，要严格控源，完善截污管网建设，确保污染处理达标排放，要强化湖泊周边生态修复，协调山水林田湖居，实现人与自然和谐相处。与此同时，从2017年4月到2018年11月，云南省委副书记、省长阮成发先后四次来到大理白族自治州督导洱海保护治理工作，并召开现场办公会，对于强力推进洱海的水环境治理与周边生态环境保护恢复提出明确的指导性意见与要求。可以说，正是由于各级河长的亲力亲为和强力推动，滇池流域在自2008年实行"河（段）长责任制"以来河道生态环境和水质得到明显改善。如今，36条出入滇池河道及滇池周围工业、农业、生活污水源基本实现截污导流，主要入湖污染物浓度明显减轻，河道生态景观显著改善。同样，2017年大理开始实施洱海抢救行动，打响了"七大行动"攻坚战，强力整治流域违章建房和客栈餐饮违规经营，对核心区违法违章建筑坚决依法拆除，对违法排污的一律关停，并已初步取得了洱海重现碧波荡漾的整治效果。

在市委、市政府的不懈努力和云南省委、省政府的大力支持下，普洱市在2014年3月获批全国唯一的"绿色经济试验示范区"，旨在探索我国边疆民族欠发达地区立足自身优势转变经济发展方式、实现跨越式发展的路径和经验，同时也致力于为生态优良地区的生态文明建设引领方向，为边疆民族地区脱贫致富、守土固边、和谐发展提供样板，为我国在大湄公河次区域树立良好形象。过去几年来，普洱市委、市政府将习近平生态文明思想作为推进国家绿色经济试验示范区建设的根本遵循，将绿色经济与乡村振兴战略的深度融合作为打赢脱贫攻坚战的强大保障，将推动发展绿色经济作为建设我国边疆民族欠发达地区对外开放高地的核心内容，完善"生态立市、绿色发展"区域战略，全面领导深化组织建设，构建绿色发展制度体系，强化基础设施保障，强力促动绿色低碳循环产业发展，绿色发展与生态脱贫协同推进，取得了引人注目的成绩（2018年9月这一试验示范区项目顺利通过了国家发改委组织的考评验收）[①]。而在2018年9月18日举行的"生态文明与人类命运共同体"国际研讨会上，普洱市以绿色发展为主题的生态文明建设区域战略，也得到了与会专家的高度认可与积极评价[②]。需要指出的

---

① 人民论坛杂志社：《普洱国家绿色经济试验示范区白皮书》，2018年，第4—49页。
② 《特别策划：生态文明与人类命运共同体专辑》，《人民论坛》2018年10月（下）。

是，无论是"绿色经济试验示范区"项目还是"生态文明与人类命运共同体"国际研讨会的组织实施，包括市委书记在内的普洱市党政主要领导都是运筹帷幄。而在党政一把手的高度重视之下，各级地方政府的主管部门领导及其具体工作人员也是责任明晰、层层落实。

其三，国家重大战略部署的贯彻落实成为区域生态文明建设推进的重要制度平台。贯彻落实党和国家关于生态文明建设的重大战略部署成为云南省大力推进省域生态文明建设的重要制度平台或"政策抓手"。

2016 年 11 月，中共中央办公厅、国务院办公厅印发了《关于全面推行河长制的意见》并要求各地结合实际贯彻执行。云南省委办公厅、云南省人民政府办公厅在 2017 年 4 月印发了《云南省全面推行河长制的实施意见》。云南省河长制领导小组在 2017 年 8 月印发了《云南省全面推行河长制行动计划（2017~2020 年）》。该行动计划包括总体要求、主要目标、行动计划、保障措施四个部分，对全省河长制工作明确了目标、时间节点和具体措施。该行动计划提出了全面建立河长制、有效保护水资源、确权划定水域岸线、强化防治水污染、大力治理水环境、加快水生态修复、全面执法监管等七个方面的主要目标，并明确了相应的主要指标；还按照《云南省全面推行河长制的实施意见》的主要任务要求，提出了六大行动计划：一是水资源保护行动计划；二是河湖水域岸线管理保护行动计划；三是水污染防治行动计划；四是水环境治理行动计划；五是水生态修复行动计划；六是加强执法监管行动计划。此外，该行动计划还提出了六项保障措施：一是落实机构，加强组织领导，建立河长制领导小组和河长制办公室，落实各级总河长及河长；二是夯实职责，强化制度保障，落实各级河长职责，强化河长会议职责，推进成员单位分工负责，增强河长制办公室职责，建立健全工作制度；三是加强基础，构建技术支撑，建立分级管理名录，推进"一河一策""一河一档"工作，建立监测与信息支撑体系；四是积极筹措，确保资金投入，保障河湖管理保护项目经费，拓宽河湖管理保护资金筹措渠道，落实各级河长制办公室经费；五要落实督察，强化考核激励，落实三级督查，推进责任考核，推行激励问责；六是加强宣传，强化社会监督，加强宣传教育，公示河长职责，推进公众参与，落实社会监督。在此基础上，2017 年 5 月 10 日，云南省召开全面推进河长制动员大会。11 月 28 日，省委书记陈豪签发了第 1 号总河长令，要求全省进一步加快河（湖）长制工作。12 月 22 日，省河长制领导小组暨省总河长会议召开，对云南省全面推行河（湖）长制工作进行了再动员再部署，要求要提高思想认识，进一步增强河湖管理保护工作的紧迫感、责任感和使命感；要求压实责任，用河长制、湖长制推进"河长治""湖长清"；要求深化改革，建立健全管控有力的河湖管理体制，要求加强协调配合，形成河湖管理保护合力；要求明确重点任务，着力解决突出问题，要求强化监督检查，严格责任追究。12 月 26 日，云南省全面推行河（湖）长制新闻发布会在昆明举行，强调云南省按照"四个到位"的要求，已经全面完成了推行河（湖）长制的各项工作。

云南省的国家公园体制建设虽然有着一定的自主探索与创新性质，1996 年开始率先在全国开展了国家公园这一新型自然保护地模式的研究、探索和实践，2006 年省政府正式做出了建设国家公园的战略部署并将"探索建立国家公园新型生态保护模式"列为全省生态建设的工作重点之一，2007 年 6 月香格里拉普达措国家公园正式挂牌成立，随后就汇入了党和国家大力推进生态文明建设框架下的国家公园体制改革试点进程。2008 年 6 月，国家林业局（现为国家林业和草原局）批准云南省为国家公园建设试点省，以具备条件的自然保护区为依托开展国家公园建设工作，探索具有中国特色的国家公园建设和发展思路；2015 年 1 月，国家发改委等 13 个部委联合确定了在包括云南在内的 9 个省份开展国家公园体制试点工作，云南国家公园建设试点进入国家层面体制试点；2017 年 9 月，中共中央办公厅、国务院办公厅印发《建立国家公园体制总体方案》，系统阐明了构建我国国家公园体制的目标、定位与内涵，明确了推动体制机制变革的路径，加强了国家公园体制的顶层设计，依据这一方案，云南普达措国家公园被列为十家体制试点单位之一。

综上所述，云南省生态文明建设的区域推进实践在相当程度上呈现为一个思想引领、党政主推和制度创新的立体性整体性过程。就此而言，云南省生态文明建设是全面（学习）践行习近平生态文明思想与贯彻落实党的十八大、十九大报告所做出的"大力推进生态文明建设、努力建设美丽中国"系列重要战略部署的典型性省域案例[①]。当然，过去近十年特别是最近五年多的区域性实践也暴露或凸显出许多并非仅限于云南一地的生态文明建设体制机制上仍有待于解决的问题或挑战。例如，对于各种制度创新努力的最根本性检验是地方经济的绿色生态转型（发展）和生态环境质量的可持续改善（保障），而要取得后者意义上的切实进展显然还需要一种久久为功的耐心与定力，这对于云南来说也不例外[②]。又如，如何在生态文明及其建设推进过程中充分发挥地方自主性和公众参与积极性，也是一个必须给予更多关注的问题，而这对于像云南这样的边疆民族欠发达地区来说其重要性是不言而喻的。尤其是，除了需要进一步挖掘民族、社

[①] 郇庆治：《充分发挥党和政府引领作用、大力推进生态文明建设》，《绿色中国》2018 年第 9 期；云南环保宣教中心：《建设美丽云南、共享生态文明》，《云南日报》2018 年 12 月 5 日。

[②] 2018 年 10 月 22 日，中央第六环境保护督察组向云南省反馈"回头看"及专项督察情况时认为，云南省将督察整改作为重要政治任务，取得积极进展和成效，但仍然存在思想认识不到位、整改责任不落实等问题；云南省在九大高原湖泊保护治理方面虽然做了许多工作，也取得积极进展，但环湖过度开发、农业面源污染等问题依然比较严重，https://news.china.com/domesticgd/10000159/20181022/34229625.html（2018-10-22）。

会、文化与历史元素在生态文明社会重构中的基础性支撑作用，也要更多考虑与尊重基层政府和人民群众的首创精神与民主选择权。实际上，无论是生态（精准）脱贫还是绿色发展，甚至包括对未来生态文明社会的愿景理想，最终都将是当地人民群众的自觉选择与创造，我们目前在脱贫攻坚阶段也许行之有效的一些政策手段未必适用于下一阶段的生态文明建设推进。就此而言，对于我国西部地区的生态文明建设目标及其进路特点的进一步研究是十分必要的[1]。

---

[1] 中国生态文明研究与促进会、中国西部生态文明发展报告编委会：《中国西部生态文明发展报告（2017）》，北京：中国环境出版社，2018年，第188—207页。

第五章　云南产业的绿色化转型升级

自从党的十一届三中全会做出实行改革开放的历史性决策以来，我国经济社会发展实现了历史性跨越，然而以牺牲资源环境为代价换取经济高速增长的发展模式，引发和积累了大量的生态问题，成为我国经济社会可持续发展的一大掣肘。2017 年 10 月，十九大报告将"生态文明"列为社会主义现代化新征程的重要组成部分，要求加快生态文明体制改革，建设美丽中国，这开启了生态文明建设的新篇章。

生态文明体制是指国家为推进生态文明建设建立的一系列规则体系，包括生态文明建设的相关制度、组织架构及其运行机制。习近平总书记强调："我们要坚持人与自然和谐共生，牢固树立和切实践行绿水青山就是金山银山的理念，动员全社会力量推进生态文明建设，共建美丽中国，让人民群众在绿水青山中共享自然之美、生命之美、生活之美，走出一条生产发展、生活富裕、生态良好的文明发展道路。"[①]

2015 年，习近平总书记到云南调研时对云南提出了"生态文明建设排头兵"的发展定位，云南省贯彻习近平总书记关于生态文明建设和林业改革发展的重大战略思想，生态文明建设稳步推进。转变传统的产业发展模式，走产业生态化发展道路是人类可持续发展的一般要求。近年来，云南生态文明建设在全国走在前列，2009 年颁布的《七彩云南生态文明建设规划纲要（2009—2020 年）》是全国第一个生态文明建设的规划纲要，建设"森林云南"计划也相继实施。2011 年《云南省环境保护"十二五"规划》颁布，2015 年《中共云南省委 云南省人民政府关于努力成为生态文明建设排头兵的实施意见》印发，2016 年《中共云南省委 云南省人民政府关于贯彻落实生态文明体

---

① 刘剑虹，尹怀斌：《把握人与自然和谐共生的丰富内涵》，《经济日报》2018 年 5 月 17 日。

制改革总体方案的实施意见》《云南省生态文明建设排头兵规划（2016—2020 年）》出台，2017 年《云南省"十三五"节能减排综合工作方案》《云南省人民政府办公厅关于贯彻落实湿地保护修复制度方案的实施意见》颁布，一系列的政策文件逐步推动着云南生态文明的发展。2018 年 1 月，云南省委、省政府又提出打好绿色食品、绿色能源和健康生活目的地这"三张牌"，努力把云南的生态资源优势转化为绿色发展优势。"三张牌"围绕习总书记提出的建设全国生态文明排头兵的目标，基本途径是生态发展，重要支撑是信息化，着力点为节约资源和绿色低碳，从绿色制造、绿色生产、绿色服务三个方面推动云南省特色绿色产业体系的构建。

开展产业绿色化改造，充分发挥云南比较优势。云南素有"植物王国""动物王国""有色金属王国""水电资源开发基地""竹林故乡""药林宝库""香料博物馆""菌类大世界"等美誉。此外，云南的光能、热能、风能、地热的利用前景都十分可观。云南的生态功能价值很高，丰富多样的生态资源、独具特色的生态区位和价值巨大的生态功能是云南最突出的比较优势。加快云南的产业绿色化改造步伐，才能真正保护好云南的生态环境，发挥好云南的生态优势，有效地增加云南生态产品的有效供给，通过比较优势的发挥实现云南经济社会的科学发展、和谐发展和跨越发展。由于云南有丰富多彩的生态资源和独具特色的生态区位，开展产业绿色化改造能使云南形成后发优势，实现可持续和跨越式发展[①]。

第一节　产业绿色化转型升级的必要性与紧迫性

云南的产业发展到一定阶段后，遭遇了资源短缺、环境污染、生态破坏等问题并承担着这些问题引发的后果，针对这些问题的反思，伴随长久以来人类对自身和自然关系的不断思考，进行产业转型升级，发展绿色经济势在必行。而云南产业要进行绿色化转型升级，首先要明确绿色化的内涵[②]。

一、绿色化的内涵

绿色产业即积极采用清洁的生产技术，利用无害或者低害的新工艺、新技术，大量

---

① 施本植、许树华：《产业生态化改造及转型：云南走向绿色发展的思考》，《云南社会科学》2015 年第 1 期。
② 裴庆冰、谷立静、白泉：《绿色发展背景下绿色产业内涵探析》，《环境保护》2018 年第 1 期。

减少原材料和能源消耗，从而实现少投入、高产出、低污染，尽量地把环境污染物的排放消除。绿色经济是一种以资源节约型和环境友好型为主要内容，资源消耗低、环境污染少、产品附加值高、生产方式集约的经济形态，有利于转变高能耗、高物耗、高污染、高排放的粗放发展模式，有利于推动经济集约式发展和可持续增长。

产业绿色化改造是指在自然生态系统的承载能力范围内，对特定空间内的产业系统、自然系统和社会系统进行耦合优化，实现环境友好、社会和谐、经济可持续发展的过程。产业绿色化改造已经成为我国科学发展最迫切的任务之一。根据云南当前的产业结构和生态文明的发展目标，绿色化产业发展至少应当包括以下三个方面：①传统工业、农业的绿色化改造和发展。②新兴产业发展中生物医药和大健康产业、旅游文化产业、信息产业、物流产业、高原特色现代农业产业、新材料产业、先进装备制造业、食品与消费品制造业等产业绿色化标准制定和构筑绿色竞争力。③节能环保相关产业发展。

二、云南产业绿色化转型升级的必要性和紧迫性

云南在国家和地区生态安全格局中地位独特，处在六大国际国内河流的上流或源头。云南生态状况总体较好，生物多样性丰富，生态服务功能突出；与此同时，云南经济发展相对落后，产业结构单一、产业层次低下、资源型产业占比高、生产工艺老化、生产条件落后，高消耗、高排放、低效益、资源压力和环境压力大，云南可持续发展严重受制于此。

云南传统产业能源消耗高、环境污染严重，生物产业绿色化标准不统一，绿色产业规模效应不明显，新兴产业绿色竞争力不强，节能环保产业发展水平不高。传统工业环境污染突出，传统农业有严重的白色污染，传统产业绿色化、清洁化改造水平不高。对生物产业绿色化标准和其他新兴产业构筑绿色竞争力不够重视。

云南在生物医药和大健康产业、旅游文化产业、信息产业、物流产业、高原特色现代农业产业、新材料产业、先进装备制造业、食品与消费品制造业等新兴产业上，同样难以达到绿色化标准。节能环保产业的创新性不强，技术水平和产量较低。随着云南经济发展环境的改变，工业经济增速逐渐下降，节能减排和生态环境保护的任务日渐艰巨，重工业依靠资源、轻工业依赖烟草的发展模式面临着严峻的挑战，发展方式过于粗放依旧是工业发展的很大制约。

加快推进云南产业绿色化转型升级，是有利于当前稳增长及为长远打基础的重要抓手，是推动工业持续健康发展、建设工业强省的重大举措，是推动云南实现科学发展、

和谐发展、跨越发展的必然选择。产业生态化改造与转型不仅是生态文明建设的需要，也是经济持续发展的需要。加快云南产业生态化改造步伐，有利于推动云南经济社会的科学发展、和谐发展和跨越发展。只有进一步更新发展理念，转变发展方式，优化产业体系，完善体制机制及政策，才能发挥云南的后发优势，迈向绿色发展的坦途。

第二节　云南省委、省政府对产业绿色化转型升级的战略部署

云南省委、省政府积极响应建设"生态文明排头兵"的号召，结合本省的特点，做出了一系列举措，《中共云南省委　云南省人民政府关于加快工业转型升级的意见》中关于产业绿色化转型升级的意见总结如下。

一、推动产业绿色发展的整体规划

（一）高位推动，压实责任

云南省委、省政府印发实施了《各级党委、政府及有关部门环境保护工作责任规定（试行）》，出台《云南省县域生态环境质量监测评价与考核办法》，省委、省政府主要领导起带头作用，全省上下积极配合党中央对云南省开展的环境保护督察，各州市坚持边查边改、立行立改，中央环境保护督察组交办的 31 批 1234 件投诉举报全部按时办结，查处了一批环境违法违规企业，行政责任追究及纪律处分 323 人。云南省委、省政府印发实施《云南省贯彻落实中央环境保护督察反馈意见问题整改总体方案》，建立中央环境保护督察反馈意见问题整改落实工作联席会议制度，全省积极行动，对照总体方案及方案中的措施清单认真整改落实。建立省级环境保护督察机制，成立了省长为组长的督察工作领导小组，印发实施督察实施方案，启动省级环境保护督察，省级环境保护督察于 2017 年实现对 16 州市党委、政府的全覆盖。

（二）深化改革，保护优先

云南省委、省政府将生态文明体制改革单列出来，成立了生态文明体制改革专项小组，制定出台了《云南省全面深化生态文明体制改革总体实施方案》，细化改革重点，实行时间、任务倒逼，督促改革项目落实。将改革任务科学划分为 8 类制度 126 项改革

事项，实施分类指导、分类推动。先后出台了《云南省党政领导干部生态环境损害责任追究实施细则（试行）》《开展领导干部自然资源资产离任审计试点实施方案》等一批改革方案。

云南全省上下联动，全面加强生物多样性保护，成立了生物多样性研究院，建立了生物多样性保护基金，持续实施《云南省生物多样性保护战略与行动计划（2012—2030年）》；率先在全国发布省级生物物种名录和红色名录，编写了《云南大百科全书》（生态编）。加强各类保护地建设，强化生态环境监管，建成中国西南野生生物种质资源库，率先在全国全面开展野生动物公众责任保险，组织实施了一大批珍稀、濒危、特有物种的拯救、保护、恢复，实现了就地保护、迁地保护和种质资源保护等立体保护。编制实施《云南省实施国家生物多样性保护重大工程方案设计（2016—2020年）》，颁布《云南省生物多样性保护条例》，划定生态保护红线。开展涉及国家级自然保护区开发建设项目实地核查，对全省自然保护区内开发建设活动进行实地督查，初步建立自然保护区监测预警平台，监管手段得到加强。完善《云南省生态功能区转移支付办法》，对云南具有突出优势的生物多样性、高原湖泊、湿地等方面加大支持权重。

（三）绿色发展，改善质量

云南突出生态优势，调整产业结构，优化提升传统产业，大力培育新兴产业，加快发展节能环保和新能源等绿色产业，已成为全国外送清洁能源的第二大省份。云药、云茶、云花等生物产业，多姿多彩、环境优美、气候宜人的生态旅游，水电、风电、太阳能等清洁能源已经成为云南亮丽的名片。同时，加强环境保护国际交流合作，主动服务和融入国家"一带一路"建设，参与东盟、南盟、大湄公河次区域等区域环保交流与合作，深入推进中老、中缅、中越的环境保护合作交流，组织实施一批大湄公河次区域环境合作云南项目。

认真落实国家大气、水、土壤污染防治行动计划等，编制实施了相关工作方案，污染治理制度规定相继出台。云南省人民政府成立了污染防治工作领导小组，下设大气污染防治、水污染防治、土壤污染防治三个专项小组，统筹协调推进大气、水和土壤污染防治，印发实施《云南省蓝天保卫专项行动计划（2017—2020年）》《云南省碧水青山专项行动计划（2017—2020年）》《云南省净土安居专项行动计划（2017—2020年）》。持续加强以滇池、洱海、抚仙湖为重点的九大高原湖泊水污染治理，坚持一湖一策、分类施策。开启抢救模式保护治理洱海，全力实施洱海保护治理"七大行动"，九大高原湖泊水质持续改善，2016年滇池、杞麓湖水质由劣Ⅴ类改善为Ⅴ类。

（四）严格监管，示范引领

积极推进地方环境立法，启动《云南省环境保护条例》修订工作，《云南省自然保护区管理条例》《云南省国家公园管理条例》《云南省风景名胜区条例》《云南省湿地保护条例》等相继修订或制定。云南省人民政府出台《云南省人民政府办公厅关于加强环境监管执法的实施意见》，省环境保护厅与省公安厅建立环境保护联动执法机制，与省高级人民法院、省人民检察院、省公安厅加强协作配合，形成防范和打击环境违法犯罪的工作合力。实施全省环境监管网格化管理，共划分为省、州市、县市区三级主体网格 260 个，单元网格 835 个，挂牌督办了一大批环境违法问题，切实解决了一批突出的环境问题，为维护群众环境权益提供了有力保障。同时，加快推进生态环境监测网络建设，完善全省环境空气、地表水、土壤环境质量监测网络，积极培育第三方社会监测机构，基本形成国控、省控、市控三级为主的环境监测网。大力推进全省环境空气质量监测预报预警，会同气象部门在云南广播电视台天气预报节目、中国天气网云南站发布 16 个州市政府所在城市未来 24 小时、48 小时环境空气质量预报，加强监测信息公开，保障公众的环境知情权。

将开展生态文明建设示范区创建活动作为云南省争当全国生态文明建设排头兵的重要载体之一，《七彩云南生态文明建设规划纲要（2009—2020 年）》将生态建设示范区创建工程列入十大工程之一并强力推进。编制实施了《云南省生态文明建设示范省规划》，积极推进生态文明建设示范区创建，全省 16 个州（市）、110 多个县开展了生态创建工作，累计建成 2 个国家生态文明示范市县、10 个国家级生态示范区、85 个国家级生态乡镇、3 个国家级生态村；1 个省级生态文明州、21 个省级生态文明县、615 个省级生态文明乡镇、29 个省级生态文明村；全省建成各级各类绿色学校 3182 所，绿色社区530 家，环境教育基地 70 个。

二、云南产业绿色化转型升级的战略部署

云南要实现产业绿色化转型升级，发展绿色经济，做好生态文明建设排头兵的答卷；要牢记习近平总书记考察云南时的嘱托与要求，把生态环境保护放在更加突出的位置，当好生态文明建设的排头兵。

（一）做特做优传统支柱产业绿色化产业

首先，应加快传统支柱产业的绿色、低碳改造。积极抢占有色、钢铁、电力、烟

草、化工、建材等传统优势产业绿色低碳核心技术制高点，在工业领域推行全面绿色生产方式，通过加快传统优势产业绿色化发展，解决现有产业结构存在的突出问题。督促云南省已制定的生态发展、低碳发展等规划的实施，以环保准入促进企业转型升级。

（二）完善绿色农业科技支撑体系，构建绿色农业体系

针对绿色农业发展过程中存在的生产、加工、销售及服务问题，加快新技术研发和科研攻关，健全绿色农业技术推广体系。建立健全绿色农业产品的标准体系。拓展农业产业的生态、文化、旅游功能，按照"特色农业、绿色农业、旅游农业"的发展思路，建设具有云南省特色的现代都市型、旅游型、生态型绿色精致高效农业体系。

（三）加快构建绿色新兴产业体系和绿色服务业体系

生物医药、新材料、新能源等产业要依托信息化支撑，结合绿色与高端进行培育。营造新兴产业绿色生产环境，各种新兴产业集中的工业园区，从基础设施建设，用水、用气、用电，园区空气、景观绿化到厂房建设，要按照严格的绿色标准实施。加快制定高端农产品、大健康生物产业、旅游产业的绿色化标准，促进其可持续发展，有国际标准和国家标准的要尽快参照这些标准，没有的要根据云南省实际情况制定相应标准[1]。

三、绿色化转型升级的目标

《云南省工业转型升级规划（2016—2020 年）》中提到在绿色发展方面要做到：①全部工业企业实现"三废"达标排放。②规模以上工业万元工业增加值能耗降低16%。③万元工业增加值用水量降低到 65 立方米以下。④工业固体废物综合利用率达到56%。⑤规模以上工业用水重复利用率达到90%以上。⑥促进工业投资增长，加强投资机制建设，优化项目资金管理方式。⑦加强工业园区建设，促进工业园区提档升级。⑧加快培育特色产业集群。⑨加快民营经济发展，推进绿色协调发展，提高工业开放水平，促进"两化"深度融合。

"十三五"期间，云南省推进工业转型升级主要任务中强调了要推进绿色协调发展，提高工业开发水平，促进"两化"深度融合。到 2020 年，努力培育形成六大千亿元新兴产业、十大千亿元园区、十大千亿元企业，工业布局和发展环境进一步优化，工业与关联产业融合协调发展较好，技术创新能力明显提高，节能减排、资源节约和综合

---

[1] 施本植、许树华：《产业生态化改造及转型：云南走向绿色发展的思考》，《云南社会科学》2015 年第 1 期。

利用水平迈上新台阶，可持续发展和竞争力显著增强，形成特色鲜明、结构优化、技术先进、清洁安全、内生动力较强的现代工业体系，基本实现工业转型升级。这成为云南在新时代争当生态文明排头兵的生动实践。

第三节　云南支柱产业绿色化转型升级

云南的支柱产业是冶金产业、烟草产业、生物产业、化工产业、电力产业和旅游产业。云南要完成产业绿色化转型升级，支柱产业是重中之重。

一、云南冶金产业绿色化转型升级

云南冶金集团股份有限公司（以下简称云南冶金集团）所属企业主要从事有色金属的采、选、冶生产，资源、能源消耗高，"三废"排放量大，环境治理任务十分艰巨。多年来，云南冶金集团认真贯彻执行国家的方针和政策，建立健全长效机制，依靠科技进步不断调整产业结构，力争从源头上控制污染，全面提高企业清洁生产的水平。同时，加大绿化工程的资金投入，做好国土绿化和义务植树工作，真正把创建绿色生态企业作为承担社会责任的公益事业来做。

（一）云南冶金产业概况

云南冶金集团是中国企业 500 强和云南省属重点骨干企业，代表着中国水电铝、铅锌锗钛、多晶硅等行业科技创新、绿色低碳的发展方向和水平。集团始终坚持"依靠科技进步，立足行业优强"，走绿色低碳可持续发展之路，引领了产业升级、结构优化、绿色环保、可持续发展的方向。

（二）云南冶金企业绿色化转型升级的战略部署

云南冶金集团原党委书记、董事长田永分析了公司面临的发展形势，提出了全面推进转型升级和改革发展，确定了"绿色低碳·美丽冶金我的家"的战略目标。

云南冶金集团着力推动"一体两翼"转型升级，做强绿色低碳水电铝、铅锌锗、金属硅等基础原材料产业和高品质电子级多晶硅、高端氯化法钛白粉等战略性新兴产业这一主体。该集团着力从"粗放、低端"向"精细、中高端"现代重化产业升级，提升可持续竞争力。云南冶金集团积极抓住政策机遇，推进水电铝材、水电硅材一体化发展，使云南的优势能源与传统矿冶产业形成协同效应，真正将绿色能源优势、资源优势转化为竞争优势，不断放大水电铝、水电硅绿色低碳品牌，实现高质量发展。

云南冶金集团一直把打造"绿色竞争力"融入企业的发展战略中，在加快经济发展中更加注重优化和保护生态环境，大力推进绿色发展、循环发展、低碳发展，实现了企业发展不减速、环境保护有进展的良好效果。在新的历史起点上，该集团致力于建设"绿色低碳·美丽冶金我的家"，致力于走出一条"绿色低碳竞争优势，以质量、品种、品牌创效"的创新可持续发展之路。

云南冶金集团培育出了多家节能环保和循环经济发展的行业标杆企业，其中，云南铝业股份有限公司是中国有色行业第一家也是唯一一家"国家环境友好企业"；云南驰宏锌锗股份有限公司是国家第一批循环经济试点企业。创造了云南省国有企业改革中的多个第一，如率先获得国有资产授权经营试点、第一家完成集团层面股份制改革等，拥有一批企业科技创新平台和一批处于行业领先地位、具有自主知识产权的专有核心技术等，走出了一条改革发展与绿色低碳发展深度融合的转型发展之路。

（三）云南冶金产业绿色化转型升级的初步成效

以供给侧结构性改革形成了"三个一"的转型升级新成果：一个"绿色能源储备银行"、一个"革命性厕所"、一个"新材料"。绿色能源储备银行产品代表为铝—空气电池，已开发出小型备用电源、大中型固定及移动电源等作为自主式备用电源的产品。"革命性厕所"产品代表为零排放移动式环保厕所，运用先进的生物降解处理技术，把废物分解为水、气体和少量有机物，具有循环水、零排放、无污染、可移动的特点。云南冶金集团转型升级新产品——循环水智能环保厕所，以"改善生活环境、提高生活质量"为宗旨，实现"三零""三化"，即零污染、零感染和零废弃物排放，减量化、无害化和资源化。目前，已建成产业化生产线。昆明海埂公园、景星公园等地已投入使用。功能新产品代表为高强度铝合金旅行箱，其使用的是绿色低碳定量化、变废为宝的循环利用材料，硬氧工艺制造，强度大，最多可承受 80 千克压力，硬度高，不容易刮坏。

云南冶金集团旗下的云南驰宏锌锗股份有限公司 2005 年成为中国首批循环经济试点企业，2012 年成为国家"资源节约型、环境友好型"试点企业和国家绿色矿山试点单位，2013 年被工业和信息化部认定为国家清洁生产示范企业。该公司的数字化矿山、深井采矿和膏体充填技术是国际先进工艺、国家首推技术，更是安全环保的典范。近年来，云南冶金集团结合自身产业优势和技术实力，紧跟行业前沿技术，着力打造新型铝—空气电池,其"初心"就是要助推云南把流动的清洁能源固化,打造"能源银行"。云南铝业股份有限公司和云南永昌硅业股份有限公司入选国家级"绿色工厂"名单,这是对云南冶金集团打好"绿色能源"牌工作的肯定。

云南铝业股份有限公司始终坚持走"绿色低碳水电铝加工一体化"发展之路,早在2006年就获得了"国家环境友好企业"称号,成为迄今为止全国有色行业、中国西部省份工业企业中唯一一家"国家环境友好企业",在生产全流程采用云南优质清洁可再生的水电作为能源,构建了能源管控平台,通过整合自动化信息技术,对企业能源生产、输配及使用实时监控和管理,改进和优化能源平衡,提高能源整体利用效率,从而实现系统性节能降耗;着力开展循环经济和实施清洁生产,铝电解电耗指标、温室气体减排指标和氟化物排放指标等清洁生产指标始终处于行业先进水平;大力开展节能、环保技术改造及研究,在国内率先采用具有国际先进水平的大型预焙电解技术改造淘汰落后的自焙电解槽技术,率先在氧化铝、电解铝和铝用碳素生产系统全流程创新应用新型脱硫环保新技术,取得了电解铝二氧化硫排放浓度低于 50 毫克/米^3 的国际领先环保指标;大力开展"低温低电压铝电解新技术""大型曲面阴极高能效铝电解新技术研究及产业化应用"等技术研究,不断推进铝电解设施设备改造,铝锭综合交流电耗低于全国平均水平;开发了铝液直接铸轧制备超宽幅双零铝箔坯料生产技术,促进了中国电子元器件的小型化轻量化,其中 0.004 5 毫米极薄双零箔生产技术更是被中国有色金属工业协会评价为"国内首创、世界先进"。

云南永昌硅业股份有限公司积极借鉴行业及集团内的能耗指标,深入开展能效测试及能效对标工作,邀请专家和有技术的机构进行指导,从设备的配置、设备的能效测试开始,对公司主要能耗设备进行分类测试,查找耗能环节,提出具有可操作性的改进措施,并有实效;能效对标工作形成实施方案,并对指标的构成、影响因素进行分解和量化,形成统一的要求进行对标,查找差距,寻找改进空间,改变以往的监督的指标对比的观念,形成能效对标的系统化、可量化。

云南冶金集团旗下云南铝业股份有限公司发布公告,宣布公司与云南冶金集团创能金属燃料电池股份有限公司共同组建云南云铝慧创绿能电池有限公司,投资建设铝—空气电池产业化项目。目前,该公司铝—空气电池研发项目已经取得重大进展,尤其是铝—空气电池的核心材料已取得了技术性突破,具备项目产业化条件。该公司一期项目将建设20兆瓦铝—空气电池生产线、铝合金电极生产线、产品组装线和电池检测检验中心及相关的配套设施。

二、云南烟草产业绿色化转型升级

（一）云南烟草产业概况

烟草产业在云南被视为主导行业之首和重要经济支柱，对当地的财政、就业和农业基础设施建设都有着重要贡献。"九五"时期，烟草税收在云南财政收入中的比重曾占到近80%，之后该比例逐步下降，"十一五"期间烟草税收在云南财政收入中的占比为45%。

（二）云南烟草产业绿色化转型升级的战略部署

绿色生态烟叶是未来烟叶发展新方向，是生态文明建设的根本要求，是烟叶转变发展方式的必然选择，是烟叶实现可持续发展的必由之路，是卷烟水平提高的现实需要。国家烟草专卖局原局长凌成兴指出，贯彻绿色发展的理念，要进一步抓好降焦减害、节能减排、循环利用、烟田轮作、生物防控、土壤保育、烟基工程和水源工程等工作，坚决遏制卷烟产品过度包装、项目建设贪大求洋等现象，努力建设资源节约型、环境友好型行业。

节约资源。在烟草行业生产、流通、仓储、消费各环节落实全面节约。行业各类投资严格遵循节能、节水、节地、节材等标准，企业精益管理水平不断提高，生产经营的成本费用得到有效控制。不断优化行业资源配置，提高全要素生产率，促进烟草全产业链各领域、各环节的资源综合利用与节约，以最小的消耗获取最大的效益。

低碳循环。这是烟草行业绿色发展的关键。成熟的绿色节能技术和设备得到广泛应用，积极应用太阳能、生物质能源和可再生能源，减少对碳基燃料的依赖，实现能源利用转型，减少温室气体排放。系统推进卷烟包装箱等的循环利用，构建起绿色循环发展产业体系，在烟草行业生产经营各环节推行无害化、减量化和资源化处置，努力变废为宝、化害为利，全行业资源综合利用水平显著提升。注重环境保护与土壤保育、绿色防控与清洁作业，有机生态、低碳环保等先进理念得到广泛重视，这些都促进了我国烟叶生产能力和生产水平的提升。

清洁环保。这是烟草行业绿色发展的支撑。建立并不断完善行业环境管理体系，实现对生产经营全过程的绿色控制。加大设施设备绿色改造升级，充分利用清洁高效生产工艺，持续推进技术和管理创新，绿色精益生产制造能力显著增强，能耗、物耗和水耗持续降低，污染物排放持续减少。创造健康宜人的工作环境，防止噪声及其他有害物质等对员工身心的负面影响。

建设绿色烟草农业。现代烟草农业建设必须坚持走绿色生态之路。调整优化烟区布局，对已规划的 5450 万亩基本烟田进行全面普查，清理退出非烟化、地力退化、污染较重的基本烟田，按年种植面积"1500 万亩、三年轮作"的要求，切实落实轮作休耕制度，增加土壤涵养能力，严格保护基本烟田良好生态系统。持续推进烟田基础设施建设，按照连片实施、综合配套的原则，推动基本烟田轻度、中度整理，完善田间灌排设施，配套机耕路，实现田间环节机械作业，推进基本烟田土壤保育与改良。大力推广节水、节肥、节药等节约型和友好型农业技术，加大测土配方施肥技术的应用覆盖范围，推广精准施肥、减量施肥技术。加强节水灌溉研究，选择适合本区域的最佳节水灌溉方式。切实加强废旧地膜回收利用，积极推广生物降解膜，有效控制烟田污染。加强烘烤设施节能改造，积极探索太阳能、生物质能等清洁能源利用，推动节能减排。

建设绿色烟草工业。把绿色发展融入烟草工业发展全过程。优化工业产能布局，切实防止技术改造重复投资和加剧产能过剩。构建高效、清洁、低碳、循环的绿色制造体系，分析生态环境影响因素，积极开展 ISO14001 环境管理体系认证，全面提升和展示绿色发展形象。推动烟草工业绿色改造升级和过程控制，加大先进节能环保技术、工艺和装备的研发、引进和推广力度，引导企业开展能效提升、清洁生产、节水治污、循环利用等专项技术改造，建设厂房集约化、生产洁净化、废物资源化、能源低碳化的绿色工厂。

持续推进两化深度融合，增强绿色精益制造能力，推动生产方式向智能、高效、绿色转变，不断减少生产过程中的材料和能源浪费，减少废弃物和污染物排放。大力支持企业研发绿色产品，在保证产品安全性和可靠性前提下，注入绿色环保理念，推行生态设计，提升产品生态环保水平，引导绿色生产和绿色消费。加强生态环境风险管控，强化产品质量控制，防止发生突发环境事件和产品质量事件。创造能够保护员工身心健康的工作环境，严防各类灾害事故发生。

建设绿色商业流通。加快建设全国统一的卷烟订货平台，统筹优化各领域物流资源，不断完善物流网络体系，打造经济高效的行业大物流。进一步推动行业工商物流一体化，积极开展资源共享，实施跨区域物流合作运输，提高工商物流资源的合理配置和综合利用水平。加大行业物流标准推广应用力度，逐步实现物流设施标准化、物流作业标准化。进一步整合优化物流配送线路，减少迂回和重复运输，降低车辆空驶率；持续推进卷烟包装箱循环利用、工商卷烟托盘联运等工作，建设物流循环体系，加大实物循环利用力度，努力消除各类浪费。此外，物流基础设施建设要遵循经济适用的原则，节水、节能、节地、节材，充分体现绿色环保理念。

（三）云南烟草产业绿色化转型升级的初步成效

云南省烟草专卖局（公司）调整全省烟叶产前投入管理方式，稳定烟田废弃地膜污染治理、蚜茧蜂防治蚜虫技术、有机肥施用等项目的投入标准，扩大补贴面积，在充分发挥补贴资金使用效益的同时满足了绿色生态烟叶生产技术的全面推广。推动绿色生态烟叶发展过程中，云南省烟草专卖局（公司）突出科技支撑，制定"绿色防控、植烟土壤保育、烘烤提质增效"等重大科技专项并全面实施，强化与工业企业及行业内外知名科研院所之间的合作，在绿色生态烟叶发展方面进行一系列科研攻关，在蚜茧蜂防治蚜虫技术、烤烟连作障碍破解、有机肥堆制及施用、生物质颗粒配方研究、烟叶烘烤燃烧机选型定型等方面取得了重大进展。

在用药环节，云南省烟草专卖局（公司）制定《农药减量施用工作指导意见》，加强农药使用管理，强化农残监测考核，推动全省烟叶生产科学合理用药。其中，楚雄、昆明、昭通等地推广无人机统防统治，防治效果显著，化学农药使用量较 2015 年减少 20%，病虫害损失率低于 8%。

加大生物防治和物理防治的推广力度。云南省烟草专卖局（公司）建立了蚜茧蜂防治蚜虫技术体系，实现对蚜虫自然种群的全面压制。在玉溪市试点开展蠋蝽防治烟青虫和斜纹夜蛾技术，防治效果明显。加大性诱剂、太阳能杀虫灯、斜纹夜蛾诱捕器等物理防控技术应用，从源头、过程控制农残，着力提高烟叶安全性。2018 年，全省烟叶生产实现蚜茧蜂防治蚜虫100%全覆盖，大农业应用721.7万亩，建设绿色防控示范区97 个，开展黄板、蓝板等物理防治、性诱剂防治 25.2 万亩，全面降低了农药对环境的污染。

在化肥使用方面，云南省烟草专卖局（公司）制定印发《关于深入推进烟用化肥农药减量增效工作的指导意见》，加强技术培训和指导服务，推进经济配方合理施肥，促进全省烤烟施肥科学化。2018 年，全省开展水肥一体化应用 28.6 万亩，推广膜下小苗节水移栽 430.4 万亩，亩均化肥纯氮施用量减少 1 千克。同时，示范应用秸秆粉碎还田、快速腐熟还田、过腹还田等技术，积极推进有机肥资源化利用，支持合作社生产有机肥，引导烟农积造施用农家肥，促进烟用高效有机肥生产应用。2018 年，全省开展秸秆还田 17.1 万亩，生产有机肥15.2 万吨，施用有机肥 511 万亩。

烘烤环节，云南省烟草专卖局（公司）持续优化烟叶烘烤组织运行模式，实施烟叶烘烤提质增效重大专项，大力推行生物质燃料烘烤，不断探索电能、天然气等绿色能源烘烤，促进全省烟叶烘烤绿色变革。为推行清洁能源烘烤，全省推广生物质燃料烤房2.36 万座，比 2017 年增加 1.6 万座，覆盖烟田 42 万亩，替代燃煤14.2 万吨。同时，试验探索其他清洁能源烘烤技术的运用前景，示范推广电烤房153座、天然气烤房90座、热泵烤房82座。

在燃料供应方面，全省依托合作社建设中小型生物质颗粒生产线72条，年产生物质颗粒4万吨左右，地方政府补贴或招商引资建设的可控中大型生产线19条，年产生物质颗粒8万吨，全省生物质颗粒烘烤烟叶技术稳步推广应用。生物质能源烘烤实现了燃料的自动化供料和全自动调温，降低了烘烤人工成本，烘烤损失较燃煤减少0.34个百分点，促进了烘烤质量的稳步提升。烤后排放污染气体及烟尘量明显减少，杜绝了烟秆露天焚烧，促进了秸秆废弃物的循环利用，生态效益良好。

自2014年在曲靖试点推广废旧残膜回收利用以来，云南全省已逐步构建起"烟草补贴、烟农拾捡、合作社回收、公司加工"的残膜回收加工再利用模式。大理、曲靖等地扶持烟农合作社建立废旧地膜回收处理厂，将废旧地膜加工成水管、菜篮等日常用品，不断完善回收加工体系，推动烟叶生产与生态环境和谐发展。2018年，全省推广0.01毫米地膜423.1万亩，回收地膜433.2万亩，资源化利用178.2万亩。

在农药包装废弃物回收处理方面，充分发挥绿色生态烟叶发展补助资金的引导作用，构建"烟农+合作社+技术服务单位"的回收处理模式。2018年，全省开展农药包装等废弃物清除292万亩，兑付补贴资金1091.5万元。

三、云南生物产业绿色化转型升级

发展生物产业是云南的特色和优势，是云南以"产业绿色化"推进绿色发展的首要选择和必然要求，在云南的绿色发展中起着领航作用，可以通过落实顶层设计战略规划、找准产业发展关键、充分发挥优势潜力、全面推进相关工作效果等做法，促进云南的生物产业发展，进而拉动云南的产业转型升级，推动形成绿色发展的产业体系形态。

（一）云南生物产业概况

截至"十一五"末，云南省生物产业总产值达3730亿元，比2005年的2125亿元增加1605亿元，增长75.53%。到2012年底，云南省生物产业总产值达5142亿元，生物产业销售收入达3666亿元，生物产业直接出口额达21.03亿美元。

独有的资源，造就了云南生物产业的一枝独秀。云南拥有全国63%的高等植物、70%的中药材和59%的物种资源，森林覆盖率达到53%，仅滇西北地区就汇集了全国三分之一以上的动物和植物种类，其中包括具有重大经济价值的物种和种质资源。如今，云南烟叶、茶叶、花卉、咖啡、核桃、食用菌等产品产量名列全国第一，蔬菜、中药材等面积和产量不断向全国前列迈进，基本形成了以烟、糖、茶、胶、畜、林和天然药物、绿色保健食品、花卉园艺、生物化工等为主的生物产业格局。国务院下发的《生物产业发展规划》中，明确到2020年，生物产业发展成为国民经济支柱产业。云南省也把生物产业列为重要支柱产业，并制定配套政策力图把生物产业做大做强。

（二）云南生物产业绿色化转型升级的战略部署

坚持在开发中保护、在保护中开发，沿着特色化、规模化、集约化、标准化、产业化、国际化的发展道路，全面推进12类优势生物产业发展，争取把云南建成全国重要的生物产业基地，重点发展生物医药、生物能源、生物农业和生物林业4个方面。需要继续做好这样的顶层设计。培育壮大生物产业是云南绿色发展的重大战略。2015年，云南推出了着眼未来十年的生物产业发展纲领性文件，以"再造一个云南"的万亿产业发展梦，打造生物经济发展新的里程碑。对云南来说，要以生态经济为利益导向，最重要的就是要合理调整产业结构、提高第三产业比重、发展特色优势产业、实施技术创新，以"产业绿色化"来推进绿色发展。生物产业正是能担此重任的首要选择。

（1）找准产业发展的关键。云南确立了生物医药、生物农业、生物制造、生物能源和生物服务等五大行业为发展重点的生物产业，凭借云南特有的资源优势，推动茶叶、三七、畜产品、植物油、薯类、橡胶、糖制品、花卉、蔬菜、林浆纸等十大产业链的延长和加宽，并且以生物医药、木本油料、生物制造等三个产业为切入点，形成产业优势和局部强势，使之成为继"两烟"之后，新的重要支柱产业。

（2）充分发挥优势潜力。云南是生物资源得天独厚、科技力量较强的省份。云南生物产业企业和产品也具备较突出的竞争优势和特色。全省已基本形成以烟、糖、茶、胶、畜、林和天然药物、绿色保健食品、花卉园艺、生物化工等为主的生物产业格局，初步形成了一批实力较强的生物技术研发和产业化基地，具备了发展生物技术及其相关产业的优势和潜力。

（3）进一步建立健全加快生物产业发展的协调和管理机制，实施人才发展战略，加人资金投入，整合形成推进生物产业发展合力，深入贯彻落实相关政策，建立有利于生物产业发展的良好环境；尤其要强调建设完善的产业链条，实施绿色控制，带动云南产业绿色发展。

（三）以生物产业领航绿色发展

经过多年培育，生物产业增加值占全省生产总值的比例已经超过1/3。生物产业已成为云南发展最快的支柱产业。云南生物产业在云南省委、省政府的强力推动下，一直保持强劲的发展势头，总产值连续跨过 3000 亿元、4000 亿元、5000 亿元台阶，2013 年达 5972 亿元，自 2009 年开始年均递增 15.23%，远远高于同期全省生产总值的平均增速，每年以近千亿元的速度增长。这既是进一步发展的基础，也是未来发展的重点。

生物产业拉动产业转型升级。由于生物产业符合全球产业结构调整和产业发展的方向，而且主要是轻工业，关联性强、带动效益显著，大力发展生物产业有利于调整云南工业内部结构，促进轻重工业协调发展，还可以减轻节能减排压力。加快生物产业发展成为云南调整优化产业结构、培育产业核心竞争力的重要举措。当前，云南正在促使各种要素形成合力，进一步加大产业支持力度，推进经济转型升级。这将进一步拉动全省的产业转型升级，加速绿色发展进程①。

四、云南化工产业绿色化转型升级

（一）云南化工产业发展概况

云南化工经过数十年的艰苦奋斗，已形成以磷化工为主，集化学矿采选、基本化工原料、化肥、农药、橡胶加工、有机化工、化工机械及对外贸易、教学科研、设计施工为一体的门类较为齐全的化学工业体系，成为云南经济发展的重点产业之一②。

（二）云南化工产业绿色化战略部署

优化配置，生态开采。鼓励有资金、技术和人才优势的大企业集团优先整合和适度开发优质资源，规范矿产资源勘查开发秩序。按照"谁开采、谁修复""宜耕则耕、宜林则林"的总体要求，对矿产资源开发后进行生态补偿、生态修复，生态化开发矿产资源。

控制总量，节能减排。以满足省内及周边区域市场需求为导向，合理控制重化工产品规模，实现有序竞争。以资源能源高效利用为基础，以发展循环经济、促进清洁生产、提升企业竞争力为目标，构建互为支撑、高效利用、节能减排、环境友好的重化工业发展体系，严禁建设高消耗、高排放、低效益重化工项目。

创新驱动，延伸发展。加强自主创新能力建设，着力突破核心关键技术和共性基础技术，开发重化工产品深加工工艺，满足战略性新兴产业及节能减排需求。加快研发和引进先进适用技术，不断延伸产业链，开发适销对路产品，促进重化工产品向精细化、

---

① 潘文良：《生物产业领航云南绿色发展》，云南省生态经济学会云南省第四届生态文明与生态经济学术大会论文，2015 年。
② 王鉴：《云南化工行业的现状及展望》，《云南化工》2003 年第 3 期。

新型化方向发展，提高产品附加值。

集约集群，两化融合。根据资源、能源及区位交通条件，集中建设一批重化工产业集群。通过集群化发展，在发挥重化工业规模效应的同时，促进产业技术装备和节能减排水平提高，带动配套产业发展。发挥计算机模拟仿真、智能控制等信息化技术在冶炼、深加工、节能减排等环节的关键作用，提高重化工业智能化和管理信息化水平。

（三）转型升级目标

到 2020 年，基本形成"矿产—水电—冶炼—加工"及应用一体化发展格局，基本建成技术装备先进、产能规模适度、产品规格齐全、节能减排达标、资源综合利用、循环耦合发展的重化工产业体系，成为国内重要的清洁载能产业基地。

优先发展"水电铝"和硅产业。积极构建水电清洁能源就地转化利用市场化价格机制，引导国内电解铝产能和精深加工技术资本有序向云南转移。重点支持发展以连续铸轧、铸锭热轧和哈兹莱特连铸连轧为重点的铝板带箔产业链，以铸造铝合金、车用铝合金轮毂为重点的铸造产业链和铝型材、铝线材产业链。硅产业鼓励中小水电和硅矿资源富集区域集中集约建设硅产业园，不断完善硅产业体系。加快推进密闭大炉型和余热余压应用技术，提高工业硅生产装备和资源综合利用水平。加快木质炭还原剂替代品研发，逐年降低木质炭还原剂用量直至取缔。以工业硅分级利用为基础，重点支持发展以太阳能级多晶硅、单晶硅为材料的光伏产业，以电子级多晶硅、单晶硅为材料的半导体和电子元器件产业，以有机硅为材料的有机硅下游产业。

巩固提升传统有色产业。积极研发轻质、高强、大规格、耐高温、耐腐蚀、低成本、高性能合金材料，加快推进金属动力能源产业化进程，延伸产业链，集中建设有色金属精深加工产业集群基地。规范有色金属二次资源回收利用市场，规模化建设有色金属再生基地。鼓励发展电力电气、交通运输等行业用铜产业链，进一步拓展高效节能铸铜转子、高强高导新型铜合金接触导线等高技术含量产品发展空间，适时发展铜板带箔及复合材料。

适度发展黑色金属产业。深化黑色金属矿产资源开发整顿整合，规范开采秩序。研究开发难选冶铁矿资源加工利用技术，积极探索开发利用周边铁矿资源有效途径和方式，保障钢铁产业发展需求。以推进建筑钢材升级换代和多元化产品发展为重点，统筹考虑淘汰落后、技术进步、装备升级和节能减排，继续深化钢铁企业集团兼并重组，合理调整生产力布局。积极探索利用境外矿产、能源和市场，在滇西边境一线发展钢铁产业，适度发展非高炉还原炼铁技术项目。加快发展不锈钢及不锈钢复合材、高强钢和钒钛资源综合利用步伐，持续推进铁合金等配套产业整合升级改造。

调整优化传统化工产业。推进煤气化"云煤技术"推广应用和改造升级。加快建设乙二醇产业化项目，为延伸石油炼化副产物利用配套。谋划建设大甲醇装置，为发展烯烃产业集群提供条件。以寻甸先锋清洁能源试验示范项目为基础，积极推进昭通褐煤资源开发利用，发展煤制油和煤制天然气产业链。

优化发展新型建材产业。依托非金属矿产集中地，统筹规划，培育发展无机非金属功能材料；严格准入，建设非金属矿产深加工产业基地。持续推进建筑装饰天然及人造石材产业体系建设，进一步扩大石头纸生产及应用规模，加快玄武岩纤维产业化基地建设，推进发展碳化硅新型不定型耐火材料、碳化硅纤维、新型玻璃纤维等新材料产品，夯实硅藻土、高岭土等精细化利用产业化基础，形成一批特色产业集聚区。

谋划发展金属新材料产业。加强技术科研能力，突破一批关键技术，提升科研转化效率，延伸金属精深加工产业链。大力发展新型功能材料，重点开发以铂族、锗、铟、金等稀贵金属为基材的新型电子信息材料、催化材料、半导体材料。加快发展先进结构材料，重点开发高性能铝合金、高性能钛合金，以及大型钛板、带、棒、材等高强轻型合金材料，以及高效节能铸铜转子等高端金属结构材料。

培育发展小金属产业。深化黄金矿产资源整顿整合，推进黄金矿产向优势企业集中，并通过优势企业实现绿色生态、数字化黄金矿产开发。以黄金龙头企业为主体，全省集中建设 3 个黄金精炼及深加工生产基地。鼓励各类主体投资黄金饰品加工及金基新材料产业。"多品种、小批量"发展铂族金属材料，重点发展功能材料、微电子及信息材料、高纯材料，配套发展贵金属下游产品。集中布局发展锗产业，重点推进发展锗红外光学产品、锗光伏产品、锗高端专用材料及器件等，把昆明建设成为集高科技研发平台和高附加值产品深加工基地为一体的国家锗材料基地。

五、云南电力产业绿色化转型升级

（一）云南电力产业发展概况

云南电网规模从小到大、输电能力从弱到强、电力资源配置从局部到省外国外、技术水平从跟随到部分领跑，取得了辉煌的发展成就。特别是 2002 年公司加入南方电网大家庭以来，生机勃发，阔步前行，在电网安全、电网发展、电力市场、西电东送等多个方面实现了历史性跨越，电网迅猛发展，企业全面进步，引领推动云南电力产业不断发展壮大。2018 年云南全省电力供应开始由原来的"全年富余"向"汛期富余，枯期紧张"转变，对云南电网的市场化改革提出了更大的挑战。

（二）云南电力产业绿色化转型升级的战略部署

推进电网高质量发展。要以智能电网规划为指导，紧紧围绕云南省当好生态文明建设排头兵、打造世界一流"绿色能源牌"、建设"中国最美丽省份"等重大战略，大力推进智能电网规划建设。

最大限度消纳清洁能源。2019 年，云南以水电为主的清洁能源装机占全省发电装机比例高达 83.9%，远高于全国 40%的平均水平。促进全省清洁能源高效利用，通过加强西电东送、电力市场化交易、电能替代等一系列措施，在积极消纳清洁能源的同时，全面助力云南做强做优能源产业。认真落实南方电网公司清洁能源消纳的举措，全力推进汛前大型水库按计划有序消落工作，汛前腾空库容，将主力水库消落至死水位附近，为消纳汛期富余水电打下坚实基础。同时，在满足云南省经济社会发展需求的同时，积极落实国家西电东送战略，充分依托南方电网的平台支撑作用，深化"计划+市场"的跨省（区）电力市场化交易机制，把富余电量"送出去"，最大限度消纳清洁能源。2018 年完成西电东送电量 1380 亿千瓦时，同比增长 11.13%，创历史新高。此外，积极推进滇西北直流等重点工程建设，进一步提高西电东送能力。自 2008 年大理大风坝风电场首次并入云南电网以来，云南电网风电发电量连年攀升。

不断提升科学调度水平。从技术及调度运行管理上不断提高风电场风功率预测准确精度，通过采用风电场子站预测、中调独立主站预测、电厂上报经验曲线、组合优化曲线等多种预测手段，实现了对云南电网风电输出功率的准确预测，确保了云南电网的风能资源得到充分利用。云南省清洁能源发展思路显示，要由资源开发型向市场开拓型转变，由"建设红利"向"改革红利"转变，由单一型向综合型产业转变。

完善电力市场化交易体系。规范和扩大电力市场化交易，进一步丰富和完善交易品种，优化交易业务技术及流程，探索建立符合云南实际的市场主体标准化服务体系。据统计，2018 年，云南省内用户和发电企业累计交易电量达 851 亿千瓦时，其中，清洁能源交易电量占比达 97%。

力推节能环保，建设生态文明。云南电网公司坚持绿色发展，努力提高能源资源开发利用效率，向着"清洁低碳、资源节约、环境友好、高效利用"的现代化绿色电网企业迈进。云南电网公司坚持节约优先，积极推进节能技术应用，深入挖掘电网节能潜力，通过加强电网内部节能降损工作，积极推进节能技术应用。以配网建设、精细管理改造为主要着力点，积极采用智能电网技术、先进信息技术等多种技术手段，提高系统运行的智能化水平和线损管理水平，有效降低自身的综合线损。

建立健全环保风险防控体系，注重电网及电源建设和运营、环境保护的协调发展，有效控制项目建设对生态环境、水土保持的影响，保护空气、水、土地等自然环境资源。云南电网公司对所属供电局配备六氟化硫回收设备，全面实现六氟化硫"零排放"，有力助推云南生态环境保护和美丽中国建设。

（三）云南电力产业绿色化转型升级的成效

近年来，云南电网公司积极践行绿色发展理念，持续打造安全、可靠、绿色、高效的智能电网，2018 年，该公司在通过大力加强西电东送、电力市场化交易、电能替代等一系列措施积极消纳富余水电的同时，全面助力云南做强做优能源产业。

把能源优势转化为经济优势。云南全省水电资源蕴藏量居全国第二位，截至 2017 年末，全省水电装机 6231 万千瓦，以水电为主的清洁能源装机占全省发电装机比例达到 81.4%，云南电网清洁能源发电量占比 93.6%，达到国际一流水平。

水电资源优势突出，只有建立与之相匹配的电网，才能将资源优势发挥出来。目前，云南电网已建成"三横两纵一中心"的 500 千伏主网架大格局，国内通过"八直"西电东送大通道向广东、广西远距离大容量送电，国外辐射越南、缅甸、老挝等国家，已成为世界上技术最先进、运行最复杂的送端大电网之一。

依托南方电网大平台优化配置资源的作用，云南电网公司不断扩大西电东送规模。"十三五"前两年，云南电网与南方主网实现了异步联网，解决了云南电网西电东送通道强直弱交的系统运行风险，形成了"八直四交"的西电东送大通道，最大送电能力 2870 万千瓦。另外，云南电网公司积极构建西电东送市场化交易机制，在省间电力市场探索建立了中长期框架协议为主、临时交易为补充的"计划+市场"跨省区交易模式。

云南绿色优质的电力资源和完善的电力市场机制还吸引众多清洁载能企业纷纷落户云南，为云南省委、省政府布局水电铝材一体化、水电硅材一体化产业链，全力打造世界一流的千亿元级"绿色能源牌"创造了良好的营商环境。在新动能的带动下，云南电力工业再次驶入发展快车道，电力占规模以上工业增加值的比例由 2014 年的 14.4%逐年增加至 2018 年 1—10 月的 20.6%，并有望在"十三五"末期成为云南省的第一大支柱产业。

助力打赢大气污染防治攻坚战，每年折合减少东部省区标煤消耗 4500 万吨。云南电力市场化改革始终坚持节能减排，2017 年云南清洁能源发电量占比达到 92.5%，较 2014 年改革之初的 84.2%大幅提高 8.3 个百分点。大量清洁能源的送入，每年折合减少东部省区标煤消耗 4500 万吨，减排二氧化碳 1.2 亿吨，减排二氧化硫 110 万吨。

六、云南旅游产业绿色化转型升级

（一）云南旅游产业发展概况

"七彩云南·旅游天堂"已成为蜚声海内外的知名旅游品牌。云南旅游经过 40 多年的发展，走出了一条依托资源区位优势发展云南旅游的路子。随着旅游市场需求的发展，以及消费要求和管理服务水平的提升，云南旅游业存在的问题越来越突出。统计显示，2017 年云南全省接待海内外游客 5.73 亿人次，同比增长 33.3%；实现国内旅游收入 6682.58 亿元，同比增长 47.3%。围绕"吃住行游购娱"六大要素，云南构建了完整的旅游产业体系。

"十三五"以来，随着大众旅游、全域旅游时代的到来，旅游业迎来了黄金发展期，传统旅游业态也发生了深刻变化，景点游变成了全域游，团队游变成了自由行，观光游变成了休闲游。同时，互联网正深刻地改变着人们的生产生活方式，这要求云南旅游紧跟趋势发展，从根本上、革命性地改变包括旅游业在内的传统产业业态。这张名片关乎云南开放形象、民族形象、政治形象，关乎经济社会发展形象和云南人民的形象。近年来，云南旅游时常处于风口浪尖，出现了丽江"打人毁容"、"120 不出车"、"宠物蚊子"和西双版纳导游强迫购物等事件，云南旅游投诉量一度占全国的 60% 以上。旅游乱象亟待整治。

（二）云南旅游产业绿色化发展路径

加快推进生态观光、文化体验、休闲度假、跨境旅游等传统产品的改造提升，打造具有核心竞争力的旅游产品。坚持市场导向和消费引领，加快培育一批会展商务、养老养生、露营自驾、户外运动和航空旅游等新业态，打造旅游经济新引擎。加快建设一批生态旅游区。发挥云南独特生态优势，依托国家公园、森林公园、湿地公园、地质公园、自然保护区、风景名胜区，加快建设迪庆普达措、楚雄哀牢山、怒江独龙江等 15 个生态旅游区，积极争创国家生态旅游示范区，加强生态保护，合理有效利用资源，努力把云南打造成高品质生态旅游目的地（有关州、市人民政府牵头负责；省国土资源厅、环境保护厅、住房和城乡建设厅、林业厅、旅游发展委员会等配合）。

提出了一批重大支撑项目。未来三年，全省重点建设和创建的旅游项目共 872 个，计划投资 7730 亿元。一是紧扣七项重点工程，在全省范围内梳理提出未来三年重点实施的 143 个旅游项目，计划总投资 4157 亿元，其中旅游型城市综合体项目 20 个，国家公园项目 15 个，传统景区改造提升项目 40 个，新建旅游重大项目 59 个，旅游信息化建设项目3个，其他类型项目6个，进一步丰富全省旅游产品、扩大有效供给。二是结合各地资源要素禀赋和旅游产业发展实际，打造一批具有云南特色的全域旅游目的地。其中，包括25个特色旅游城市、60个旅游强县、30个旅游度假区、60个旅游小镇、200个民族特色旅游村寨、150个旅游古村落、100个旅游扶贫村、30个旅游度假区和104个农业旅游庄园，以上项目计划投资3573亿元。

强化保障措施。从加强组织领导、强化规划引领、加大招商引资、创新工作机制、优化用地政策、加大金融支持、完善基础支撑和建立考核机制等八个方面提出了保障措施，既有工作方法和责任要求，又有政策支持和基础支撑，为确保各项目标任务顺利完成提供了全方位的保障。

推进旅游市场秩序整治，向旅游市场乱象"开刀"，根除"不合理低价游"，力推旅游产业转型升级。云南省开展3轮景区问题排查，对设施设备滞后、资源品质退化、管理服务薄弱、游客投诉较多的A级景区给予严肃处理，取消10家A级景区等级资质，对22家景区给予严重警告或警告，对18家景区下达整改通知。据统计，开展整治工作以来，云南全省共查处涉旅案件3000余件，查处旅行社362家、导游251人，吊销旅行社经营许可证91家、吊销导游证20人，罚没款1.23亿元。

树立全域旅游理念，推动"一部手机游云南"线上线下深度融合，加快旅游产业转型升级进程。"游云南"APP不仅重塑旅游市场监管流程，更是数字经济与传统产业融合的探索。作为最大的景区实时直播平台，"游云南"APP已覆盖全省95%的A级景区。上线以来，智慧导览、智慧厕所、慢直播功能、精品线路推荐等各个功能得到不少游客好评。

加快建设一批全域旅游示范区。推动大理白族自治州、丽江市、腾冲市、建水县等20个州、市、县、区创建国家全域旅游示范区，推动瑞丽市、水富县等45个县、市、区创建省级全域旅游示范区。到2020年，力争有60个以上州、市、县、区创建成国家级、省级全域旅游示范区（有关州、市人民政府牵头负责；省旅游发展委员会配合）。

持续推进"厕所革命"。在全省主要旅游城市（城镇）、游客聚集公共区域、主要乡村旅游点、旅游小镇、旅游景区（点）、旅游度假区、旅游综合体、旅游交通沿线新建、改建旅游厕所3400座以上。全省AAAAA级景区、高速公路沿线、县级以上主要旅游城市旅游厕所全部达到AAA级标准；AAAA级景区，二级以下公路沿线，交通客运站（点），大型旅游娱乐、购物、餐饮经营场所旅游厕所达到AA级以上标准；AAA级以下景区、旅游村、旅游类特色小镇旅游厕所达到A级以上标准。各州、市人民政府负责，省旅游发展委员会、住房和城乡建设厅、交通运输厅、商务厅等部门按照职责和计划推进，在2020年底前完成改建。

（三）云南旅游产业绿色化转型升级成效

云南旅游市场秩序整治成效明显。2018年，云南省共受理旅游投诉780件，同比下降53%，12301全国旅游投诉平台接到的云南省旅游投诉从2017年的第六位下降到2018年的第二十一位。云南省文化和旅游厅原厅长和丽贵说："原来铺天盖地、乔装打扮的低价游基本没有了；原来普遍存在、明目张胆的强制购物现象基本没有了；居高不下、此起彼伏的旅游投诉也大幅下降了。"自2017年4月15日，云南出台史上最严厉的"22条"整治措施以来，旅游市场秩序整治取得了"两个没有，一个下降"成效。

云南首个全域旅游智慧旅游平台"一部手机游云南"自2018年10月1日正式上线以来，黄金周期间，超过百万的用户通过"游云南"APP畅游多彩云南，"慢直播、景区导览、找厕所、一键投诉、刷脸入园、旅游购物"等核心功能得到游客好评，初步实现"一机在手，说走就走，全程无忧"。提升供给能力成效明显。截至2018年，云南已初步建成16个州（市）中心城市和高A级旅游景区的旅游服务中心105个，建成和改造提升旅游厕所2535座，加快推进和优先支持了32条精品自驾旅游重点线路沿线汽车旅游营地建设，提升了公共旅游供给能力。

旅游市场监管机制成效明显。云南全面推行"1+3+N+1"旅游市场综合监管模式，在16个州（市）及重点旅游县（市、区）建立以政府一把手为指挥长的旅游综合监管调度指挥部，全省范围设立了30支旅游警察队伍、26个旅游工商执法机构、146个旅游案件巡回审判机构。

第四节　以八大新型产业引领云南绿色化发展

"绿色化"包含科技含量高、资源消耗低、环境污染少的生产方式，生物医药和大健康产业、旅游文化产业、信息产业、物流产业、高原特色现代农业产业、新材料产业、先进装备制造业、食品与消费品制造业八大新兴产业本身就具有绿色化属性，因此应大力发展这八大新兴产业。

云南省委、省政府发布的《中共云南省委　云南省人民政府关于着力推进重点产业发展的若干意见》提出，云南省将通过5年的时间，大力发展生物医药和大健康产业、旅游文化产业、信息产业、现代物流产业、高原特色现代农业产业、新材料产业、先进装备制造业、食品与消费品制造业等八大产业。在巩固提高云南传统支柱产业的基础上，着力推进重点产业发展，加快形成新的产业集群，打造全省经济增长新引擎。值得关注的是，云南省将整合省级财政扶持产业发展50%左右的存量资金，以及全部新增投入部分，集中支持重点产业发展。并按照"一个产业、一支基金"的思路，分别设立重点产业发展基金，成熟一支、设立一支，鼓励和引导社会资本向重点产业集中投入。八大重点产业布局概况具体如下。

一、生物医药和大健康产业

云南将建立三七、灯盏花、天麻、滇重楼、石斛等中药材 GAP 种植（养殖）基地60个以上，打造"云药之乡"。以三七、天麻、薏仁、茯苓、螺旋藻、玛咖、辣木及茶叶、花卉等云南特色生物资源为原料，开发具有抗氧化、减肥、增强免疫力、辅助改善记忆、养护皮肤等功能的系列保健食品和国产特殊用途化妆品。在昆明、景洪及丽江等旅游城市，瑞丽、河口等边境口岸城市，文山、普洱等具有优势特色资源的城市布局构建一批保健品园。

以云南白药牙膏、摩尔农庄系列保健品、螺旋藻、雨生红球藻、三七系列保健品等为重点，打造形成一批销售收入超过 10 亿元的具有云南特色的品牌产品、拳头产品。加快发展云南特色品种的中药饮片，形成10户以上中药饮片品牌企业和超过100个品种的品牌产品。在昆明、玉溪、楚雄等州市构建植物提取技术专业化研发中心，研发动植物提取物新产品。

以新药研发和资源二次开发为重点，整合全省生物医药领域创新资源，重点发展中药（民族药）、生物技术药（新型疫苗、单抗药物等），有选择地发展化学药和医疗器械，积极培育基因检测和干细胞应用产业，推动精准医疗、"互联网+"医疗等新业态发展。

建设优质中药材和健康产品原料基地，统筹利用生物医药、医疗、生态旅游等优势资源，构建集健康、养老、养生、医疗、康体为一体的大健康产业体系。集中打造滇中生物医药，推进昆明国家生物产业基地建设，重点实施昆药生物医药科技园、中国医学科学院医学生物学研究所新型疫苗生产基地建设等项目。将云南打造成服务全国、辐射南亚东南亚的生物医药和大健康产业中心。

二、旅游文化产业

（1）加快建设以昆明石林、丽江古城等为重点的世界遗产旅游区，以昆明滇池、昆明阳宗海和西双版纳等为重点的国家级、省级旅游度假区，吸引更多的国际入境游客；同时，重点打造一批国家 AAAAA 级、AAAA 级精品旅游景区。具体而言，即巩固提升昆明石林、昆明世界园艺博览园等 8 个国家 AAAAA 级景区，力争精品旅游景区达到 100 个左右。

（2）建设一批民族文化旅游园区。巩固提升云南民族村等一批民族文化旅游区，加快建设昆明轿子山彝人圣都、永善马楠苗族文化旅游区等一批民族文化旅游园区。

（3）以红军长征过云南和其他革命历史文化遗址遗迹为依托，重点建设威信（扎西）、寻甸柯渡、禄劝皎平渡、昆明市"一二•一"四烈士墓等一批红色文化旅游区；以抗击侵略者战场遗址遗迹为依托，重点建设腾冲抗战文化旅游区（含国殇墓园）、龙陵松山抗战遗址文化旅游区、怒江驼峰航线旅游区等一批抗战文化旅游区。

（4）为推动全省休闲度假旅游向国际化、高端化发展，云南将巩固完善昆明滇池、昆明阳宗海、西双版纳等 3 个国家旅游度假区，力推大理、玉溪抚仙湖、宁蒗泸沽湖等省级旅游度假区争创国家旅游度假区，从而形成一批国家、省级旅游度假区。

（5）针对温泉疗养、健康旅游、养生养老等消费需求，云南将重点建设提升安宁温泉养生度假区、阳宗海柏联温泉度假区等一批温泉养生度假区；以寻甸天湖岛康体旅游区、东川乌蒙巅峰运动公园为依托，建设一批户外运动和体育旅游基地；此外，还将面向中青年养生、老年人养老等消费市场，建设一批养老养生旅游基地。大力开发以"天然氧吧""森林康体浴"等为特色的森林康复疗养产品。

（6）在特色娱乐业方面，将巩固提升和新建昆明古滇名城水上乐园、石林冰雪海洋世界、云南野生动物园、安宁玉龙湾森林公园游乐园、云南七彩熊猫谷、太平大连圣亚海洋公园、云南杂技马戏城、禄丰长隆水世界乐园等一批旅游文化主题公园和游乐园。培育打造格兰芬多国际自行车赛、昆明高原马拉松赛、"一带一路•七彩云南"国际汽车拉力赛、阳宗海国际高尔夫挑战赛、东川泥石流越野赛、昆明—曼谷汽车拉力赛等知名体育旅游赛事品牌。

三、信息产业

（1）依托呈贡信息产业园区，打造全省信息产业核心集聚区和创新发展新高地，充分发挥昆明人才、技术、资金密集的优势，重点发展云计算、大数据、移动互联网、芯片和集成电路、软件和信息技术服务、北斗导航、空间地理信息、呼叫中心、信息内容分发、泛亚语种软件、机器翻译、数字内容加工、信息内容服务、数据存储及容灾备份等产业及业务，逐步形成支撑全省信息产业发展的研发设计、生产制造、检验检测、技术创新及投融资体系等产业生态，将其打造成全省信息产业核心集聚区、技术创新高地和新一代信息技术产业核心区。

（2）依托滇中、滇西、滇东北、滇西北等 4 个城市（镇）群，打造新一代信息技术产业基地，充分发挥滇中、滇西、滇东北、滇西北等 4 个城市（镇）群资源优势，围绕信息产业重点发展的 6 大领域和方向，结合自身优势，建设特色产业基地，打造产业集群，形成与昆明核心区相互支撑配套的产业发展新格局。重点依托昆明高新技术产业开发区，发展高端软件和信息服务业、移动互联网、空间地理信息、互联网金融、物联网、跨境电商、北斗导航、泛亚语种软件、机器翻译、数字内容加工、信息内容服务、远程医疗等信息服务；依托昆明经济技术开发区，发展半导体材料、光电子材料及产品、金融电子产品、物流分拣系统，面向南亚东南亚的信息通信设备、物联传感器件设备、北斗导航设备、电子产品、软件产品、机器翻译产品等；依托曲靖经济技术开发区，发展光电子、电子材料、智能终端、汽车电子、物联网、智能工业等；依托玉溪高新技术产业开发区，发展 LED 显示器件、太阳能光伏、云计算大数据中心、大数据分析挖掘、呼叫中心外包、物联网、移动互联网、跨境电商等；依托保山工贸园区，发展云计算和大数据中心、数据分析应用、数据存储及容灾备份、内容分发网络、数字内容加工、信息内容服务，以及面向南亚、东南亚云计算大数据应用中心、软件外包及信息服务、国际数据服务外包等；依托西安隆基硅材料股份有限公司单晶光伏产业龙头项目，在红河、保山、德宏、楚雄、丽江等地，整体引进和带动产业链上下游配套产业，打造电子硅材料产业集群。

（3）依托对外开放经济走廊和对外开放经济带，打造外向型电子信息制造及配套产业基地，充分发挥对外开放经济走廊和沿边对外开放经济带优势，重点依托云南省昆明空港经济区、蒙自经济技术开发区、红河综合保税区、河口进出口加工工业园、砚山工业园区等，瞄准电子信息产品加工制造环节，积极承接国内外电子信息产品制造业转移，重点发展计算机、通信设备、智能终端、智能家电及可穿戴设备等新兴产品，打造承接电子信息产品制造业向西南地区转移的主阵地和面向南亚、东南亚的小语种软件研发基地及产业化中心，力争形成我国面向南亚、东南亚的机器翻译产业集聚地。

四、物流产业

（1）以昆明为中心的物流产业核心区。以昆明为中心，以滇中城市群为依托，重点发展装备制造物流、资源型产品物流、高原特色农产品物流、烟草物流、冷链物流、电商物流及会展物流等，形成连通国内、服务全省、辐射南亚东南亚的物流产业核心区。

（2）东部、南部、西部、北部物流产业集聚区。东部物流产业集聚区：以曲靖市和文山壮族苗族自治州为依托，重点布局资源型产品物流、高原特色农产品物流、冷链物流，形成连接黔桂、辐射滇东的综合物流产业集聚区。南部物流产业集聚区：以西双版纳傣族自治州、普洱市、红河哈尼族彝族自治州、文山壮族苗族自治州为重点，以河口—老街跨境经济合作区、红河综合保税区、孟连边境经济合作区、勐腊（磨憨）重点开发开放试验区、中老磨憨—磨丁经济合作区等开放型平台为依托，重点布局资源型产品物流、高原特色农产品物流、跨境物流、会展物流，形成多点支撑、各有侧重、服务滇南、辐射老越的跨境物流产业集聚区。西部物流产业集聚区：以大理白族自治州、保山市、德宏傣族景颇族自治州、临沧市为重点，依托腾冲边境经济合作区、瑞丽国家重点开发开放试验区、瑞丽—木姐跨境经济合作区、临沧边境经济合作区，重点布局高原特色农产品物流、装备制造物流、跨境物流、会展物流，加快产业集聚，形成多点协作、相互补充，服务滇西、辐射缅印的跨境物流产业集聚区。北部物流产业集聚区：主要沿金沙江一线布局，着力发展资源型产品物流、高原特色农产品物流、电商物流等，提升昭通市、丽江市、迪庆藏族自治州等地的物流产业集聚能力，加强与贵州省、重庆市、四川省、西藏自治区的区域物流合作，形成优势互补、联动发展的北部物流产业集聚区。

五、高原特色现代农业产业

（1）建立一个核心发展区域：滇中地区各州、市政府所在地现代农业建设区，要充分发挥滇中城市经济圈的核心和龙头作用，按照农业现代化的基本要求，充分挖掘资金、技术、人才、信息和市场优势，聚合生产要素，全产业链打造蔬果、花卉等重点产业。发挥昆明北部黑龙潭片区农业科研机构集中的优势，整合建设高原特色农业生物谷，为打造昆明"高原特色农业总部经济"提供科技创新支撑，并带动全省优势农业产业提质增效。到2020年，在全省率先实现农业现代化。

（2）五大重点产业板块。根据高原特色现代农业发展现状和发展潜力，结合工业化、城镇化和生态环境保护需要，以产业化整体开发、优化配置各种资源要素为基本要求，以调结构转方式为抓手，建设产业重点县，推进农产品向优势产区集聚，打造区域特征鲜明的高原特色现代农业产业。滇东北重点发展中药材、水果、生猪、牛羊、蔬菜、花卉等产业。滇东南重点发展中药材、蔬菜、水果、生猪、牛羊、茶叶等产业。滇西重点发展核桃、牛羊、生猪、蔬菜、中药材、水果、食用菌等产业。滇西北重点发展牛羊、生猪、中药材、蔬菜、核桃、水果、食用菌等产业。滇西南重点发展茶叶、咖啡、热带水果、核桃、中药材、食用菌等产业。

（3）建立一批优势农产品产业带。充分发挥对内对外开放经济走廊、沿边开放经济带、澜沧江开放经济带和金沙江对内开放合作经济带的辐射带动作用，充分挖掘资源、区位和特色优势，紧紧围绕精准产业扶贫的要求，补齐短板、跨越发展、促农增收，重点建设沿边高原特色现代农业对外开放示范带、昭龙绿色产业示范带和澜沧江、金沙江、怒江、红河流域绿色产业示范带等一批优势农产品产业带，通过推进标准化生产基地建设，打造产业化经营龙头企业，打响品牌，培育一批参与国际国内市场竞争的拳头产品。

（4）建立一批现代农业示范园区。以云南红河百万亩高原特色农业示范区、洱海流域 100 万亩高效生态农业示范区、石林台湾农民创业园、砚山现代农业科技示范园等为重点，加快建设一批配套设施完善、产业集聚发展、一二三产业融合的现代农业示范园区，促进要素整合、产业集聚、企业孵化。建立一批特色产业专业村镇。以蔬菜、花卉、中药材、畜牧养殖等为主业，建立一批特色明显、类型多样、竞争力强，生产区域化、专业化和集群化发展的特色优势产业专业村镇。

六、新材料产业

（1）为加快推进新材料产业跨越发展，云南省将重点组织实施新材料产业"168"工程，即确定 2020 年新材料产业营业收入 2000 亿元的 1 个总体发展目标；培育贵金属新材料、基础金属新材料、稀有金属新材料、光电子和电池材料、化工新材料、前沿新材料 6 个重点领域；组织领军企业培育、产业集聚发展、产业协同创新体系建设、标准体系建设、市场培育对接、人才培养引进、国际化发展、"互联网+"新材料行动 8 大工程。

（2）打造营业收入 500 亿元的旗舰企业 1 个，超百亿的领军企业 5 个；规划建设符合新材料产业发展需求的产业园区（基地），优化提升已形成的产业集聚区，打造百亿规模产业集群 6 个左右；围绕产业协同创新，建设云南省新材料制造业创新中心、新材料性能测试评价中心、贵金属材料基因技术研究平台；支持和鼓励企业主动与国际对标，鼓励企业积极参与国家、行业相关标准的研制；推进新材料产品生产企业与下游应用单位开展供需对接；加强新材料人才培养、引进和创新团队建设；支持和鼓励新材料企业（集团）主动融入"一带一路"及东南亚、南亚等区域经济合作；实施"互联网+"新材料行动。

七、先进装备制造业

（1）围绕做强滇中、搞活沿边、辐射南亚东南亚，科学规划产业布局，在昆明、曲靖、玉溪、红河、楚雄、大理等州市，重点建设高端装备制造基地；在德宏、保山、文山等州市，重点建设出口加工机电产品基地。大理重点打造载货汽车基地和出口型零部件基地；昆明着力建设新能源乘用车和客车、发动机基地；曲靖主要建设轻卡和多用途汽车生产基地；德宏重点建设轻卡、皮卡、微客和运动型实用汽车基地及出口型摩托车基地；楚雄主要建设新能源乘用车基地。

（2）以昆明等滇中城市为中心，规划布局云南优势特色装备制造。建设昆明经济技术开发区大型铁路养护机械基地，支持晋宁建设轨道交通设备制造及维护基地；继续推进昆明数控机床产业基地、玉溪数控机床及铸造基地建设；致力于把昆明打造成中国西南最大的盾构装备制造基地。

（3）加快昆明高新技术产业开发区电力装备产业园建设，努力打造水电、光伏、生物质能发电及输变电等产业链较为完整的电气机械及器材制造业。支持昆明经济技术开发区电力装配工业园、玉溪华宁工业园区、大理经济技术开发区风电装备制造基地建设。积极推进西安隆基硅材料股份有限公司红河、丽江、保山、楚雄项目，建设光伏产业基地。

（4）做强昆明经济技术开发区国家级光电子和金融电子设备产业基地、昆明高新技术产业开发区锗产业基地，做大产业规模。推进蒙自经济技术开发区、红河综合保税区电子产品制造基地建设；支持边境口岸地区，充分利用区位、劳动力、电力资源优势，积极引进电子设备制造龙头企业，做好承接沿海发达地区产业转移，发展电子设备制造业，形成集聚发展优势，大力推进红河、文山、德宏等地的手机、集成电路、液晶电视等电子设备制造业发展。

（5）依托现有农林机械生产企业，重点在昆明、玉溪、大理、曲靖、德宏等州市集中布局打造 4—5 个农林机械产业基地，支持重点企业在国内外布局农业机械销售网点，积极开展国际产能合作。支持昆明、曲靖、红河等州市积极规划培育建设重化矿冶装备产业园。

八、食品与消费品制造业

（1）重点推进弥勒食品加工园、芒市食品加工园、杨林木业家具产业基地、大理剑川民族木雕家具产业园、德宏实木家具集聚区、立白日化工业生产基地、临沧中缅鞋业轻纺文化产业园、保山轻纺产业园、昆明寻甸泛亚家具产业园、瑞丽红木家具园、版纳红木家具园等项目建设。

（2）加快"云品"特色食品加工业发展，提高技术装备水平，健全标准体系，打造茶、酒、糖、油、核桃、咖啡、果蔬7类过百亿元的云南特色食品加工业。

（3）以沿边、廊带节点城镇和开放载体为支撑，布局建设承接产业转移集聚区，加快承接家电、纺织服装、鞋帽、塑料制品、玩具、五金等出口导向型消费品制造，打造面向南亚、东南亚的轻工纺织产业平台和加工贸易平台。

（4）推动特色消费品制造业转型升级，全面发展花卉、橡胶制品、包装印刷、林板、林产化工等优势行业，重点发展珠宝玉石、工艺美术、户外用品等旅游消费品制造，大力发展天然香料、香水、精油、护肤及化妆品、洗涤清洁用品，积极发展节能节水器具等绿色消费品，加快家具产业发展。着力打造西双版纳、普洱、红河橡胶加工基地，重点发展子午线轮胎专用胶和浓缩胶乳、恒粘胶，加快培育浓缩干胶和橡胶制品。着力打造昆明、腾冲、瑞丽翡翠和龙陵黄龙玉加工基地，形成原料采购、设计、雕刻、鉴赏、展销等完整的珠宝玉石产业链。

第五节　可推广的经验与模式

云南积极推动产业实现绿色化转型升级，采取了很多措施，已经取得了初步成效，综合六大支柱产业和八大新兴产业的战略部署和成效，总结出进行绿色化产业转型升级需要重视的问题、可推广的经验与模式。

一、建设五大支撑体系，推动绿色产业的发展

（一）建立政府引导与协调体系

发展绿色产业涉及云南全省产业结构的调整和科技资源的合理配置，应当加强政府的引导，建立起适应绿色产业发展的宏观协调体系，加强对全省绿色产业发展及其工作的宏观指导、协调和督促。加快发展绿色产业发展服务的中介机构，建立和健全绿色产业及其产品的政府采购或补贴制度。

（二）科技投入支撑体系

调整政府安排的科技经费投向，重点关注绿色产业科技创新活动，建议在现有"优质农产品开发示范专项"等科技计划的基础上，设立"绿色产业科技创新专项"，专门用于支持影响云南省绿色产业发展重大关键技术共性技术的前期研究与开发，并且引导企业增加对绿色产业科技创新的投入。

加快对云南省从事绿色产业科技研究、开发和推广的科技资源进行合理配置，建立企业、科研单位和高校联合参加的"云南省天然药物研究开发中心""云南省农业安全性与绿色食品检测研究中心""云南省花卉育种技术研究开发工程中心""云南省旅游服务技术研究开发工程中心"等，加强对绿色产业技术研究开发的综合集成和创新。

（三）建立人才使用、引进体系

注重培养和引进高层次人才。鼓励和支持从事绿色产业的企业、科研单位和高校引进人才，提供政策优惠。积极创造条件，增加若干培养经济植物规范种植、加工及其产品质量监测、检测等与绿色产业发展密切相关的新兴学科人才的硕士、博士点，支持高等院校通过定向委托培养、联合办学和出国留学等途径为云南省培养高素质的绿色产业科技创新人才。加大培养高素质人才的力度，为绿色产业的绿色经济造就一支高素质的人才队伍。根据云南绿色产业科技创新的要求，调整高等专业人才教育方向，加大绿色产业科技创新相关专业人才，尤其是高层次人才的培养力度；同时充分利用云南大力发展绿色产业科技创新的机遇，认真贯彻引进人才优惠政策，吸引国内外各类高层次人才到云南来进行绿色科技创业。强化绿色产业技术推广人员的绿色产业技术培训，逐步改善云南绿色产业科技推广队伍素质偏低、专业人才缺乏、知识老化、不适应绿色产业绿色经济要求的状况，使全省绿色产业的发展真正转移到依靠科技创新和提高劳动者素质的轨道上来。

（四）建立发展资金支撑体系

争取国家农业发展银行和西部大开发专项资金的支持，加强对云南绿色产业及特色产品生产示范基地的资金投入，建设和完善一批绿色产业基础设施。鼓励和支持省内外的风险投资或创业投资公司到云南投资绿色产业项目，逐步建立绿色产业发展的风险投资机制。争取国家批准设立"绿色产业发展基金"，通过上市交易，吸引和利用国内外的民间资金来促进绿色产业企业的发展壮大。

（五）建立服务支撑体系

加快云南信息宽带网络建设，依托现有的服务机构，建立"云南省绿色产业信息服务中心"，全面收集国内外绿色产业科研、技术、新产品开发、市场动态等信息，为全省绿色产业发展提供服务。加大绿色产业科技创新专利等知识产权的保护力度，对申请相关领域的专利、植物新品种保护的单位或个人可依照省内有关政策给予资助和补贴。配合国家有关部门，建立具有特色的绿色产业产品的技术标准和质量规范，提高这些产品在国际市场上的竞争力。

二、推动绿色化转型升级的经验模式

（一）坚决淘汰落后产能，提高资源利用率

认真组织实施云南化解产能严重过剩矛盾实施方案。制订煤炭、钢铁、水泥、铁合金、有色金属、焦炭等年度淘汰落后产能方案，将目标任务分解落实到各级政府，落实到具体企业，防止落后产能转移。对未按要求淘汰落后产能的企业，坚决依法责令停产、关闭。鼓励清洁能源发展，提供政策支持。

（二）坚决控制高耗能、高排放行业的过快增长

要加快推进节能减排重点项目，继续实施千家企业节能低碳行动，在重点耗能行业全面推行能效对标，对重点园区和重点企业实施清洁生产审核，实施园区循环化改造，培育和创建一批低碳示范工业园区。要强化监督管理，加大节能减排监测执法、评价考核和问责力度，对能耗严重超标、不达标排放和违法偷排等企业建立黑名单制度，及时向社会公开。

（三）加强技术改造，大力推进企业环保

用高新技术和先进适用技术改造传统工业，加快传统产业高新化。集中实施升级改造，推进机械化和安全生产建设，提高技术装备和集约化发展水平。突出信息化在生产过程控制、企业管理、节能监测等改造提升传统产业中的作用。提高资源综合利用水平及工业废气、余热余压和废水的综合利用率，鼓励再生资源回收利用，积极开展产业间资源循环利用，大力发展环保产业。

第六章 云南生态补偿制度面临的困境与出路

第一节 生态文明排头兵建设中的生态补偿制度建设

生态文明建设是"五位一体"重要内容，是"四个全面"重要抓手，肩负着"中国梦"全面实现的重要使命，是中华民族永续发展的根本大计。2015年1月，习近平总书记考察云南时发表重要讲话，将"生态文明建设排头兵"作为云南的主要发展定位之一。至此，云南争当生态文明建设排头兵有了明确的行动指南。作为中国内陆面向南亚、东南亚的重要门户，云南既肩负着地区社会经济发展的重要任务，也承担着中国内陆发展生态屏障的重要使命。如何在发展与保护中取得平衡、实现融合，一直是云南人必须解决的重大难题。自20世纪90年代云南开始实践天保工程以来，历时20多年，逐渐探索形成了一条适用于云南、可供借鉴的生态文明建设路径。其中，最引人注目的是生态补偿制度的建立健全与创新发展。

一、生态补偿与生态补偿制度的概念内涵

（一）生态补偿概念内涵

生态补偿是当前理论和实践研究的热点，但目前国内外对生态补偿的界定尚不统一。国外一般将生态补偿称为"生态系统服务付费"或"环境服务付费"（pay for ecosystem/environment service，PES），是对生态系统服务供给者给予的付费补偿。该

定义赋予生态系统服务商品的部分属性，在市场主体自愿交易的基础上实现价值转移，并以此激发主体的保护行为。国内一般将生态补偿理解为一种资源环境保护的经济手段，具有广义和狭义之分。狭义概念主要是对人类活动产生的生态环境正外部性给予补偿；广义的生态补偿在狭义基础上增加了向生态环境破坏受害者的赔偿和对造成环境污染者的收费。国内生态补偿主要靠行政命令推进，因此长期以来具有强烈的政策色彩。

目前国内外对生态补偿的研究都强调生态环境的生态价值，但主要围绕其经济价值运用公共物品理论和外部性理论进行分析，使其发展成为调节社会子系统内部主体间争夺生态资源环境矛盾的重要手段。在实践和理论探索中，我们一直尝试站在系统论和可持续发展理论的角度思考，除了人和人之间的矛盾，更应该关注人类社会对生态环境的补给，生态补偿的概念应该扩大到调节社会子系统与生态环境子系统间的失和，应着眼于使整个生命生态系统实现和谐。

（二）生态补偿制度概念内涵

在生态文明制度建设的系统工程中，生态补偿制度是必不可少的一项基础性内容。经过长期的理论研究和实践探索，生态补偿作为调节人与人之间在生态资源环境领域的矛盾，以及人类社会与生态环境生存和发展空间矛盾的重要手段，被不断证明和认可，逐渐上升为一种制度需求，并最终以制度安排的形式得以发展完善。本章认为，生态补偿制度就是为了调和两种矛盾中的利益相关者，采用行政或市场的手段对各项权利义务关系进行制度上的安排，使之更符合公平正义和可持续发展的要求，主要包括经济手段、行政手段、政策法规及国家生态工程。

二、生态补偿制度的主要内容

从新制度经济理论看，生态补偿制度包括了三个层次内容：国家规定的相关法律、条例和经济制度等正式制度，社会认可的相关文化、习俗等非正式制度，以及保证相关制度得以落实的操作规则——实施机制。从研究对象的构成要素看，生态补偿制度主要包括生态补偿原则、补偿主体和补偿对象、标准、模式等。本章主要从构成角度进行分析。

（一）生态补偿制度原则

第一，生态与经济社会相协调原则。"绿水青山就是金山银山"，良好的生态环境可以转化成社会生产力。人类社会与生态环境的联系是生产关系的重要内容，落后的联系方式阻碍了社会生产力的发展，阻断了"绿水青山"与"金山银山"的转化途径。生态补偿的目的就是要优化联系方式，打通生态资本转化通路，提高生态资本利用效率，促进生态环境与社会经济的融合发展。

第二，生态系统服务供需原则。生态系统服务只有既存在供给又存在需求时，才能建立交易市场，生态补偿的作用才能得以发挥，但并非所有的供给都能进入市场，必须是与人的需求和活动发生了关系才有补偿的必要，因此，生态补偿必须以生态系统服务的供需特点为基础。

第三，价值转移原则。生态系统服务的时空流动性和外部性决定了其价值可以在不同利益主体间发生转移，从而产生补偿的必要性。对负外部性来说，实施者利益的增加是以承担者利益的减少为代价的；对正外部性来说，承担者无偿享受了实施者行为带来的利益增加。

第四，公平原则。公平具有时间和空间上的双重特征，从空间上看，"资源诅咒"现象普遍存在，越是生态资源丰富的地区其发展越受限制，越是依赖生态资源的地区其发展越落后，前者是为了保护放弃了发展，后者是以环境换发展最终制约了发展，如何破解诅咒是生态补偿研究的重要内容。此外，从时间上看，代际传承是公平的另一方面，当代人必须为后代发展预留空间。生态补偿必须体现环境公平才能真正实现社会公平正义。

第五，政府引导、市场运作和社会参与原则。在公共物品领域社会关系极为复杂，行政成本和交易费用极高，单一的政府调控或市场运作都难以真正发挥效用，出现政府和市场的双重失灵。为此，生态补偿应以生态环境公共物品属性为基础，既尊重市场对价格的调控，又尊重政府对风险的干预，同时引入社会机制做保障和补充。

（二）生态补偿制度的主客体

生态补偿原则为生态补偿制度提供了指导思想，在生态补偿制度构建中，关键问题是要理顺各利益相关者之间的关系。因此，生态补偿制度应以明确补偿主体、对象为基础。

从国务院办公厅印发的《国务院办公厅关于健全生态保护补偿机制的意见》中"谁受益、谁补偿"原则可知，生态补偿主体通常指受益者，即过度使用生态资源和享受生态系统服务的主体，包括开发利用生态资源的主体、受到生态利益辐射的政府和居民等。补偿客体即补偿对象，主要指因保护行为而利益受到损害的主体，或因生态损害遭受损失的个人、单位和地方政府；如果上升至人类社会与生态系统的补给关系，补偿客体还应包括受到人类活动影响和损害的生态系统。

（三）生态补偿制度的标准

补偿标准主要解决的是"补偿多少"的问题，是生态补偿制度的核心内容。从国内外关于生态补偿标准的研究来看，普遍认为该标准应该介于受偿者成本与其所提供的生态系统服务价值之间，该区间的确定和测算主要从产权主体环境经济行为成本和生态系统收益两个方面进行。从成本角度看，包括直接投入成本和机会成本，是保护和改善生态环境实际投入费用与放弃生态环境开发利用机会所丧失的最大利益总和。从生态收益角度看，主要指生态系统服务价值，但由于生态系统本身的复杂性，以及生态系统服务价值理论与研究方法的局限性，目前对生态服务价值的评估结果完全超出国家或地方财政的承受能力，缺乏实际可操作性。

（四）生态补偿制度的模式

生态补偿制度的模式根据不同的要素可进行不同的划分，按照补偿方法可分为经济补偿和非经济补偿，根据补偿效果可分为输血型补偿和造血型补偿，根据运作主体可分为政府补偿模式、市场补偿模式和社区共管模式。本章主要从运作主体角度进行分析。

政府补偿模式是以国家或上级政府为补偿主体，以下级政府或农户为补偿对象，通过财政转移支付、税费优惠或补贴、政策倾斜、补偿基金等手段开展生态补偿的方式。该模式具有强烈的行政色彩，在推进效率方面具有优势，但缺乏可持续性。市场补偿模式主要是通过产权交易调节资源配置。这种方式有助于激发生态保护的积极性、主动性和创造性，具有资金来源广、运行成本低、灵活性高等优势，但该方式操作难度大，存在盲目性和逐利性等弊端。在发展过程中，逐渐衍生出政府模式和市场模式相结合的"准市场模式"，它主要指在市场补偿模式下，用政府这只"看不见的手"对市场进行监督和调控，以维护生态服务交易市场的安全与稳定。"准市场模式"并非一种独立的模式形态，而是市场模式的升级版，依然属于市场模式范畴。社区共管模式从社会治理角度强调公众在生态补偿中的主动性和重要性，引导公民共同参与生态环境的保护与管理，既发挥了公民在环境管理中的主体责任，又保障了公民的环境权利，并有效培育和激发了公众参与生态补偿的内在需求。

三、生态补偿制度建设与生态文明建设的关系

（一）生态补偿制度建设是生态文明建设的战略要求

党的十八大以来，生态文明建设的战略部署日益清晰，顶层设计取得突破，生态文

明"四梁八柱"基本框架正逐步构建并不断完善。从生态文明与中国梦、"五位一体"总体布局、"四个全面"战略布局、新发展理念、供给侧结构性改革等的关系看，生态文明就是要通过矫正人与自然、人与人之间的关系，实现经济利益与环境利益平衡及社会生态友好，从而推动经济、政治和环境的共同进步与发展。"绿水青山就是金山银山"是习近平同志关于生态文明建设最为著名的科学论断之一，要想践行这一科学论断、发挥生态文明建设的积极作用，必须找到有效的手段和途径。生态补偿的目标是追求"绿水青山"保护者与"金山银山"受益者之间的利益平衡，因此，该制度安排就是这个有效手段和途径的具体表现形式。

（二）生态补偿制度建设是生态文明建设的重要内容

从生态文明"四梁八柱"基本框架看，"健全资源有偿使用和生态补偿制度"是其重要内容之一。《中共中央 国务院关于加快推进生态文明建设的意见》对健全生态保护补偿机制，科学界定生态保护者与受益者权利义务，加快形成生态损害者赔偿、受益者付费、保护者得到合理补偿的运行机制做出了明确规定。《生态文明体制改革总体方案》将完善生态补偿机制、探索建立多元化补偿机制、逐步增加对重点生态功能区转移支付、完善生态保护成效与资金分配挂钩的激励约束机制作为重点内容提出。党的十九大报告将"建立市场化、多元化生态补偿机制"列为"加快生态文明体制改革，建设美丽中国"的内容之一，再次强调生态补偿制度建设在生态文明整体建设中的基础性、重要性。

（三）生态补偿制度建设是生态文明建设的有效手段

生态补偿是生态文明系统化思维的具体体现和政策工具，国家通过建立健全生态补偿制度推动生态文明建设的快速发展。在生态补偿制度框架和发展路线图的不断延伸下，补偿范围从单领域补偿扩展到综合补偿，补偿尺度由省内扩展到跨省、跨流域，补偿方式从资金补偿扩展到多元化补偿。在此过程中，生态文明建设各项问题逐渐浮出水面，内外部关系变得纷繁复杂，而生态补偿制度的发展完善又在理顺这些关系中起到了积极有效的作用。人与自然的矛盾是主要矛盾，资源配置的不合理是矛盾的主要方面，矛盾源于人，生态补偿制度通过协调利益相关者关系，有效化解了内外部矛盾。

（四）生态文明建设是生态补偿制度建设的理论基础和思想源泉

生态文明是人类在全球性环境问题上达成共识后做出的理性选择。其浅层核心价值表现为和谐，即在发展经济的同时注重生态环境改善和代际公平；深层次核心价值可归纳为可持续发展。在生态文明建设中，制度建设是重要抓手，它要求政府发挥生态治理制度供给的主体作用，并通过强化完善政治、政策和法律措施，实现经济和生态制度间的统筹协调。生态文明建设中的制度体系建设，注重观念、顶层设计、管理体制和动力机制的创新，是一个严密的自洽系统，在这个自洽系统中生态文明"制度红利"才能有效释放。此外，制度建设关注政府、市场和社会三方面合作的协同治理，从主体协同、过程协同和外部关系协同三方面着手，处理好各方关系。作为生态文明制度体系的重要构成部分，生态补偿制度建设必然要以生态文明建设为主要的理论基石，在生态文明重要思想指导下进行设计。

四、完善生态补偿制度对生态文明建设的重要意义

（一）丰富生态文明建设内容

生态文明包括八个方面内容：健全自然资源资产产权制度、建立国土空间开发保护制度、建立空间规划体系、完善资源总量管理和全面节约制度、健全资源有偿使用和生态补偿制度、建立健全环境治理体系、健全环境治理和生态保护市场体系、完善生态文明绩效评价考核的责任追究制度。各项内容都为生态补偿制度的完善优化提供了有力支撑，是生态文明建设内部发展的重要形式。其中，健全自然资源资产产权制度要求主体结构合理、产权边界清晰、产权权能健全、产权流转顺畅和利益格局合理，这为生态补偿主客体界定提供了依据，是补偿标准确立的重要基础，也为利益相关者关系的调整指明了方向；建立国土空间开发保护制度包括完善主体功能区配套政策、建立以国家公园为主体的自然保护地体系、建立空间治理体系，三方面内容明确了生态补偿适用的领域和主要目标；建立空间规划体系就是要划定生产、生活、生态空间开发管制界限，落实用途管制，这部分内容明确了生态补偿范围，是补偿适用的重要基础性条件；完善资源总量管理和全面节约制度充分考虑了生态系统服务的时空流动性，从供需平衡角度对生态补偿做出要求；健全资源有偿使用和生态补偿制度既体现了生态资源的经济价值也体现了生态价值，强调生态补偿的必要性和可行性；建立健全环境治理体系就是要让政府、企业和社会公众等多元主体共同参与到环境治理中，生态补偿作为环境管理的具体手段之一必然要遵从体系建设的总体思路和方向，逐渐从政府一元治理模式走向多元共治；健全环境治理和生态保护市场体系要求推行市场化环境治理模式、构建市场化多元投融资体系、实施有效的激励机制、建立有效监管和执法体系、规范市场秩序、强化体制机制改革和创新等，生态补偿是生态保护的重要手段，其未来必然走向政府、市场和

社会机制的融合运用，并且在前几大内容的支撑下市场化运营会是生态补偿新的发展方向和动力源泉；完善生态文明绩效评价考核的责任追究制度主要通过自然资源资产负债表的编制和干部离任审计等形式来落地，这些内容和形式为生态补偿的发展完善提供了基础，也是检验生态补偿绩效的重要途径。

作为生态文明建设的重要内容之一，生态补偿制度本身的发展完善也是对生态文明建设的发展与深化，使其既具有宏观层面的指导性，又具有微观领域的可操作性，并且为生态文明建设的落实提供了具体的实施路径。生态补偿制度以经济手段调节人与人之间的矛盾，提高资源配置效率，推动人与自然和谐共生，它与生态文明建设其他几个方面的内容相互依存、相互作用，共同形成了生态文明建设的有机体。因此，生态补偿制度的完善必然要求和推动其他方面内容的发展完善，从而丰富生态文明建设整体内容。

（二）调和生态文明建设内外部矛盾

从生态文明建设框架体系看，八大内容既互为前提、互为效果，也互为掣肘、互为制约，既有内容上的承接又有效用上的协同。自然资源资产产权制度效用发挥需要生态补偿，生态补偿通过经济手段调节利益，体现产权在社会财富再分配中的基础性作用；生态补偿以主体功能区为宏观战略实施做出的利益让渡和价值贡献为补偿依据，为国土空间开发保护制度的建立健全提供物质保障；生态补偿强调系统观，以山水林田湖生命统一体为研究对象，为"多规合一"空间规划体系的建立健全提供技术保障；生态补偿以生态系统服务供给为导向，既关注生态系统服务时间上的传承，也重视空间上的传输，是资源总量管理和全面节约的调节器；生态补偿以生态系统服务价值为基础，是自然资源有偿使用的重要实现途径；生态补偿经历了单一政府兜底阶段，在各主体责任不断明确的基础上，逐渐形成政府、企业和社会共同参与的多元发展模式共识，因此，是建立健全环境治理体系、实现环境共管共治的有益探索和突破口；靠财政转移支付的生态补偿在试点阶段起到了积极作用，随着补偿范围、补偿内容等的不断扩大和深入，资金来源已逐渐成为制约生态补偿的重大瓶颈，通过市场化运营筹集补偿资金是必然之选，也是健全环境治理和生态保护市场体系的重要环节；生态补偿通过协调主体经济利益达到保护生态环境的目的，因此，是生态文明绩效评价考核的重要指标。

从生态文明建设体系内部作用关系看，生态补偿起着桥梁和工具的作用，激发各制度的积极能动性并形成"1+1>2"的制度效应。从"五位一体"总体布局的关系来看，生态文明建设是经济建设、政治建设、文化建设和社会建设的基础，起源于资源高度紧缺、环境严重恶化，核心在于正确处理人与自然的关系。生态补偿在协调社会主体间矛盾的同时，将社会成果转移用于补给生态环境，是促使生态文明与其他文明之间协调发展的重要工具。

（三）提升生态文明建设质量

生态文明建设质量应以内外部矛盾的解决能力和效果为衡量标准，生态补偿制度从三个方面对生态文明建设质量做出贡献。首先，生态补偿制度自身的完善。生态补偿制度是生态文明建设的重要内容，该制度的完善也是整个生态文明建设质量提高的重要表现。其次，生态补偿制度提高生态文明建设的机制运行效率。生态补偿制度通过发挥内部协调作用，理顺生态文明建设八项内容的运作机制，发挥制度"红利"。最后，生态补偿制度明确了生态资源价值，并切实用经济手段衡量生态系统服务在整个生命生态系统中的重要作用，为理顺生态文明建设与其他四个文明建设关系、明确生态文明建设基础地位提供了保证。

第二节　云南省生态补偿制度建设实践及成效

一、云南省生态补偿制度建设进展

（一）以试点为突破的萌芽阶段

20 世纪 80 年代初，云南省以昆阳磷矿为试点，通过开征矿区覆土植被及生态破坏的恢复治理费用开始了最早的生态补偿实践。20 世纪 70 年代中后期，云南省开始森林生态补偿的初步实践，在随后的十年内不断拓展补偿的范围和标准，截至 2006 年，实现全省非天保区国家级公益林全部纳入补偿范围。云南省在试点探索阶段，针对出现的问题提出了相关的管理办法和操作规则，并在实践中不断验证和修正这些办法、规定，为后续生态补偿制度的确立和快速发展奠定了基础。

（二）以项目为导向的起步阶段

2005 年，在实践的基础上，云南省财政厅颁布了《云南省森林生态效益补偿基金管理实施细则》，对补偿范围和标准、补偿性支出、公共管护支出等内容作了明确规定，这标志着云南省生态补偿开始由试点探索阶段步入生态补偿制度建设的起步阶段。2006 年，《中共云南省委　云南省人民政府关于加强环境保护的决定》中提出"开展生态补偿试点，逐步建立生态补偿机制"。2008年，《云南省人民政府关于加强滇西北生物多样性保护的若干意见》中明确提出，要在"十一五"期间加大重点领域生态补偿投入，推动试点工作，建立完善的区域生态补偿机制。2011年，云南省委第九次党代会上正式提出云南省争当全国生态文明建设排头兵的目标，并将建立、健全云南省生态补偿机制作为其重要内容。该阶段的很多成果都是以天保工程及生物多样性保护等大型国家项目的实施为基础。

（三）制度建设快速发展阶段

2012年12月1日起实施的《云南省牛栏江保护条例》明确提出，要建立健全生态补偿机制，改善和提高牛栏江保护区内居民的生产和生活条件。2014年，云南省财政厅和林业厅出台的《云南省森林生态效益补偿资金管理办法》对公益林生态效益补偿资金进行了统一规范管理，提出了统一管护体系，实现了"管补分离"。取消原来按比例兑现补偿金的规定，对补偿资金再细化。2015年，云南省财政厅联合环境保护厅等相关部门，立足云南省情特点和管理实际，逐步建立完善了一套以生态价值补偿为主体、生态质量考核奖惩为辅助的生态功能区转移支付制度体系，形成了保护环境和建设生态文明的有效制度合力，为争当全国生态文明建设排头兵提供了有效的制度保障。与此同时，云南省16个州市积极响应省委、省政府有关安排，将各项补偿制度与地方实践相结合，发展和创生出具有各地特色的制度安排，为全省生态补偿制度建设提供了丰富翔实的地方版本。

这一阶段是生态补偿制度顶层设计与区域需求相融合的过程，云南省以中央制度为基础，针对生态补偿实践中的突出问题，设计创新出具有地方特色、适应地方需求的云南制度，特别是在森林、湿地、生物多样性保护和水环境保护等领域探索实施的生态保护补偿机制，取得了阶段性进展，为下一时期生态补偿制度的逐步完善建立了体系框架，做出了有益探索。

（四）全面落实、逐步完善阶段

2017年1月，《云南省人民政府办公厅关于健全生态保护补偿机制的实施意见》发布，从建立生态保护补偿资金投入机制，完善生态功能区转移支付制度，创新重点流域横向生态保护补偿机制，探索市场化、社会化生态保护补偿新模式，创新生态保护补偿推进精准脱贫机制，健全配套制度体系，创新政策协同机制，推进生态保护补偿制度化和法制化8个方面提出具体要求。该意见明确提出，到2020年，全省森林、湿地、草原、水流、耕地等重点领域和禁止开发区域、重点生态功能区、生态环境敏感区、脆弱区及其他重要区域生态保护补偿全覆盖，生态保护补偿试点示范取得明显进展，跨区域、多元化补偿机制初步建立，基本建立起符合省情、与经济社会发展状况相适应的生态保护补偿制度体系。该意见对云南省争当全国生态文明建设排头兵具有十分重要的意义。

2017年12月，云南省以项目研究的形式编制完成《云南省长江流域生态保护补偿实施办法（试行）》及配套实施方案，有效推动了云南省流域生态保护和水环境污染综合防治工作，进一步完善了生态功能区财政转移支付制度，建立起云南省流域跨界生态补偿机制。至此，全省生态补偿制度内部建设已初步发展完善，云南省开始重视生态系统的外部协调性，跨区域、跨流域生态补偿制度建设正成为新的热点。

二、云南省生态补偿制度建设特色及亮点

云南省自然生态资源丰富，但社会经济发展滞后，域内涉及三个国家级集中连片特困区和实施特殊政策的藏区，是全国脱贫攻坚战的主要战场之一，保护与发展的矛盾在云南省表现得特别尖锐。从历年区域社会经济总量排名看，云南省均在全国前20名之后，随着环境保护压力的增加，云南省依靠自然资源发展的路径越来越窄；从全国功能定位看，云南省大部分地区属于限制开发区和禁止开发区，发展的空间越来越小。如何既能不破坏或最低程度地干扰自然生态环境，又能增强地方社会经济发展后劲、拓展发展路径，成为近年来地方党委政府一直探索的难题。近年来，随着生态文明建设排头兵的提出，中央对自然生态环境的高能督察，云南省立足高原特色积极探索，在两难之中逐渐摸索出"以补偿带发展、以补偿促发展"的路径。从制度建设来看，主要体现在生态文明建设框架下生态保护制度的快速发展。

通过对全国部分地区生态补偿制度建设的梳理和分析发现，生态补偿建设的问题主要集中在主体不清、标准不明、方法不详、形式单一、路径不畅、考核不严等方面，并且这些问题在各地的表现和影响不一，各地关注的侧重点也不一样。就云南而言，政府将矛盾的焦点放在转移支付制度体系建设上。首先，明确"生态价值权益，科学实施生态补偿"。在山水林田湖生命共同体理念指导下，综合各生态元素，以地区生态系统的综合"生态价值"为评价单元。其次，立足国家现行技术规范，按照不同环境要素的生态价值，形成一套符合云南省特点的指标计算体系，并以计算的生态价值大小为依据，公平分配生态补偿资金。再次，采用点面结合方式，对按照统一方法计算难以充分体现而又确实具有较重要生态价值、生态保护支出责任较大的地方给予政策性补助和奖励性补助。最后，研究建立符合省情特点的县域生态环境质量评价考核体系，大力推动实施

全省环境监测能力标准化建设。其具体做法是，根据每年的评估结果采取相应的资金奖惩措施，对生态环境变化的地区适当增加生态价值补助资金，对因非不可控因素导致生态环境恶化的地区扣减生态价值补助资金。

从近年来的建设情况看，生态环境质量年度动态监测、评价和考核机制已覆盖全省16个州市、129个县（市、区），仅2014年，全省就对生态环境质量年度间变差的12个县（市、区）扣减生态补偿资金共1.11亿元，对生态环境质量年度间变好的44个县（市、区）给予生态补偿奖励共0.7亿元。云南省通过一系列制度创新实现了以资金奖惩激励引导、以制度促进生态保护的目标，对各地牢固树立"保护生态环境就是保护生产力，改善生态环境就是发展生产力"理念起到了较好的引导作用，各地在发展经济中都自觉做到以保护生态为前提，也为促进全省可持续发展，争当全国生态文明建设排头兵提供了有效的制度保障。

三、云南省生态补偿制度建设绩效

生态补偿的目的在于协调经济发展与生态环境保护间的关系，实现生态效益的最大化[①]。云南省生态补偿制度发展已有二十余年历史，目前涵盖森林、土地利用、湿地、草地、水资源环境和流域等多个方面内容，在生态补偿等多项政策协同推动下，云南省绝大部分地区环境质量处于稳中向好局面。如表6-1所示，从2015—2017年数据看（部分数据在2014年之前测算标准和方法不同，很难进行比较），地表水环境功能达标情况有一定程度的波动，森林覆盖率和各类自然保护区持续增加，生物多样性维持在较好水平。

表6-1　2015—2017年云南省环境质量情况表

指标	2015年	2016年	2017年
主要河流考核断面水环境功能达标率	85.90%	88.70%	87.70%
主要湖库水质达标率	76.70%	71.00%	73.40%
森林覆盖率	55.70%	59.30%	59.30%
湿地类自然保护区面积/万公顷	20.75	21.34	21.44
自然保护区面积/万公顷	286	286	286
物种数量/个	25 434	25 434	25 434

为进一步分析和说明生态补偿制度建设的绩效，本节运用指标体系评价法对生态补偿绩效进行深入分析，并对生态环境保护与经济社会发展关系进行详细说明。

---

① 张涛、成金华：《湖北省重点生态功能区生态补偿绩效评价》，《中国国土资源经济》2017年第5期。

（一）指标体系构建及权重确定

本节以生态环境保护和经济社会发展为准则层，在分析总结相关研究成果的基础上，结合云南省地方特点，选取6个方面13项指标构成指标层，其具体内容如表6-2所示。

表6-2　云南省生态补偿绩效评价指标体系

准则层	序号	指标层	内涵	指标性质	权重
生态环境保护指标A	A1	生物丰度指数	生态环境状况	正向指标	0.085
	A2	植被覆盖指数		正向指标	0.088
	A3	水网密度指数		正向指标	0.062
	A4	土地退化指数	生态环境压力	负向指标	0.055
	A5	污染负荷指数		负向指标	0.047
	A6	环保投资（万元）	生态环境响应	正向指标	0.088
	A7	政府对生态环境的转移支付（万元）		正向指标	0.076
经济社会发展指标B	B1	GDP增长率（%）	经济发展	正向指标	0.044
	B2	三大产业产值比重（%）		适度指标	0.112
	B3	人均GDP（元）	民生改善	正向指标	0.081
	B4	农村居民人均可支配收入（元）		正向指标	0.092
	B5	城市化率（%）	社会进步	适度指标	0.091
	B6	全社会就业人数（万人）		正向指标	0.079

生态环境状况与压力是对生态补偿下生态环境现状的描述，主要包括生物丰度指数、植被覆盖指数、水网密度指数、土地退化指数和污染负荷指数，这些指标涵盖了森林面积、水域面积、草地面积、林地面积、农田面积、河流长度、湖库、水资源量、土地侵蚀、污染物排放等多项指标，可对生态环境有较为全面的描述。选取环保投资及政府对生态环境的转移支付作为生态环境损害的响应。

生态补偿的第一重功能是环境保护，但同时还具有协调社会经济发展的第二重功能，表现为推动社会经济发展、促进民生改善。本节选取 GDP 增长率和三大产业产值比重表征区域经济结构与发展水平；以人均 GDP 和农村居民人均可支配收入反映人民生活水平及民生改善情况；以城市化率和全社会就业人数表征社会发展水平与公平程度。

指标权重的确定有主观赋权法和客观赋权法。为避免专家主观偏差带来的局限，本节采用客观赋权法中的熵权法，即在 m 个待评价对象、n 个评价指标的评价体系中，将 m 个参评对象指标数据进行标准化处理后构成评价矩阵，即 $U = \left(u_{ij}\right)_{m \times n}$，第 j 个评价指

标的熵为 $e_j = -k \sum_{i=1}^{m} P_{ij} \ln P_{ij}$，则第 j 个指标的差异性系数 $g_j = 1 - e_j$。指标的差异性系数反映了指标数据值的差异性大小，数据差异性越大 g_j 越大，该指标的权重就越大。其计算公式为 $W_j = g_j / \sum_{j=1}^{n} g_j$。

（二）TOPSIS 模型

TOPSIS 方法是一种逼近理想解的多目标决策方法，其基本做法是先确定理想解，然后计算评价对象与理想解的距离，并进行相对优劣评价。该方法因其严密性、对数据的充分利用和信息还原度高等优点，近年来被广泛应用于生态环境与社会经济响应关系的定量评价中。

在加权规范化矩阵基础上确定正负理想解：

$$Z_j^+ = \max\{Z_{ij}\}, i = 1, 2, \cdots, m$$
$$Z_j^- = \min\{Z_{ij}\}, i = 1, 2, \cdots, m$$

计算评价对象到正负理想解的欧氏距离：

$$d_i^+ = \sqrt{\sum_{j=1}^{n}\left(z_{ij} - z_j^+\right)^2}, i = 1, 2, \cdots, m$$
$$d_i^- = \sqrt{\sum_{j=1}^{n}\left(z_{ij} - z_j^-\right)^2}, i = 1, 2, \cdots, m$$

d_i^+ 和 d_i^- 分别表示评价对象与正负理想解之间的距离，d_i^+ 越小说明评价对象越接近正理想解，d_i^- 越小说明评价对象越接近负理想解。

计算生态补偿绩效综合评价指数：

$$b_i = d_i^- / \left(d_i^+ + d_i^-\right), i = 1, 2, \cdots, m$$

b_i 越大，表明被评价对象的状态越接近理想解，生态补偿绩效越好。

（三）结果与分析

数据主要来源于《云南省统计年鉴 2017》、16 个州市 2017 年统计年鉴、各类专项公报及相关部门公布的数据。

根据熵权法计算结果（表 6-2），生态环境保护类指标权重占 50.1%，经济社会发展类指标权重占 49.9%。其中，排名前三的经济社会发展类指标是三大产业产值比重（11.2%）、农村居民人均可支配收入（9.2%）和城市化率（9.1%）；排名前三的生态环境保护类指标是植被覆盖指数（8.8%）、环保投资（8.8%）和生物丰度指数（8.5%）。

从权重分布及指标构成来看，该指标体系对生态环境质量、环境保护及社会经济发展水平、社会公平等都有较好的体现。整个权重构成中，经济社会发展指标排名靠前，这与云南省大力推动生态补偿扶贫脱贫策略相一致，符合当前全省生态补偿现状。

根据前文规范化决策矩阵可以求得云南省 16 个州市的生态补偿绩效评价指标的正负理想解（因数据量较大，部分数据很难从官方途径获得，故选择了具有一定参考意义的替代值，在一定程度上影响了结果的精确性，但其趋势与云南省整体及各州市现状及发展情况是一致的，具有一定的参考价值，因此，本节不再赘述计算过程和矩阵表格，仅就结果所反映的趋势进行说明）。从计算的数值可以发现，昆明市、曲靖市、玉溪市、红河哈尼族彝族自治州和大理市基本占据了正理想解的 70%，并且这些正理想解基本都属于经济社会发展类指标，这说明这五个地方在经济社会方面的表现相对优于其他州市；剩下的 30% 主要由生态环境保护类指标构成，并且主要分布在迪庆藏族自治州、西双版纳傣族自治州、德宏傣族景颇族自治州和临沧市等森林和水生态资源丰富的地区。负理想解的分布也呈现两个特征，经济社会发展越快的州市生态环境保护类指标距离正理想解越远，自然生态环境越好的州市经济社会类指标越靠近负理想解。这说明，生态补偿在社会经济发展靠前的地区对生态环境保护的效果不佳，在社会经济发展落后但生态环境较好的地区对经济社会的拉动作用也不明显，对于中间部分的地区生态补偿存在两方面效果均不佳的尴尬局面。由此可知，全省生态补偿绩效都还存在较大的提升空间。

四、云南省生态补偿制度建设的主要经验

云南省生态补偿制度建设涵盖面广，包括森林、土地利用、湿地、草地、水资源环境和流域等方面的生态补偿，其中以森林生态补偿制度建设和流域生态补偿最为深入，成果最为丰硕。

（一）滇池流域生态补偿经验

目前滇池流域生态补偿比较成熟和具有代表性的是跨流域调水生态补偿、水源地生态补偿。首先，跨流域调水生态补偿。滇池流域跨流域调水生态补偿主要针对牛栏江引水工程、掌鸠河引水工程和清水海引水工程。其中，掌鸠河引水工程中的生态补偿主要是水库淹没及移民安置资金补偿、水源地涵养林补偿；清水海引水工程主要是移民安置项目资金等。针对这两个工程的复杂性，昆明市就两大工程的生态补偿方式及标准等从不同角度做了详细的安排和制度设计，具体内容如表 6-3、表 6-4 所示。

表6-3　掌鸠河引水工程生态补偿方式及标准

补偿类型	具体实现方式	受补偿对象	补偿标准
资金补偿	生产补助	水源区	退耕还林补助：生态林、经济林每年每亩以粮食折现金补助300元，补助管理费20元。生态林补助期16年，经济林补助期10年，管理费补助期5年；种植第一年生态林每亩一次性补助种苗费100元，经济林每亩一次性补助种苗费300元
			平衡施肥补助：每年每亩补助100元
	生活补助	水源区农业人口	每人每月补助能源费10元
		新型农村合作医疗补助	对水源区农业人口自愿参加新型农村合作医疗个人应交纳部分给予补助，每人每年补助8元，个人承担2元
		学生补助	对水源区农业人口就读大学、高中（含中专、技校）的学生，在校学习期间每人每学期补助150元
	管理补助	护林员、保洁员	水源区设置390名护林员，每人每月工作补贴300元，水库周边、主要入库河道沿岸村镇设置150名保洁员，每人每月工作补贴300元
		水源区乡镇	管理与保护工作经费76万元，县级30万元、撒营盘镇21万元、云龙乡13万元、马鹿塘乡5万元、皎西乡3万元、团结乡3万元、茂山乡1万元；水源区森林防火、病虫害防治和林政管理专项补助36.8万元
实物补偿	部分生活资料	水源地农户	水源区淹地不淹房人员按照《昆明市人民政府办公厅关于转发〈对云龙水库库周29个淹地不淹房自然村有关问题的处理意见〉的通知》（昆政办通〔2003〕64号）规定，继续执行现行大米补助政策，补助标准和对象不变。淹地不淹房的29个自然村，1140户，4340人，每年补助大米70.07万千克
	资金和部分生产、生活资料	从水源地迁出的移民	不仅可以得到资金上的补偿，还可以按照家庭人口得到相应的住房、土地等生产资料上的补偿
项目补偿	居住地配套设施	水源区农户和外地迁入移民	水、电、路、通信、有线电视、学校、文化室、公房等基础设施
	就业机会		为其中剩余的一部分劳动力提供较多就业机会和自主从业机会
	培训等		举办了不同形式的农药科技培训班，为农户配备了农业科技辅导员，无偿提供化肥，建盖烤烟使用的烤房

表6-4　牛栏江—滇池补水工程水库及枢纽建设征地区各村民小组生产安置标准

征地县（区）	乡	农业人口/人	原有耕地		建设征用耕地		人均剩余耕地		生产安置标准	
			水田/亩	旱地/亩	水田/亩	旱地/亩	水田/亩	旱地/亩	水田/（亩/人）	旱地/（亩/人）
沾益区	德泽乡	413	100.5	565.5	2.5	64.5	0.24	1.21	0.24	1.21
	大坡乡	744	137.8	1730.2	15	1.3	0.17	2.32	0.17	2.32
会泽县	田坝乡	661	36.6	1203.2	20.9	61.3	1.12	1.73	0.02	1.73
寻甸县	河口乡	969	0	2327.5	0	58.8	0	2.34	0	2.34

其次，昆明市高度重视以松华坝为代表的水源地生态补偿制度建设。2005年昆明市人民政府颁布实施了《昆明市松华坝水源保护区生产生活补助办法（试行）》，2007年颁布实施了《昆明市松华坝水源区群众生产生活补助办法》，2009年修订和加强有关补偿政策，2011年昆明市人民政府颁布实施了《昆明市松华坝、云龙水源保护区扶持补助办法》。最近几年，随着环保高压的不断加码，有关水源地生态补偿的制度建设也在不断发展之中，其总的趋势是越来越精细、越来越严格、越来越遵循生态环境的真

实价值和越来越让利于民。本节就"十一五"和"十二五"期间松华坝水源保护区的补偿方式和标准做了具体的分析，发现修改后的办法在补偿方式和标准上更能反映当地社会经济发展的现实需要，产生的实际效果更好。具体内容如表6-5、表6-6所示。

表6-5 "十一五"期间松华坝水源保护区的补偿方式和标准

项目	一级补偿方式	二级补偿方式	补偿标准
补偿方式和标准	生产补助	种植优质水稻和杂交玉米	每年每亩20元
		退耕还林补助	水保林：损失补助每年每亩300元，期限12年；管理费补助每年每亩20元，期限5年；第一年苗木费补助每亩100元
			经济林：损失补助每年每亩300元，期限8年；管理费补助每年每亩20元，期限5年；第一年苗木费补助每亩200元
		平衡施肥补助	每年每亩50元
		能源补助	每人每月10元
		新型合作医疗补助	每年每人8元
		学生补助	每人每学期150元
		外出务工农民补助	每人每年300元
	管理补助	护林员补助	每人每月300元
		保洁员补助	每人每月300元
		工作经费补助	嵩明30万元，盘龙10万元，滇源、松华、阿子营各10万元，龙泉、双龙各3万元

表6-6 "十二五"期间松华坝水源保护区的补偿方式和标准

项目	一级补偿方式	二级补偿方式	补偿标准
补偿方式和标准	生产扶持	退耕还林补助	水保林：损失补助每年每亩300元，期限12年；管理费补助每年每亩20元，期限5年；第一年苗木费补助每亩100元
			经济林：损失补助每年每亩300元，期限8年；管理费补助每年每亩20元，期限5年；第一年苗木费补助每亩200元
		"农改林"补助	2011年每亩租金750元，每亩每年递增30元
		产业结构调整补助	符合标准的每年每亩良种补助100元
		清洁能源补助	安置太阳能热水器每户补助1500元
			建设"一池三改"沼气池每户补助2000元
		劳动力转移技能培训补助	给予政策倾斜
		生态环境建设项目补助	湿地建设项目经费补助
			污水处理项目经费补助
			生态建设项目经费补助
	生活补助	学生补助	小学生每年1000元，初中每生每年1200元，高中（含高职）、中专（含技校）每生每年1500元，大学每生一次性补助3000元

续表

项目	一级补偿方式	二级补偿方式	补偿标准
补偿方式 和标准	生活补助	能源补助	每人每月14元
		新型农村合作医疗补助	补助80%
	管理补助	护林工资补助	安排160万元
		保洁工资补助	安排160万元
		监督管理经费补助	市级50万元，水源区70万元

从两个补偿办法对比来看，补偿方式主要集中在资金补偿、实物补偿和项目补偿三个方面，并以政府补偿为主。"十二五"期间的补偿较"十一五"的有所细化，标准有所提高，范围有所扩展，并且从补偿细目来看，越来越注重对地方的"造血型"补偿，强调生态环境建设项目，并增加了对补偿政策实施的监督管理。

（二）森林生态补偿经验

云南省是我国四大林区之一，素有"森林王国"之称，森林资源在全国排名第二，森林生态系统服务功能价值位居全国第一，是"我国西南生态安全屏障和生物多样性宝库"。同时，云南省又是社会经济落后的少数民族边疆地区，广大群众的生产生活对森林及其副产品依赖程度很高，给地区生态的可持续发展带来了巨大压力。因此，云南省被国家列为最早开始森林生态效益补偿试点的地区之一。

云南省 1998 年开始的天然林禁伐，对主要依靠木材产业的地区财政收入影响巨大，几乎削减了这些地区一半以上的财政收入。为此，在中央和地方财政的支持下，云南省建立了森林生态效益补偿制度，其涵盖的范围主要是全省 18 580.2 万亩的公益林。实施之初，主要参照国家每年每亩 5 元的补偿标准，该标准与专家估算的经济林每年平均产出 36 元/亩相距甚远；2010 年，伴随国家补偿标准的提高，国家级和省级森林生态效益补偿标准每亩增加到 10 元，中央财政补偿基金增加到 3.73 亿元，省级财政投入 2.37 亿元；"十二五"末，补偿标准从每亩 10 元提高到每亩 15 元，全省共落实公益林管护和生态效益补偿资金 74.24 亿元，惠及 700 多万个农户近 2385 万人。公益林生态补偿的不断增加，在一定程度上解决了公益林管护的资金难题，鼓励和调动了农民生态保护的积极性。

经过多年的探索和实践，云南省森林生态补偿规章制度和工作机制不断健全，目前已实现全省同标准全覆盖，重点公益林管护和补偿资金兑现基本落实到具体单位和人员，形成了省、州、县三级林业分类经营与公益林管理结构。通过管护与经营的有机结合，林农实现了就近转移就业，大概 7.3 万名农民直接参与公益林管护而得到劳务费收

157

入；除禁伐区外，各地林下种植业、养殖业、林特产品采集加工及森林旅游等特色产业蓬勃发展，丰富并提升了森林生态补偿的内容和效果。此外，森林生态补偿还提升了公益林管护能力，集体林区管护经费逐渐从"村提留、乡统筹"向公共财政补助专项管护经费转变；管护人员和队伍逐渐向专职化、专业化转变；从季节性、一般性管护向常态化、动态化管护转变。

第三节 云南省生态补偿制度建设面临的困难和问题

从以前的研究和实践可以看出，全省生态保护补偿的范围仍然偏小，补偿资金来源渠道和补偿方式仍然单一，补偿配套制度和技术服务支撑仍然不足，保护者和受益者良性互动的体制机制不完善，经济发展与环境保护矛盾不断凸显。

一、缺乏顶层设计的政策法规保障

生态补偿作为一项新的环境管理制度，迫切需要专门立法来确立它在法律中的地位，以指导和规范社会各主体的行为。目前，我国还没有一部统一的有关生态环境补偿的法律，有关生态环境补偿的规定主要散见于有关自然资源及环境保护的法律、规章和规范性文件中，一些自然资源和生态系统类型在补偿过程中无法可依、无章可循，缺少补偿依据，补偿标准不明，补偿对象模糊，使得生态补偿难以合理有效地进行，生态补偿机制没有系统建立起来，补偿的系统化、规范化和法制化进程缓慢。尽管在 2017 年云南省出台了《云南省人民政府办公厅关于健全生态保护补偿机制的实施意见》，但生态补偿措施也只存在于政府相关职能部门文件和相关项目之中，相关规定大部分散见于不同部门，或者是不同层级的立法中，并多为原则性的规定，缺乏应有的确定性和可操作性。例如，针对省域内的滇池流域河道生态补偿，因无法律法规对生态保护与受益主体的权责做出界定，上下游州市协作难度大，无法向上游州市进行追偿。同时，在省内流域实施的生态补偿机制，基本上是通过行政督办机制，推动流域地政府落实生态补偿金缴纳责任，若有上位法律支撑，将有效遏制拖、欠缴款现象。因此，要全面建立生态补偿制度，必须建立并完善生态补偿的政策、法律、法规等保障措施。没有法律法规的有力支撑，生态补偿执行过程中必然会出现相互推诿、扯皮现象，生态补偿将很难顺利进行。生态补偿作为一项新生制度，迫切需要专门立法来指导和调整广大社会各主体的行为，满足新形势下生态补偿的现实需要。

二、生态补偿形式单一、范围过窄、市场化不足

生态补偿的方式多种多样，有政府补偿和市场补偿之分。政府补偿方式主要有上下级政府之间的纵向财政转移、同级政府之间的横向财政转移、税费政策及政府投资的生态补偿建设工程等；市场补偿方式有一对一的市场贸易、可配额的市场贸易和生态标记等。就云南省现行的生态补偿政策来看，采取的生态补偿方式主要是上级政府对下级政府的纵向财政转移，政府投资的生态补偿建设工程，还有排污收费、水资源费等税费政策，基于市场机制的补偿方式基本没有。生态补偿政策的实施过多地依赖政府的行政强制性，资金来源主要是政府的生态环境保护预算。生态补偿建设工程投资巨大，建设期内效果明显，但是建设期结束后远期效果不乐观，体现了过分依赖政府补偿的低效率性。例如，从文山、西双版纳、大理、红河、昭通等地实践来看，生态补偿投入基本上是以各级财政资金为主，财政的高投入和群众的现实需求矛盾还比较突出，特别是对于贫困地区生态补偿采取的政策倾斜方式，由于缺乏具体的实施办法，操作性不强，影响实施效果。目前，随着省、市、县级的财政压力增大，投入力度明显不足，对亟须保护的重点领域及重点工作，如大气污染防治、牛栏江和金沙江等流域水污染防治等难以实现全覆盖。企业投入方面因涉企收费等政策法规因素限制，一些廉价或免费使用生态服务、破坏生态环境的企业也没有对生态服务提供者和承担生态破坏后果的主体进行补偿。

三、生态补偿资金来源较少、效率不高、标准偏低

目前，云南各州市的生态补偿资金筹措以财政转移支付为主，配套专项补偿基金，忽视区域之间、流域上下游之间、不同社会群体之间的横向转移支付。生态环境的保护和综合治理需要投入大量的人力、财力和物力。政府的财力有限，只依靠财政转移支付生态补偿的这种融资方式，无法满足生态补偿需要的经费，大大限制了生态补偿的持续开展。并且，当前有限的生态补偿资金还难以均衡分摊到各生态补偿区。生态环境保护管理涉及林业、农业、水利、国土、环保等部门，没有专门的部门领导生态补偿工作，导致现行的生态补偿政策措施推行部门化，条块分割，各自为政，使得国家财政拨付的生态补偿资金得不到有力的监管，最终导致这些以生态补偿为名拿到的资金真正用到生态补偿上的比例很小。另外，补偿标准偏低而且过于刚性的问题比较突出。例如，对于

财政相对较好的昆明市，通过分析《昆明市松华坝水源区群众生产生活补助办法》《昆明市人民政府关于滇池流域农业产业结构调整的实施意见》等滇池流域农业生态补偿标准，我们发现补助资金被过多地分在了生态环境建设成本和政府管理成本上，对利益受损农民的成本损失补助过低，而且较少考虑农民发展机会的损失。对于不同地区的补偿，补偿标准一刀切，导致生态环境建设损失较少的地区现金和实物补偿过多，造成"输血型"补偿的低效率；损失较多的地区获得的补偿过少，导致这些地区的农民生活困难，生态补偿实际效果有限，而且造成一些社会问题。另外，据调研发现，国家新一轮退耕还林自 2015 年实施以来，因地块严格限制在 25° 以上非基本农田坡耕地，每亩分 5 年总计补助 1500 元。退耕还林补助加粮食补偿每年每亩 300 元左右，远低于土地的实际收益，甚至低于每亩土地的直接转包收益，难以调动贫困地区居民生态建设的积极性，部分地区甚至出现复垦的现象。

四、生态补偿实施的利益相关者不清晰、缺乏协商参与机制

当前我国的环境保护法律体系中，关于环境产权的概念还未明确界定。现阶段云南生态补偿基本都是由政府投资主导的建设工程项目，这种财政支出的平摊性导致生态环境破坏者和受益者并没有过多地承担生态环境建设的额外成本，生态环境的保护者也平均地支付了由于生态破坏而导致的治理成本。这样的局面不利于遏制生态环境的破坏，也不利于鼓励生态环境保护者的保护行为，反而增加了他们的负担。例如，在跨省层面上实施生态补偿时，尽管目前云南省确立了"谁受益谁补偿、谁破坏谁恢复、谁污染谁治理"的补偿原则，但涉及具体补偿行为时，难以确定生态效益的提供者、受益者。又如，在生态移民问题上，目前云南对生态移民的补偿标准是按照省级或退耕还林的相关标准执行，而这些标准并不适用于生态流域保护的特殊情况，加之现阶段生态流域建设工程主要采取的是政府土地主管部门作为中间人起协调作用，由工程建设单位直接与土地被征用方谈，这种谈判方式很容易起冲突，又由于生态移民的协商谈判机制没有形成，达成协议很困难。因此，有必要遵循"破坏或受益者补偿，保护或受损者被补偿"的生态补偿原则，明确谁补偿、补给谁，并建立一套政府监督的补偿者与被补偿者之间的协商参与机制。

五、生态补偿的长效稳定机制亟待健全完善

生态补偿的长效稳定机制应该包括各项法律、政策、制度来保证生态补偿标准、方

式和协商等顺利实施。目前滇池流域缺少专门的规范生态补偿法律，生态补偿的实施主要通过各项农业生态环境建设工程的形式，工程期结束后缺乏相应的保障工程实施效果的政策和制度，生态补偿缺乏长效保障机制。生态补偿监管不够，在经济利益驱使下会出现一些腐败问题。在实地调研中就发现一些地方生态敏感带农民刚被迁出，耕地刚被还原成湿地和林木，却建起了别墅群。出现这样的现象，既不利于生态环境的改善，也不利于社会公平公正。在生态敏感地带，出现这么严重的现象，说明生态保护区域环境建设亟待加强监管。另外，目前在云南实施的各领域生态补偿中，只有在森林生态效益补偿方面做出了制度性安排，其他方面的补偿基本上都是依托特定的生态工程或生态治理规划进行，其突出问题在于补偿缺乏长期性和稳定性。例如，当前正在实施的退耕还林、退牧还草工程，尽管云南省出台了相关补助措施，但是农户担心今后政策有变，在很大程度上影响了生态保护效果。

第四节 进一步完善云南省生态补偿制度的思路及建议

一、外地经验做法

（一）以政府主导探索建立生态补偿机制

由于生态环境具有较强的外部公益性，生态补偿机制建设势必要求政府作为公共管理者，充分发挥其主导作用，解决市场难以自发解决的资源环境保护问题。在国内各地实施的生态补偿模式中，主要还是依靠政府提供财政资金支持。例如，杭州市在实施生态补偿的过程中，市政府充分整合市级财政转移支付和补助资金、生态市建设、环保补助水利建设、工业企业技术改造等十项专项资金，建立生态补偿专项资金，占所有补偿费用的 77.6%。江苏省整合省级节能减排、循环经济发展、太湖治理等财政资金，建立专项生态补偿基金，总额达到每年 30 亿元，占全省生态补偿资金的 90%以上，有力支持了生态补偿试点工作的实施。辽宁省对东部生态重点区域内承担水源涵养林建设与管护和水环境保护的 16 个重点县（市）实行生态补偿，每年 1.5 亿元的补偿资金全部由省级财政承担。

（二）以市场运作加快实施生态补偿机制

尽管政府是生态效益的主要购买者，市场竞争机制仍然可以在生态补偿中发挥重要的作用，特别是从长远计，要建立科学合理的生态补偿机制，就必须充分运用市场化运作手段实施补偿，以实现生态补偿的常态化。浙江省在实施生态补偿项目的过程中，根据各地发展现状，适当引入市场机制和竞争机制，逐步建立政府引导、市场推进和社会参与的生态补偿机制。例如，义乌市多年以前就面临严重的供水难题，一直得不到有效解决。浙江省推行生态补偿机制以后，义乌市通过竞争性招投标，与水资源比较丰富的东阳市达成生态用水补偿协议，每年支付 2 亿元购买东阳市横锦水库5000 万立方米优质水资源使用权。协议的签订促进了东阳市的发展，义乌市则以合理的成本解决了水供应的瓶颈制约问题。江苏省在太湖流域生态补偿项目中，充分引入市场机制，开展以水污染物排污指标为主要内容的排污权有偿使用和交易试点，试点以来已有近千家企业参与排污权的申购，申购资金上千万元，全部用于生态保护和环境资源市场建设。

（三）以完善的政策体系推进生态补偿机制建设

各地都十分注重从制度层面推进生态补偿，构建与生态环境补偿机制相适应的法规政策体系。浙江省是国内第一个在省域范围内，由政府提出完善生态补偿机制意见的省份。2005 年颁布了《浙江省人民政府关于进一步完善生态补偿机制的若干意见》，突出生态环境利益和生态公共价值，将生态补偿的范围、对象、方式、标准等确定下来，明确地方政府、资源开发利用者和生态环境保护者的权利和责任，通过完善法律法规，建立起生态补偿的长效机制。在省政府的示范带动下，省内杭州、宁波、温州、台州等市已经制定或正在制定本地区建立生态补偿机制的政策措施。江苏省则以太湖流域为重点，先后出台《太湖水资源保护条例》《江苏省生态公益林保护条例》《中共江苏省委江苏省人民政府关于加强生态环境保护和建设的意见》《关于推进环境保护工作的若干政策措施》《江苏省环境资源区域补偿办法（试行）》《江苏省太湖流域主要水污染物排污权有偿使用和交易试点方案细则》，对生态补偿机制进行统一规定和制度协调，为太湖流域实施生态补偿提供了制度保障。

（四）以加强区域合作增强生态补偿实效性

生态系统是一个整体，大范围生态补偿机制不可能由一个地区或一个部门建立起来，只有打破部门、地区、行业界限，建立部门联系、区域联动的综合协调与合作机制，生态补偿政策方能行之有效。江西省在东江源生态功能保护区建设中，率先探索建立起跨省流域生态补偿区域合作机制。东江是珠江水系三大干流之一，水源区包括赣州市的寻乌、安远和定南三县，是香港特别行政区和"珠三角"地区的重要饮用水源。经过谈判协商，江西省与香港特别行政区、广东省签署流域生态利益共享协议，设立东江流域生态共建基金专户，从 2005 年至 2025 年，香港特别行政区、广东省每年安排 1.5 亿元资金汇入基金专户，用于东江源地区生态环境保护建设。为了避免流域上游地区发展工业造成严重的污染问题，并弥补上游经济发展的损失，浙江省金华市与磐安县经过协商，创造性地提出异地开发生态补偿模式。金华市在市区设立"金磐扶贫经济开发区"，作为该市水源涵养区磐安县的生产用地，并在政策与基础设施方面给予支持。

（五）以严格有效的约束机制完善生态补偿机制

严格的约束机制是生态补偿机制的重要组成部分。约束机制的功能体现在两个方面：一是对造成生态破坏的行为进行限制；二是通过经济利益的驱动，达到生态补偿的目的。从国内情况来看，生态补偿保证金制度是主要的生态补偿约束机制，山西省、辽宁省、浙江省等均建立了相应的生态补偿保证金制度。山西省出台的《山西省矿山环境恢复治理保证金提取使用管理办法（试行）》规定，矿山环境恢复治理保证金的提取标准为每吨原煤产量 10 元、按月提取。辽宁省先后颁布《辽宁省地质环境保护条例》和《辽宁省矿山环境恢复治理保证金管理暂行办法》，规定凡在辽宁省行政区域内开采矿产资源的采矿权人，必须依法履行矿山环境恢复治理的义务，交存矿山环境恢复治理保证金。浙江省出台《浙江省人民政府关于矿山自然生态环境治理备用金收取管理办法的通知》，依法开征矿产资源补偿费和水资源费，建立了矿山自然生态环境治理备用金制度，为矿山生态环境"确保不欠新账"提供了保证。

二、外地启示下的云南省生态补偿制度建设

（一）完善相应的法规或条例，用法律的形式来落实生态补偿机制

云南要全面建立和完善生态补偿机制，首先必须建立并完善生态补偿的法规或条例，充分利用区域优势，尽快安排生态补偿方面的立法调研项目，出台符合云南实际的、操作性强的、专门用于生态补偿的地方性法规和条例，以法律形式明确云南生态补偿的范围对象、方式和补偿标准等，规制生态补偿机制实施中的各种不规范行为，避免不规范实施带来的不利后果，保障生态环境服务者的利益。

（二）建立多元化的融资渠道，用持续的资金支撑生态补偿机制

能否得到持续的资金支持是生态补偿项目能否启动和维持下去的最终决定因素，因此云南的生态补偿机制需要建立多元化的融资渠道。首先，要争取中央、省财政加大用于云南生态补偿的预算规模和转移支付力度，同时还要与西南各省区建立横向财政转移支付制度，实行开发地区对保护地区、受益地区对生态保护地区的财政转移。建立横向生态补偿机制，使生态服务提供者得到合理的补偿。其次，要开征生态补偿税，建立生态补偿基金，保证生态补偿基金有长期稳定的来源。例如，云南可以考虑根据地区经济发展水平的不同，开征一种有差别的生态补偿税用于生态环境建设。云南的生态补偿基金还可以通过对外合作交流，争取国际性金融机构优惠贷款，以及民间社团组织及个人捐款等方式进行融资，吸收非政府组织和个人共同参与生态环境建设，扩展生态补偿的资金来源。

（三）建立区域生态环境保护标准，用规范化的形式实现生态补偿机制

某地区或某单位完成生态建设和环境保护的任务，达到生态环境保护标准，是给予一个地区或一个单位生态补偿的基本前提。昆明可将生态功能区划分为几个区，这些生态功能区的生态条件、保护措施和要达到的标准也不完全相同。因此，需要根据各区域的环境资源状况，尽快建立区域生态环境保护标准。如果达到生态环境保护标准就给予相应的补偿；如果达不到生态环境保护标准就扣减相应的补偿经费；如果对环境造成污染就由责任主体做出相应的赔偿。

（四）探索市场化模式，社会各界共同参与建设生态补偿机制

面对经济发展与环境发展日益尖锐的矛盾，单靠政府主导的生态补偿是远远不够的。同时，由国家来补偿受害人和保护者的损失，无疑是利用全民的税收作为财源，变成全民对该污染或破坏环境的行为负责，违反了环境公平原则，与现代环境法的趋势和理念相悖。因此，建立和完善云南生态补偿机制要探索市场化模式。云南森林资源和水资源都相当丰富，应该积极探索森林生态交易和水权交易。森林可以吸附大量的二氧化碳，对于控制全球气候变暖至关重要；森林可以涵养水源、改善水质、防止水土流失；森林具有丰富的生物种类，对于生物种群的延续和保护具有重要作用；森林的生态旅游价值也十分巨大。这些都可以作为生态补偿的主体进行森林生态交易。水资源方面，应该积极探索建立区域内外水资源使用权出让或转让等制度。云南可以逐步建立政府管制下的排污权交易，运用市场机制降低治污成本，提高治污效率。云南可以充分引进资

金，引导国内外资金投向云南生态环境保护、生态建设和资源开发，逐步建立政府引导、市场推进、社会参与的生态补偿机制。

第五节 结论及展望

从以上分析我们可以看出，云南省生态补偿制度建设仍然存在许多问题，与生态文明排头兵建设要求存在巨大差距，随着国家生态文明建设的不断深入，绿色"一带一路"倡议的持续推进，云南省"生态文明建设排头兵"内涵的不断丰富和扩大，这种差距将更加突出。因此，云南省在生态补偿方面既需要补好旧账，又需要创新突破。在补旧账方面，要立足地区社会经济特点及区位发展战略，深入调研和梳理各地生态补偿制度建设现状，形成既能凸显云南特点、又能操作落地的制度安排，避免一味照搬照抄中央文件或借鉴他地模式；抓住突出的生态环境问题，力图整合全省优势力量做好一两个试点，通过试点探索形成一套适用于地方的模式，避免全面开花、效力不足；要将生态补偿和其他民生工程结合起来，生态补偿本身就是为了维护好公民的环境权和发展权，因此，在制度建设中要统筹考虑，不能出现与民争利的情况。在创新突破方面，学习和借鉴贵州经验，善于运用新技术、新方法，在构建和发展环保物联网的基础上，将大数据、人工智能等运用于生态补偿，通过对数据和方法的掌握，对生态系统服务价值做出科学、规范的评价，并在此基础上利用市场机制探索形成生态资本定价标准，指导主体生态补偿行为，实现资源的高效配置；要明确云南在"一带一路"南线建设、澜沧江—湄公河合作等中的地位和作用，既要善于发挥自身优势，又要形成团队合力，有效发挥自身在西南地区对外联通和中国面向南亚、东南亚的门户作用。

新形势下云南省生态文明排头兵建设对地区生态补偿制度建设提出了更高的标准和要求，这也将是云南省提升自己在国家战略中的地位、发挥自身区域优势的重要契机，随着科学技术的不断发展、各级地方政府对生态补偿认识的不断深入，云南省生态补偿制度面临的各项问题都将得到有效解决，并成为生态文明排头兵建设的重要突破。

第七章　云南生态旅游重构与本土化

生态文明是人类文明的一个新的发展阶段，是人类为保护和建设美好生态环境而取得的物质成果、精神成果和制度成果的总和，是人与自然、环境与经济、人与社会和谐共生的社会形态。

建设绿色家园是人类的共同梦想，关乎人类未来，我国已成为全球生态文明建设的重要参与者、贡献者，我们要大力推进生态文明建设，力求把生态文明建设的理念融入人们的思想中，进而加大生态环境的保护力度，尽快构建生态安全格局，给广大人民群众提供更多优质的生态产品，把生态文明建设的行动全面贯穿到各项建设工作中。

资源消耗、环境恶化，已危及人类生存与发展。亲近自然、感悟自然成为一种顺其自然的消费，人们越来越愿意追求更深层次的旅游，注重旅游的过程和体验。生态旅游以可持续发展为理念，以保护自然和人文资源为前提，以实现人与自然和谐共处为准则，可持续发展呼唤生态旅游发展得更加深入。

随着对生态旅游基础理论研究的逐渐清晰，生态旅游已成为实现生态保护、社区发展、环境教育及旅游发展等多重目标的一种手段；生态旅游也已成为农民的脱贫新渠道，对地方社会经济有较强的拉动作用。

第一节 生态旅游发展现状

当前，我国生态旅游的发展得到了多方支持，资金投入较大，研究实践也逐渐深入，生态旅游发展速度较快、成绩显著、前景光明，但仍存在很多问题，具有很大的发展空间。

成绩方面：第一，有关生态旅游的一些基础理论得到进一步的研究和不断深化，如生态承载力、景观生态学、利益相关者理论、社区参与理论、可持续发展理论等。第二，有关生态旅游的法律法规不断制定出台并越来越完善。国家层面和地方层面的相关政策和法规、多个关于自然保护区和国家公园体制建设的重要政策指导文件，均为生态旅游的良性发展营造了良好的制度环境，提供了制度保障。第三，有关生态旅游的目的地体系基本形成。中国已形成有一定规模的自然保护地和国家公园体系，这些区域具有优质的生态旅游资源，可作为生态旅游目的地。第四，生态旅游的管理体制不断完善。但目前还存在一些问题，有待进一步修正、完善。

现存问题：第一，大众对于生态旅游概念的滥用会对生态旅游地的规划、开发、管理造成误导，以致破坏生态旅游资源。第二，"生态旅游"被旅游开发商用作宣传的营销用语。生态旅游是一种能带来特殊体验的旅游形式，这种旅游形式被旅游行业利用，用以迎合日益庞大的生态旅游市场，这将误导旅游者，为生态旅游者带来不好的旅游体验。第三，旅游者生态意识较弱，对于生态旅游一知半解。第四，偏离了生态旅游本意的现象增多，仍然存在生态保护意识薄弱的现象。第五，还未形成一定规模的生态旅游市场，有待逐渐培育。

云南省具有独特的地理位置，地质条件十分复杂，地质地貌资源突出，经历多次区域性构造运动，地表喀斯特及地下喀斯特地貌发育典型，滇西北峡谷地貌雄伟壮丽，诸如此类的优越自然环境为生态旅游的发展提供了良好的平台。但云南在生态旅游发展中也存在一些问题。

第一，资源基础雄厚，但很脆弱。自然生态旅游资源和人文生态旅游资源，都是生态旅游得以开展的前提和基础，自然具有文化属性，现在的自然保护已是融入文化性的自然保护。生态旅游资源是云南生态旅游发展的核心基础和生命力，保护非常重要，如果保护不力，生态旅游便没有了存在的可能。

第二，政策法规不够完善，执行精准度和力度不够。政府在制定法规、开发生态旅游资源时，要考虑的一个重要因素是能否使当地经济得到更大的发展，由此容易出现过度开发当地资源的情况，势必会污染环境，破坏生态系统的平衡。

第三，经济基础薄弱，可持续发展乏力。云南生态旅游资源集中的地区，多处于城市边缘和少数民族地区，风景优美秀丽、自然气息浓郁、民族特色鲜明、发展潜力巨大，但经济发展缓慢，基础设施建设落后，基础设施的建设成本高且多不完善，道路体系不健全，等级低、路况差；旅游接待、停车场等旅游配套服务设施缺失，满足不了到访旅客的需求。另外，垃圾、污水处理厂等缺乏，环境压力巨大，可持续发展乏力。

第四，生态旅游规划不当，缺乏相应的资金支持。云南有丰富的自然和文化生态旅游资源，但缺乏好的生态旅游全面规划。这些生态旅游资源开发价值大，但缺乏深度挖掘，规划、开发与管理也缺乏足够的资金支持，旅游目的地品质存在缺憾。规划不当、基础设施薄弱、通达性差，不完善的旅游业发展破坏了原来良好的资源和环境，使当地生物多样性减少，自然和人文环境质量发生退化；再加上旅游产品缺乏民族特色，发展周期不长，造成很多不可逆的后果，而这些环境本身正是对生态旅游者具有核心吸引力的资源，长期下去会使旅游者失去兴趣，自身竞争力下降。

第五，生态旅游产品开发不到位，产品层次不高。云南一些地方的旅游开发及管理比较粗放，品质低端，资源的损耗大，环境污染严重，游客体验不好，当地居民的收益也很低。

云南独具特色的传统民居、民间传统工艺、农耕文化、田园风光等生态旅游资源的旅游价值未能得到充分体现。生态旅游产品开发不到位，产品层次不高，重复规划、产品同质化现象较严重，特色不明显，对旅游者的吸引力不能持久，难以满足不同消费者对不同生态旅游产品和服务的需求。

第六，管理体制落后于发达地区和发达国家。生态旅游开发及管理体制不够完善，管理部门较多，各部门协调配合又不力，导致开发及管理效率低下；规章制度不健全，缺少惩罚体制，恶性竞争多，导致云南旅游品牌形象受到影响，阻碍了当地生态旅游的发展。云南生态旅游的开发及管理体制与其他发达地区相比，具有非常大的差距。

第七，缺乏生态旅游的开发和管理经验，缺乏生态旅游的高级经营管理人才。生态旅游的开发和管理经验少，很多景区已不能满足现在的市场需求，生态旅游设施不完善，住宿、餐饮及景点的服务设施等都需要根据市场需求进行维护和升级；服务人员整体专业素质较低，大部分服务人员并未受过专业化培训，专业素养欠缺，在对游客讲解时，不能全面准确地讲解云南民族特色文化，对于生态旅游的特色理解不够，对文化内涵也不能有效表达；极度缺乏具有国际视野的生态旅游高级经营管理人才。

第八，环境意识薄弱，环境教育不足，服务水平不高。人们对生态旅游的认知尚处于初级阶段，存在很多问题；环境教育不充分，在管理者、旅游者等相关人员中，仍存在很多环境保护意识薄弱的人员，影响了生态旅游资源的有序开发和生态旅游的可持续发展。

云南省因受地质地貌、地理环境、民族传统、经济发展水平等因素的影响，在生态旅游资源集中的一些地区，当地居民的文化水平不是很高，加上他们大多没有受过良好的环境和生态教育，导致对生态旅游的认识粗浅，并且由于管理知识和相关培训的缺乏，服务水平均不太高。

第九，当地居民在生态旅游中的参与程度不够充分，参与积极性不够高，参与形式不够多样。

第十，不同利益相关者团体的利益各不相同。不同的利益相关者使用着不同的资源，对生态旅游资源和其他利益方都造成了一定的压力，如何使他们之间达到协调和平衡就显得非常重要。

第十一，情绪周期和示范效应的社会影响。生态旅游目的地当地居民摆脱不了的热情、冷漠、厌烦、怨恨的"情绪周期"，会对旅游者造成一定的困扰，而旅游者的示范效应也会改变当地居民的消费模式，当地居民会效仿旅游者的消费行为，却未意识到这并非旅游者的常态消费模式。

第十二，文化异化。为了迎合在短暂的旅程中匆忙而过的旅游者，出现了一些快餐化、舞台化、粗俗化的文化表现形式，民间传统艺术的内涵及表现形式被稀释、分解和篡改，一些当地人对他们曾经珍视的传统文化可能不再看重，但也有很多有识之士在痛心疾首之余，正四处奔走、极力维护。

第二节 云南生态旅游发展重构

生态文明建设是一项极复杂的系统工程，包括生态伦理素养、生态环境知识、环境教育等内容，而生态旅游是其中重要的一个方面。生态旅游要实现可持续发展，必须引导大众在对生态旅游的真正内涵充分了解的基础上，树立正确的开发管理观念。

建立全社会都认同的生态伦理观念。可持续发展是"在满足当前需要的同时不牺牲下一代人满足他们需要的权利",生态伦理观是可持续发展的哲学基础,是促进人与自然和谐发展的核心理念,能提高全民的生态文化素养,对旅游可持续发展具有重要的前瞻性指导意义。

建立资源意识,保护好人类生存所依托的环境。我们应综合认识自然资源和文化资源的价值,珍惜地球的恩赐,保护资源是人类社会能持续存在并保持繁荣的一种手段。生态旅游更多地倾向于保护,它要求在享受自然的同时,一定要保护好自然环境,减少旅游对环境的不利影响,并提供相应的保护资金,经济发展、人的发展和可持续发展应该要保持平衡。

建立科学的生态系统管理理念。生态旅游是对生态资源甚至整个生态系统的所有要素进行保护性利用。我们应科学、诚实地了解环境中各种生物所处的生态位,了解各种事物之间存在的深奥联系。人类必须把自己视为生态系统中的一部分,系统中的每个部分在时空上都相互关联,每个物种都有自己的存在价值,它们和我们一起共享整个生态系统。从生物学角度来说,环境必须回到一个原始的状态;从社会文化角度来说,人类应该恢复到自己在自然界中应处的位置。人类首先必须弄清楚自己在生态系统中的位置,才可能有效地管理生态系统。

我们应将生态保护的范围尽可能地扩大,在不破坏环境并确保游客轻松旅游休闲的情况下,运营、预测、组织、协调和控制所有生态旅游资源以实现生态旅游管理的最大效率。生态旅游管理应秉持尊重自然、保护生态环境、尊重当地文化的原则。

开展针对全社会各个群体的、卓有成效的环境教育。生态旅游以环境为中心,对环境负责任。生态旅游中要加强对各个群体的环境教育,加强道德责任感和对公众行为的规范。可借助环境教育设施进行环境教育活动,为旅游者提供自然教育、文化沟通及深度体验的机会,培育生态旅游者积极的生态道德观,使人类和自然相和谐;承担一定的教育功能,对游客进行教育,让其了解本土历史、自然、文化特征,了解当地和全球环境的珍贵价值,再做决策和行动;要增强全民的节俭意识、生态意识、环保意识,培育生态道德和行为准则。

具有前瞻性的生态旅游规划。作为旅游可持续发展的组成部分,生态旅游规划应是完善和规范的,以可持续的、高瞻远瞩的方式将不同的利益群体集中在一起。

我们应将生态旅游规划与开发置于整个云南省或国家的战略框架中考虑,使生态旅游的未来发展具有长期的可持续性。生态旅游规划应根据当地生态、社会和经济承载力进行规划,涵盖的内容应全面,如包括选址布局、设施建设及生态旅游产品设计等方面。在规划的过程中,应综合考虑自然、社会、政治、经济、历史等因素,加强对旅游服务设施的规划、调整和限制；不仅应开发新旅游区，还应尝试以最小的成本改造旧景区；防止农村发展生态旅游的城市化规划倾向；小规模使用当地建筑形式、当地产品；生态住宿要采取低影响、高限制的方式；提供丰富多彩的生态旅游产品；积极鼓励社区居民参与规划的制定、实施和监督。

为旅游者提供高质量、有启迪性的旅游体验。旅游者对旅游体验有极大的需求，生态旅游者在寻找最原生态的真实旅游体验，他们需要的是个性化、异质化的亲情服务和生活体验，要提供生态旅游者亲身面对自然环境与原真文化的旅游经历，忌标准化的服务和体验。例如，希腊某康复疗养地的原则是"尊重自然自我恢复"。人的体验要与环境相和谐，创造机会让人的需要与生命所依托的自然系统重新联系起来。

规划者、经营者和管理者需要深入了解旅游者的环境意识，以资源要素为导向，熟悉旅游景区的环境特征，挖掘生态旅游地的山地森林、农业农耕、湖泊湿地、溪流江河等优势旅游资源，充分结合旅游者个性及偏好，丰富生态旅游者的旅游体验，更好地、有针对性地实施环境教育，这样才能使生态旅游者获得深层次的旅游体验。

完善基础设施，改善人居环境，提高目的地社会的生活质量。完善基础设施建设，如水电、数字通信、交通等，完善医疗卫生、教育、金融服务、社会保障；抵御自然灾害、不良气候变化；切实保护好自然资源和文化资源；改善人居环境，建立有效的生态旅游地和当地居民的关系。这样，当地老百姓也会在生态旅游发展的同时，感受到生活水平的提高，意识到环境保护的重要性。

精准扶贫，消除农村贫困。乡村的生态旅游因其独特的产业辐射作用、就业带动能力、富民利村效应而成为地方政府精准扶贫战略的主要手段。乡村生态旅游是富民产业，在精准扶贫中，生态旅游要力求有效挖掘贫困群体的自我发展和造血能力，精准对接和帮助贫困群体。在乡村生态旅游开发中，应尽量避免各利益群体的利益纠纷，缩小利益差距，维护当地老百姓的主体地位，保障乡村社区在传统文化传承、生态环境保护方面的诉求。

云南省是多民族省份，农村基础设施建设滞后，再加上受自然条件约束，贫困县较多，社区居民参与旅游扶贫的程度很低，所以必须加强生态教育和生态旅游培训，建立良好的利益分配机制。乡村住宿是旅游扶贫的重要方式，可以直接拉动就业，间接促进其他相关行业的发展，对当地经济发展产生积极影响。旅游扶贫中要预防因为经济漏损、环境破坏、文化异化等造成的负面影响。乡村生态旅游既要加大精准扶贫的力度，也要为子孙后代留下生存的空间。

各级政府应对各地乡村进行系统、全面的规划，增加资金投入，鼓励社会各界、民营企业等积极参与到乡村生态旅游建设中，建设各具特色的美丽而不缺乡愁的乡村。此外，还可广泛加强与国际上的减贫合作。

重视和落实社区参与。强调当地居民的社区参与和对当地自然环境和特色传统文化的保护。社区参与是生态旅游开发成功的重要标志，原因有几个方面：首先，当地居民熟悉当地情况，能带给生态旅游者在乡村旅游中的深度体验；其次，当地居民从生态旅游中获益，能改善他们的生活，提高他们的生活质量，扩宽他们的视野，增强他们的自信心、民族自豪感，提升他们对生活的希望；最后，当地居民会自愿遵照生态旅游者的期许，保护好他们自己的自然环境和特色传统文化。

从技术方面提升旅游服务品质和提高效率。通过利用云计算、物联网、移动互联网等技术，构建"智慧旅游"平台，提升旅游服务品质，提高旅游服务效率，使旅游者在旅游的事前、事中、事后都能主动而全面地感知到旅游资源和旅游活动等方面的信息，增加旅游者在旅游六要素各个环节中的附加值。

培养高素质的生态旅游导游。生态旅游的发展需要专业人员，不仅需要具有旅游和生态学专业知识，也需要掌握一定的环境教育、旅游规划等方面的知识。生态旅游业的发展，迫切需要新型的合格导游，他们应受过良好教育、会讲外语，不仅掌握专业的导游基本知识及基本技能，还熟练掌握生态旅游的相关知识。懂自然科学、有环保意识的导游会更有价值。

生态旅游应在法律法规的严格约束下进行。保护生态环境必须依靠制度、依靠法治。完善法律法规体系，拟定分类详细的关于国家森林、海洋和沙漠系统生态旅游的法律法规和方针政策，以确保生态旅游发展的可持续性；加快制度创新，强化制度执行，牢固树立制度的权威，让制度成为刚性的约束和不可触碰的高压线；要落实领导干部生态文明建设责任制，严格考核问责，对那些不顾生态环境盲目决策、造成严重后果的人，终身追责。

作为政府的执法部门，环保部门应及时和准确地公告旅游企业的环保信息，特别是企业污染环境的信息，让社会舆论来监督，强化利益相关者的监督行为。每个组织存在和发展都需要得到利益相关者的理解和支持，如果信息不透明，就会影响其他利益相关者的监督作用。总之，不要让生态旅游成为一个越来越遥远的梦想。

多系统联动。生态系统中的各要素是相互依存、紧密联系的，这个共同体是人类生存发展的物质基础，必须统筹兼顾、整体施策、协调并进。多部门联动是可持续开发战略的关键，整个行业各部门要共同协调以实现可持续发展。要从系统和全局的视角寻求创新之道，达到系统治理的最佳效果。

第三节　云南生态旅游本土化

国家大力推进生态文明建设，强调绿水青山的重要价值，推出"一带一路"的宏观构想，这些为云南旅游业的发展创造了良好的外部条件。生态文明是人民群众共同参与、建设、享有的事业，每个人都是生态环境的保护者、建设者、受益者。要坚持党的领导和政府的主导，人民群众广泛参与，坚决摒弃以前"先污染、后治理"的老路，坚决摒弃损害、破坏生态环境的经济增长模式，要坚持绿水青山是自然财富、生态财富、社会财富、经济财富的重要发展理念，要把建设美丽中国、美丽云南变成每个人的自觉行动。

生态环境是人类生存和发展的根基，是关系民生的重大社会问题，生态兴则文明兴，生态文明的理念要深入人心。

加快推进顶层设计和制度体系建设。云南生态旅游的总体形势为利好，但生态文明建设压力巨大、形势严峻，要加快推进有云南本土特点的生态文明顶层设计和制度体系建设，在国家生态文明政策法规指导下，对云南的生态文明建设、生态旅游的发展进行全面系统的部署，发挥政府的导向作用，制定具体的规章制度，建立可操作的激励和约束机制，政府监管行为应超前于旅游发展，由此构建新型的"生态型政府"。

中国乡村是未来最稀缺的旅游资源。中国的乡村是人类生态文明的一个巨大遗产，而云南的乡村更是多姿多彩，如香格里拉可算是云南的奇绝生态旅游资源，这里有众多美丽的乡村。乡村真正的价值在于它是文明、文化之根，最原始、最原真。乡村生活的这种闲适性，正是当下休闲旅游市场所追求的，要把乡村复兴融入时代发展的节奏中，打造成全社会共同喜爱的乡村。

良好生态环境是最普惠的民生福祉。云南自然条件复杂、生态环境脆弱、生物多样性丰富、民族文化多彩，具备开展生态旅游的良好资源基础，保护好生态资源和生态环境就是保护生产力，发展生态产业能实现绿色富民，绿水青山能持续地发挥生态、经济和社会效益。

人与自然是生命共同体，要坚持二者和谐共生的理念，要注意改善和美化乡村环境，而非改变；开展全民绿色行动，动员全社会一起参与，为生态环境保护献力献策；培养生态旅游者和当地居民、政府部门、投资商、经营管理者强烈的环保意识；加大对乡村环境的整治，以及对垃圾、废物、废水等废弃物的处理；用化学方法结合生物净化、自然净化方法，提升乡村生态环境；垃圾少量化、有机化、无害化；构建良好的城市和乡村人居环境；避免国际商业介入"地方"企业，使当地"生态"的光环丧失。

生态旅游地要保留原住民，尊重当地社区居民的权益。当原住民从保护区迁出时，这种"保护"已经变异了。我们要充分认识、了解和理解当地居民的社会风尚、民风民俗、生活方式等对旅游体验做出的特殊贡献，充分尊重当地居民和社区的意愿，认为当地居民本来就享有平等的权利来享受基础设施、服务设施和旅游业带来的经济利益，不断提高当地社区、自然和文化资源、行业人群的长期利益，可将乡村的生态环境、传统文化等作为当地居民共同享有的资源性财产，纳入协议或合同之中，每年据此向当地居民返回一定的红利。

在制定可持续发展战略时要对当地文化保持敏感。旅游的灵魂是文化，发展生态旅游，要把握生态旅游的文化特质，将生态旅游和文化结合起来、融为一体，满足生态旅游者深层次的需要，推动旅游业可持续发展。

云南具有全国独特的历史文化资源，多元文化集聚，如本土文化、中原文化、东南亚文化和西方文化，是民族文化王国。云南乡村文化旅游资源分布面广，但这些乡村可达性不足，当地旅游服务人员服务意识和服务水平尚有待提高，亟待深度挖掘和传承。

重塑人与土地的关系。相对于西方发达国家，中国人口众多，几乎每一个自然保护区都有居民居住，云南更是少数民族众多的省份，生态旅游资源较多地集中于少数民族聚居的地区。如何处理好发展生态旅游和保护好当地老百姓生活空间的关系，哪些能开发、哪些不能开发，怎么开发、开发到什么程度等，都是比较复杂且需要慎重研究的问题。云南地质构造复杂，地形复杂的山区易发生地质灾害，不论资源如何好，都不能开发旅游。

设定特殊的生态区。从地理学的角度来处理如步行道对植被、微生物、土壤的影响，建筑物设施和宿营地篝火使用木料的影响，河岸、湖滨、水库、海岸、珊瑚礁的影响等，可以设定特殊的生态区，包括山区、洞穴、高山草甸、热带雨林、干旱区等。

创新当地人民的发展方式和生活方式。生态环境问题归根结底是发展方式和生活方式问题，不断地支取只能加剧人与自然界的紧张关系，云南要从根本上解决生态环境问题，必须贯彻创新、协调、绿色、开放、共享的五大发展理念，创新人民群众的发展方式和生活方式。

提供更多有本土特色的优质生态产品。我们既要创造更多的物质和精神财富以满足人民日益增长的美好生活需要，也要提供更多优质生态产品以满足人民日益增长的与自然和谐的生态环境需要。清新的空气、清洁的水源、舒适的环境、宜人的气候、原住民社会风俗的真实性和独特性等就是云南的优质生态产品。

可以利用云南优良的地质地貌优势，建设独特的乡村地质生态旅游区，如溶洞旅游资源，开发地质地貌的科学考察生态旅游线路；利用云南淳朴的民族风情，建设原真的少数民族生态旅游区，开发少数民族村寨徒步住家体验线路。乡村生态旅游产品要避免产品单一、主题模糊，要生产承载乡愁文化、自然体验、环境教育、文化传承等高附加值的生态旅游产品。一定要避免在全国乡村生态旅游发展过程中普遍出现的"千村一面"的同质化问题。

本土生态旅游引导者和淳朴民风的重归。生态旅游可吸纳当地人参与经营和解说，增强当地人对当地传统文化的自豪感，使他们有自信向游客展示和讲解当地的传统工艺和他们自古以来所尊崇的淳朴的价值观。生态旅游者在当地村民的引导下，可以很自然地去认识当地的生态环境，学习当地的传统文化。这对于旅游者来说，是非常有意义的深度体验活动，他们能够学习到当地人生活、生产中的智慧，获得大量信息和知识。

加大投资力度，扩大融资渠道。以政府为中心构建投资平台，吸引外资与民营企业进行投资，严格把控资金投入力度和乡村生态旅游项目的资金扶持范围，对生态旅游进行市场化管理，不断优化云南生态旅游产业链，把有限的资金投入真正能带来明显生态效益、社会效益和经济效益的项目中。

加大基础设施的建设力度，保留本土特色设施和服务。加大云南边远地区基础设施的建设力度，形成稳定、流畅、高效的交通网络，但同时不可缺少具有本土特色的非标化设施。乡村生态旅游无须大投入，忌大拆大建，还要注意避免对当地居民、投资者的伤害。

创建具有云南本土特色的生态旅游产业和品牌。在云南广大的乡村推广新能源和现代农业技术，使生态旅游资源得到整合，产业结构得到调整和优化；推行生态旅游发展的风险预警机制，构建生态旅游发展的多因素协调系统；建立网络宣传平台，形成有一定层次基础的、有规模的生态旅游产业，创建云南自己的原生、独特、高品质的生态旅游品牌。

构筑生态安全保护屏障。健全督查机制，对污水处理、垃圾处理等主要工作定期督查，及时发现问题并整改落实；必须严守耕地红线，完善生态建设目标考核机制；制定生态补偿机制，引导和鼓励社会力量参与生态建设；构筑云南生态安全保护屏障。

第八章 云南省土壤污染治理

  2016 年 5 月 28 日，国务院印发了《土壤污染防治行动计划》。为切实加强云南省土壤污染防治，逐步改善土壤环境质量，根据《土壤污染防治行动计划》要求和省委、省政府部署，省环境保护厅立足云南实际，会同省发展和改革委员会、工业和信息化委员会、财政厅、国土资源厅、住房和城乡建设厅、农业厅、林业厅、水利厅等 35 个委办厅局及相关单位，编制了《云南省土壤污染防治工作方案》。经云南省人民政府审定，2017 年 2 月 19 日，印发了《云南省人民政府关于印发云南省土壤污染防治工作方案的通知》。《土壤污染防治行动计划》是党中央、国务院推进生态文明建设，坚决向污染宣战的一项重大举措，是系统开展土壤污染防治的战略部署，对我国的环境保护、生态文明建设和美丽中国建设，乃至整个经济社会发展方式的转变具有重要而深远的影响，意义重大。《云南省土壤污染防治工作方案》积极贯彻落实国家《土壤污染防治行动计划》的要求，立足云南实际，以改善土壤环境质量为核心，以保障农产品质量和人居环境安全为出发点。《云南省土壤污染防治工作方案》的出台和实施将夯实云南省土壤污染防治工作基础，全面提升云南省土壤污染防治工作能力，对构建西南生态安全屏障、推进云南成为全国生态文明建设排头兵、建设美丽云南具有重要意义。

第一节 云南省土壤基本情况

云南是高原山区省份，地貌类型复杂，生态环境多样，土壤类型多。根据云南省第二次土壤普查资料，辖区面积 383 278 平方千米，折合为 57 491.7 万亩，扣除水域、道路、村镇和部分石山裸岩外，土壤总面积为 52 843 万亩，分为 7 个土纲、14 个亚纲、19 个土类、34 个亚类。其中，铁铝土纲（砖红壤、赤红壤、红壤、黄壤）占土壤总面积的 55.32%；淋溶土纲（黄棕壤、棕壤、暗棕壤、棕色针叶林土）占 19.27%；半淋溶土纲（燥红土、褐土）占 1.43%；初育土纲［紫色土、石灰（岩）土、火山灰土、新积土］占 18.17%；水成土纲（沼泽土）占 0.02%；高山土纲（亚高山草甸土、高山草甸土、高山寒漠土）占 1.92%；人为土纲（水稻土）占 3.87%。

一、云南省土壤分布

云南幅员辽阔，属低纬度高海拔山区省份。由于地貌类型复杂和不同生物气候带的错综分布，以及母质和岩石的多样，云南土壤类型多，在分布上既有水平地带性，又有垂直地带性和地域性。

（一）水平分布

云南地势北高南低，从西北向东南呈阶梯状倾斜，土壤水平地带分布与生物气候带分布基本吻合。自南而北大体可分为 4 个土壤带。

1. 砖红壤带

集中分布于北纬 23°以南，哀牢山以东海拔 400 米以下、以西海拔 800 米以下的地区。植被类型为热带雨林或季雨林。该地区气候湿热，属北热带气候，年平均气温>20℃，≥10℃积温 7300℃—8300℃，年雨量 1200—1800 毫米。成土母质以泥质岩风化物为主，占砖红壤面积的 65.8%；花岗岩、片麻岩占 13.3%，石灰岩占 8.4%；老冲击物、紫色岩、玄武岩、石英质岩共占 12.5%。砖红壤是宝贵的热区土壤资源，砖红壤带是橡胶的生产基地。

2. 赤红壤带

集中分布在北纬 23°—24°，在哀牢山以西海拔 800—1500 米、以东海拔 400—1300 米的地带。植被为南亚热带季风常绿阔叶林和思茅松林。属南亚热带气候，年平均气温 18℃以上，≥10℃积温 6000℃—7500℃，年雨量 1000—1700 毫米。成土母质以泥质岩风化物为主，占赤红壤面积的 46.0%；紫色岩占 18.2%；花岗岩占 15.4%；石英质岩占 9.4%；石灰岩占 7.6%；老冲击物和玄武岩分别占 2.0% 与 1.4%。赤红壤带水热条件好，是双季稻、杂交稻、陆稻、甘蔗、茶叶、紫胶、杧果等的主要产地。

3. 红壤带

主要分布在北纬 24°—27°，海拔 2500 米以下的广大地区。主要植被为亚热带常绿阔叶林、云南松林和灌丛草地。属中亚热带、北亚热带气候，年平均气温 14℃—17℃，≥10℃积温 4200℃—6000℃，年雨量 1000 毫米左右。红壤带中部和东部为云贵高原，成土母质主要是深厚的古红土发育的山原红壤。西部为横断山脉，山高谷深，成土母质主要是页岩、片岩等泥质岩、石英质岩、花岗岩、片麻岩等发育的山地红壤。东部和西部偏南多雨区和迎风坡还分布有黄壤。红壤带开发较早，是云南粮、烟、油、果的主产区。

4. 棕壤带

主要分布在北纬 27° 以北，海拔 2500 米以上的地区。棕壤带分布着黄棕壤、棕壤、暗棕壤等棕壤系列为主的土壤带，其次还分布有亚高山草甸土、高山草甸土和高山寒漠土等高山土壤。植被主要为云南松林、硬叶常绿阔叶林、针阔叶混交林及高山针叶林和高山灌丛草甸。年平均气温 5℃—13℃，≥10℃积温 650℃—3800℃，年降水量为 620—1100 毫米。成土母质（包括淋溶土纲和高山土纲）以花岗岩、片麻岩等酸性结晶岩的坡积、残积物为主，占 23.4%；碳酸盐岩占 19.1%；紫色岩占 14.8%；泥质岩占 14.5%；玄武岩为主的基性岩占 10.8%；老冲击物占 6.1%；其他占 11.3%。棕壤带以森林为主，高山草地广阔，是云南林、牧、药材生产基地。

（二）垂直分布

云南省土壤类型及垂直分布情况如表 8-1 所示。

表8-1 云南省土壤类型及垂直分布情况

土壤类型	分布区域
砖红壤	滇南分布在海拔800米以下，滇西（德宏）分布在海拔600米以下，滇东南（文山）分布在海拔400米以下的地区
赤红壤	集中分布在北纬24°—27°、海拔800—1500米的地区

土壤类型	分布区域
燥红土	主要分布在元江、金沙江、怒江等封闭河谷，海拔1000米（或1300米）以下的地段，是在干旱少雨、高温燥热的特殊环境下形成的独特土壤
红壤	广泛分布于海拔2500米以下的地区
黄棕壤	滇西分布在海拔2500—2700米，滇中分布在海拔2300—2600米，滇南分布在海拔1900—2200米的山体上
棕壤	滇西分布在海拔2600—3200米，滇中分布在海拔2400—3300米，滇南分布在海拔2200—3000米的山体上
暗棕壤	滇西分布在海拔3200—3500米，滇中分布在海拔3300—3700米，滇南分布在海拔2500—2991米的山体上
棕色针叶林土	滇西分布在海拔3500—3800米，滇中拱王山分布在海拔3700—4000米的山体上
亚高山草甸土	滇西分布在海拔3800—4200米，滇南无量山分布在海拔2900—3379米的山体上
高山草甸土	仅分布在滇西海拔3500—4400米的山体上

资料来源：《云南生态年鉴2012》

云南土壤垂直分布既受经度地带性的影响，又受纬度（水平）地带性的制约。全省地势西北高，东南低。从西北至东南，大致经度东移1°，纬度南移1°，其相应的地带性土壤分布海拔上限分别下降100—200米。

山体高度不同，土壤垂直带谱也有差异。山体越高，高差越大，土壤类型越多。垂直带谱也越齐全，如地处滇西纵谷的老君山，山脚海拔2400米，主峰海拔4247米，基带土壤为红壤，向上依次分布着黄棕壤—棕壤—暗棕壤—棕色针叶林土—石质土。

同一山体，不同坡向，水热条件各异，其土壤类型和分布海拔上限也有差异。同一土壤类型的分布海拔高度，西坡比东坡要高100—200米。

（三）地域性分布

云南土壤除有规律性的水平分布和垂直分布外，还受地形、水文、成土母质等因素的影响，而呈地域性分布：南部边缘低山河谷的砖红壤区，滇南帚状山地的赤红壤区，滇东南高原古红土发育的山原红壤区，滇西山地红壤区，滇中以楚雄彝族自治州为中心的紫色土区，滇东南岩溶地貌发育，为石灰（岩）上区，滇东北为黄壤、黄棕壤土区，滇西北为高山土区，元江、怒江、金沙江等燥热河谷有燥红土、褐红土，呈现条带状分布，红河沿岸阶地和冲洪积扇（裙）有新积土（冲击土）分布。

二、云南省土壤的特点

根据云南省第二次土壤普查资料，云南省土地总面积 383 278 平方千米，折合 57 491.7 万亩。其中耕地 6941.21 万亩，占全省土地总面积的 12.07%；园地 436.49 万亩，占 0.76%；森林 16 029.46 万亩，占 27.88%；疏林、幼林、灌木林和经济林 16 261.63 万亩，占 28.29%；荒草地 11 851.85 万亩，占 20.61%；城乡用地 703.71 万亩，占 1.22%；交通用地 282.31 万亩，占 0.49%；田地沟埂 1621.24 万亩，占 2.82%；石山裸岩、冲沟、河漫滩等难利用土地 2362.42 万亩，占 4.11%。

全省人均占有土地 16.64 亩，略高于全国人均 14.75 亩的水平。但地区间分布很不平衡，高于全省人均水平的有楚雄、文山、普洱、西双版纳、德宏、临沧、丽江、怒江、迪庆 9 个州市，尤以迪庆、怒江和西双版纳 3 个州人均占有土地面积最多，分别为 118.0 亩、53.7 亩和 40.64 亩，其余 8 个地州市人均占有土地均低于全省人均水平，其中昆明、昭通、曲靖三市人均土地面积在 10 亩以下。

全省普查耕地面积为 6941.21 万亩（比 1986 年年报耕地面积高 66.7%），垦殖率 12.07%，人均占有耕地 2.01 亩，远低于世界人均耕地 4.52 亩的水平。全省 126 个农业县市（含东川）中，垦殖率最高的镇雄为 40.1%，最低的德钦、贡山和香格里拉分别为 0.7%、1.3%和 1.5%。人均耕地高于全省人均水平的有 61 个县，多数集中在边疆地区，最高的西盟、澜沧，人均耕地分别为 10.1 亩和 5.8 亩；低于全省人均水平的有 65 个县市，主要集中在内地人口集中的城郊，如官渡区、西山区、呈贡区、玉溪市、大理市，人均耕地不足 1 亩。

在现有耕地中，地多田少，旱地 4893.58 万亩，约占耕地总面积的 70%；水田 2047.63 万亩，约占 29%。旱地中轮歇地面积大，占旱地 1/5 以上。中低产田地面积大，约占总耕地面积的 86%，高产田地只占 14%，耕地后备资源不足，全省仅有宜农荒地 624 万亩，人均 0.18 亩，且集中分布在边疆地多人少地区。

土壤类型多，红壤面积大。全省共有 19 个土类，占全国土类总数的 31.7%，以铁铝土纲的砖红壤、赤红壤、红壤、黄壤等红壤系列为主，面积共 29 230.56 万亩，占全省土壤面积的 55.32%；淋溶土纲、半淋溶土纲、初育土纲、水浅土纲、高山土纲和人为土纲共 23 612.44 万亩，占 44.68%。丰富的土壤资源为农林牧业的发展提供了基础条件。

全省土地资源中，按坡度划分：8°以下的占 8.72%，8°—15°的占 13.7%，15°—25°的占 37.42%，25°—35°的占 28.74%，大于 35°的占 10.54%，主要水域占 0.72%。坡度大于 25°的陡坡耕地 1127 万亩，占普查旱地面积的 23%，水土流失严重，不宜农耕，应逐步退耕还林还牧。

全省土地资源中，按气候带与坡度划分：北热带占 1.23%，其中坡度小于和等于 8°的占该带土地面积的 19.76%，8°—15°的占 14.50%，15°—25°的占 35.19%，25°—35°的占 25.61%，大于 35°的占 4.85%。北热带是发展橡胶、胡椒、柚木、轻木等热带林木的宝地。

南亚热带占全省土地面积的 19.29%。其中坡度小于和等于 8°的占该带土地面积的6.68%，8°—15°的占9.06%，15°—25°的占42.32%，25°—35°的占31.92%，大于35°的占10.02%。该带可一年三熟，是甘蔗、茶叶、杜果、紫胶等作物的最适宜发展区。

中亚热带占全省土地面积的 16.19%，其中坡度小于和等于 8°的占该带土地面积的9.19%，8°—15°的占 9.01%，15°—25°的占 38.55%，25°—35°的占 31.06%，大于 35°的占 11.65%。该带农作物可两年五熟，适宜种植烤烟、茶叶、花生、油桐等。

北亚热带占全省土地面积的 20.18%。其中坡度小于和等于 8°的占该带土地面积的12.11%，8°—15°的占 15.06%，15°—25°的占 37.88%，25°—35°的占 26.28%，大于 35°的占 8.67%。该带一年可大小春两熟，适宜种植油菜、烤烟、核桃、苹果、桃、李等经济作物和果木。

暖温带占全省土地面积的 16.36%，其中坡度小于和等于 8°的占该带土地面积的13.17%，8°—15°的占 18.66%，15°—25°的占 38.56%，25°—35°的占 22.25%，大于 35°的占 7.16%。该带适宜种植苹果、核桃、梨、漆树等。

寒温带占全省土地面积的 8.51%。其中坡度小于和等于 8°的占该带土地面积的2.26%，8°—15°的占 9.60%，15°—25°的占 27.83%，25°—35°的占 39.21%，大于 35°的占 21.10%。该带农耕地少，只能种植青稞、燕麦等耐寒作物，适宜发展牦牛、绵羊等畜牧业；盛产虫草、藏红花、贝母等名贵药材。（主要水域占全省土地面积的 0.72%，未列入各气候带。土地资源按坡度、气候带划分，根据云南省农业区划办公室资料整理）

第二节　土壤污染概况

土壤环境是一个开放的生态系统，它持续快速地与外界进行着物质和能量的传输。在正常情况下，土壤与外界不断进行的物质和能量交换、转化、迁移和积攒，都是处于一定的动态平衡状态，不会引起土壤环境的污染。但是，随着人口急剧增长和工业快速发展，固体废物、有害废水加剧了向土壤中的渗透，空气中的有害气体和尘土也不断随雨水降落在土壤中，土壤的开发强度也越来越大，土壤中的污染物成倍增加。当污染物的数量和排放速度超过了土壤的自净作用的速度时，土壤环境中的自然动态平衡就被破坏，并且随着这些污染物的迁移转化，对生态环境、食品安全、百姓身体健康和农业可持续发展构成威胁。目前，我国土壤污染的总体形势严峻，部分地区土壤污染严重，在重污染企业或工业密集区、工矿开采区及周边地区、城市和城郊地区出现了土壤重污染区和高风险区。因此，了解土壤污染的发生过程，污染物如何在土壤中进行迁移、转化、降解和残留，以及如何控制和消除土壤污染物，都对保护环境具有十分重要的意义。

一、土壤污染的定义

如何定义土壤污染，关系到一个国家关于土壤保护和土壤环境污染防治的技术法规的制定和执行，因此是一项十分必要又非常迫切的工作。目前对土壤污染的定义尚不统一。第一种定义认为：只要人类向土壤中添加了有害物质，土壤即受到了污染，此定义的关键是存在可鉴别的人为添加污染物，可视为"绝对性"定义；第二种定义是以特定的参照数据——土壤背景值加二倍标准差来加以判断的，如果超过此值，则认为该土壤已被污染，视为"相对性"定义；第三种定义不但要看含量的增加，还要看后果，即当进入土壤的污染物超过土壤的自净能力，或污染物在土壤中的积累量超过土壤基准量，给生态系统造成了危害，此时才能被称为污染，这也可视为"相对性"定义。以上三种定义的出发点虽然不同，但有一点是共同的，即认为土壤中某种成分的含量明显高于原有含量时即构成了污染，显然现阶段采用第三种定义更具有实际意义。

以第三种定义为基础，我国不同的部门按照部门职责需要对土壤污染重新进行定义。全国科学技术名词审定委员会认为，土壤污染是指对人类及动、植物有害的化学物质经人类活动进入土壤，其积累数量和速度超过土壤净化速度的现象。《中国农业百科全书（土壤卷）》给出的定义：土壤污染是指人为活动将对人类本身和其他生命体有害的物质施加到土壤中，致使某种有害成分的含量明显高于土壤原有含量，而引起土壤环境质量恶化的现象。

二、土壤自净

土壤本身具有强大的自净能力，只有当进入土壤的污染物超过土壤的自净能力，或污染物在土壤中的积累量超过土壤基准量，而给生态系统造成了危害，此时才能被称为污染。土壤的自净作用是指自然因素条件下的土壤，通过自身作用使土壤中污染物的数量、浓度或毒性、活性降低的过程。土壤自净作用按其机理不同可分为物理净化、物理

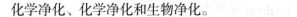

化学净化、化学净化和生物净化。

（一）物理净化

土壤是一个多相的疏松多孔体，犹如天然的大过滤器，物理净化就是利用土壤多相、疏松、多孔的特点，通过吸附、挥发、稀释、扩散等物理作用使土壤污染物趋于稳定，毒性或活性减小，甚至排出土壤的过程。该过程只是将污染物分散、稀释、转移，不能减少污染物总量，有时还会使其他环境介质受到污染。

（二）物理化学净化

污染物的阳、阴离子与土壤胶体上原来吸附的阳、阴离子之间的离子交换吸附作用称为土壤环境的物理化学净化作用，它是可逆的离子交换反应，且顺从质量作用定律，同时，此种净化作用也是土壤环境缓冲作用的重要机制。土壤净化能力的大小可用土壤阳离子交换量或阴离子交换量的大小来衡量。污染物的阴、阳离子被交换吸附到土壤胶体上，降低了土壤溶液中这些离子的浓（活）度，相对减轻了有害离子对植物生长的不利影响。由于一般土壤中带负电荷的胶体较多，故一般土壤对阳离子或带正电荷的污染物的净化能力较强。但物理化学净化作用也只能使土壤污染物在土壤溶液中离子浓（活）度降低，相对地减轻危害，并没有从根本上消除污染物，它只是暂时性的、不稳定的。同时对于土壤本身来说，则是污染物在土壤中的累积过程，将产生更严重的潜在威胁。

（三）化学净化

化学净化作用主要是通过溶解、氧化、还原和沉淀等过程使污染物转化为难溶、难解离或低毒的形式，并不改变土壤结构。土壤环境的化学净化作用反应机理很复杂，影响因素也较多，不同的污染物有着不同的反应过程。那些性质稳定的化合物，如多氯联苯、稠环芳烃、有机氯农药，以及塑料、橡胶等合成材料，则难以在土壤中被化学净化。重金属在土壤中只能发生凝聚沉淀反应、氧化还原反应、络合-螯合反应、置换反应，而不能被降解。某些农药可通过化学净化作用消除。

（四）生物净化

生物净化是指污染物在微生物及其酶作用下通过生物降解，被分解为简单的无机物而消散的过程。土壤生物对污染物的吸收、降解、分解和转化过程与作物对污染物的生物性吸收、迁移和转化是土壤环境系统中两个最重要的物质与能量的迁移转化过程，也是土壤最重要的净化功能。土壤的净化作用的强弱取决于生物净化作用的大小，而生物净化作用的大小又取决于土壤生物和作物的生物学特性。从净化机理看，生物化学净化是真正的净化，但不同化学结构的物质在土壤中的降解历程不同。某些无机污染物可通过微生物的作用发生一系列的变化而降低活性和毒性。

三、土壤污染的类型

土壤作为一个开放的生态系统，不断与外界进行着物质和能量的传输。通过各种途径输入土壤环境中的物质种类繁多，有的是有益的，有的是有害的，有的在少量时是有益的，而在多量时是有害的，有的虽无益，但也无害。将输入土壤环境中的、足以影响土壤环境正常功能的、能够降低作物产量和生物学质量的、有害于人体健康的那些物质统称为土壤环境污染物质。由于污染机制复杂，土壤污染有很多类型。污染物根据性质可分为有机污染物、无机污染物、放射性污染物和病原菌污染物。

（一）有机污染物

有机污染物主要包括有机农药、多氯联苯、多环芳烃、农用塑料薄膜、合成洗涤剂、石油和石油制品，以及由城市污水、污泥和厩肥带来的有害微生物等。现代化农业离不开农药和化肥，目前广泛使用的化学农药有 50 多种，其中主要包括有机磷农药、有机氯农药、氨基甲酸酶类、苯氧羧酸类、苯酚和胺类。有机氯杀虫剂如 DDT（双对氯苯基三氯乙烷）、六六六等能在土壤中长期残留，并在生物体内富集。氮、磷等化学肥料，凡未被植物吸收利用和未被根层土壤吸附固定的养分，都在根层以下积累，或转入地下水，成为潜在的环境污染物。而土壤侵蚀是使土壤污染范围扩散的一个重要原因，凡是残留在土壤中的农药和氮、磷化合物，在发生地面径流，或土壤风蚀时，就会向其他地方转移，扩大土壤污染范围。

（二）无机污染物

无机污染物主要包括化学废料、酸碱污染物和重金属污染物三种。硝酸盐、硫酸盐、氯化物、氟化物、可溶性碳酸盐等化合物，是常见而大量的土壤无机污染物。硫酸盐过多会使土壤板结，改变土壤结构；氯化物和可溶性碳酸盐过多会使土壤盐渍化，肥力降低；硝酸盐和氟化物过多会影响水质，并在一定条件下导致农作物含氟量升高。另外，汞、铅、砷、铜、锌、镍、钴、钒等也会引起土壤污染。汞污染主要来自厂矿排放的含汞废水；锡、铅污染主要来自冶炼排放和汽车废气沉降，磷肥中有时也含有锡；砷在杀虫剂、杀菌剂、杀鼠剂和除草剂中含量较高，易引起土壤的砷污染，硫化矿产的开采、选矿、冶炼也会引起砷对土壤的污染。

（三）放射性污染物

土壤本身就含有天然存在的放射性元素，如 ^{40}K、^{87}Rb、^{14}C 等，但含量均较低。这里所指的放射性污染物主要来源于大气层中核爆炸降落的裂变产物和部分原子能科研机构排出的液体和固体的放射性废弃物。含有放射性元素的物质不可避免地会随自然沉降、雨水冲刷和废弃物的堆放污染土壤，在土壤中生存期长的放射性元素以锶和铯等为主。土壤一旦被放射性物质污染就难以自行消除，只能等它们通过自然衰变转化为稳定元素而消除其放射性。放射性元素可通过食物链进入人体，可对人畜产生放射病，能致畸、致突变、致癌等。

（四）病原菌污染物

病原菌污染物主要包括病原菌和病毒等，来源于人畜的粪便及用于灌溉的污水（未经处理的生活污水，特别是医院污水），其中危害最大的是传染病医院未经消毒处理的污水和污物。人类若直接接触含有病原微生物的土壤，可能会对身体带来直接的负面影响，若食用种植在被污染土壤上的蔬菜、水果等，则会间接受到影响。病原菌污染不仅可能危害人体健康，而且有些长期在土壤中存活的植物病原体还可能严重地危害植物，造成农业减产。

四、云南省土壤污染现状

2014 年发布的《全国土壤污染状况调查公报》显示，全国土壤污染物总超标率高达 16.1%，其中轻微、轻度、中度和重度污染点位比例分别为 11.2%、2.3%、1.5% 和 1.1%。从土地利用类型看，耕地、林地、草地土壤点位超标率分别为 19.4%、10.0% 和 10.4%。从污染类型看，以无机型为主，有机型次之，复合污染比重较低，无机污染物超标点位数占全部超标点位数的 82.8%。从污染物超标情况看，镉、汞、砷、铜、铅、铬、锌、镍 8 种无机污染物点位超标率分别为 7.0%、1.6%、2.7%、2.1%、1.5%、1.1%、0.9%、4.8%；六六六、DDT、多环芳烃 3 类有机污染物点位超标率分别为 0.5%、1.9%、1.4%。土壤环境质量受多重因素叠加影响，我国土壤污染是在经济社会发展过程中长期积累形成的。工矿业、农业生产等人类活动和自然背景值高是造成土壤污染或超标的主要原因。土壤环境状况总体不容乐观，部分地区污染较严重，耕地土壤环境质量堪忧，工矿业废弃地土壤环境问题突出，土壤修复工作势在必行。作为有色金属之乡，云南工矿企业数量多，由此产生的重金属土壤污染也较多。云南省政府将在个旧、会泽、兰坪等污染比较严重的县、市、区，以有色金属矿采选、有色金属冶炼、石油加工、化工、农药、焦化、电镀、制革、印染、危险废物处置等重点行业企业和工业园区周边，以及历史污染区域和周边为重点，划定"云南省土地污染重点治理区"。场地修复项目今后将会是土壤修复企业关注的重点，各环保企业也会加大对场地修复设备和技术的投入。

云南省人民政府 2017 年 2 月 19 日印发的《云南省土壤污染防治工作方案》中明确提到保护好土壤环境是推进生态文明排头兵建设和构筑西南生态安全屏障的重要内容。到 2020 年，完成国家下达的受污染耕地安全利用率指标，污染地块安全利用率不低于90%。到 2030 年，受污染耕地安全利用率和污染地块安全利用率均达到 95%以上。

第三节　云南省土壤修复新兴技术与产业化转型升级

随着几十年的经济发展对自然环境的过度利用和破坏，土壤的污染问题已经成为全球关注的热点，已经成为我国环境保护和治理的重大而紧迫的战略问题。随着科学技术的进步，经过近十多年来全球范围的研究与应用，包括生物法修复、物理法修复、化学法修复及其联合修复的土壤修复技术在内的污染土壤修复技术体系已经形成。土壤修复的庞大需求，土壤修复技术的不断成熟，使土壤修复成为一个新兴的重大产业。这中间包括土壤污染检测技术、土壤修复制剂和材料技术、土壤修复工程装备制造生产技术、土壤修复施工工程技术、土壤修复认证监理服务技术、土壤修复产业专业人才培养等。基于现代土壤修复技术的"生态修复工程"在未来几年必将成为巨大的产业创新机会，必将成为一个全新的创业和投资的热点。土壤污染修复技术是指采用化学、物理学和生物学的技术与方法以降低土壤中污染物的浓度、固定土壤污染物、将土壤污染物转化成为低毒或无毒物质、阻断土壤污染物在生态系统中的转移途径的技术总称。目前，理论上可行的修复技术有植物修复技术、微生物修复技术、化学修复技术、物理修复技术和综合修复技术等几大类。部分修复技术，如可降解有机污染物和重金属污染土壤的修复等方面已进入现场应用阶段，并取得了较好的效果。对污染土壤实施修复，阻断污染物进入食物链，防止对人体健康造成危害，对促进土地资源保护和可持续发展具有重要意义。

一、尾矿重金属污染

云南矿产资源丰富，素有"有色金属王国"之称，有色金属遍及全省 16 个州市，且均有有色金属采选企业。在发展地方经济的同时，矿产资源的开发对当地的生态破坏和环境污染问题也随之而来，采矿是环境中重金属的主要来源[①]。

（一）细菌浸矿技术

细菌浸矿技术是运用以矿物为营养基质的微生物，将矿物氧化分解，从而使金属离子进入溶液中，通过进一步分离、富集和纯化而提取金属的一项高新技术，主要应用在次生硫化矿、氧化矿等难浸出矿石的浸出中，以及传统冶金无法提取的一些低品位矿石的浸出中。

细菌浸矿的机理主要分为直接作用、间接作用和联合作用。其中细菌的直接作用是指浸矿细菌附着在矿石表面，使该目的矿物氧化而溶解。细菌的间接作用是细菌可将矿石中的黄铁矿和还原态硫等氧化为硫酸亚铁和硫酸，进而又将硫酸亚铁氧化为硫酸铁，后者是一般金属硫化物和其他矿物的有效浸出剂。细菌的间接作用依赖于 Fe^{3+} 氧化硫化矿物，生成 Fe^{2+} 和单质 S，在细菌的作用下，两者被氧化成 Fe^{3+} 和 H_2SO_4，又可循环作为浸矿剂来浸出硫化矿物。因此，在细菌浸出过程中，既有细菌直接作用，又有细菌间接作用；有时以直接作用为主，有时以间接作用为主，但这两种作用都不可排除。

1922 年首次报道了铁和锌的硫化物的微生物浸出。一直到 20 世纪中叶，才从酸性矿坑中分离得到一种能够氧化硫化矿的细菌，即氧化亚铁硫杆菌。之后到了 1954 年，发现了氧化硫硫杆菌（T，t），并且证明了氧化亚铁硫杆菌可以在黄铁矿存在的条件下氧化各种硫化矿。随着铜、铀、金的生物湿法提取实现工业化生产，锌、镍、钴、锰的生物湿法提取也正由实验室研究过程向工业化生产转化。而细菌浸矿经过多年的研究发展到现在，其主要是利用铁、硫氧化细菌进行铜、铀、金、锰、铅、镍、铬、钴、钒、镉、铁、砷、锌、铝、银、锗、钼等几乎所有硫化矿的浸出和含金黄铁矿的氧化预处理，以及尾矿重金属污染的处理。目前，国内外对用于硫化矿浸矿的微生物的研究相当广泛和深入。其中研究得最多的一类细菌可在有氧的情况下，通过氧化低价硫（包括元素硫）、亚铁离子等来获得能量，并通过固定碳或其他有机营养物生长。现在，常用浸矿细菌有氧化亚铁硫杆菌、氧化硫硫杆菌、氧化亚铁钩端螺菌，主要是常温、嗜酸细

① 谢旭阳、田文旗、王云海等：《我国尾矿库安全现状分析及管理对策研究》，《中国安全生产科学技术》2009 年第 2 期。

菌，缺乏对其他条件菌种的研究和使用。近年来，云南热温泉水中发现了一种高温菌，在65℃浸出黄铜矿，其速率为氧化亚铁硫杆菌的6倍，是一种无机化能自养型嗜热嗜酸菌。选育中高温、低温、碱性细菌，将对扩大细菌浸矿的应用范围起到重要作用。相比现在运用的尾矿处理技术，细菌浸矿技术具有成本低、能耗低、工艺流程简单、资源利用广等诸多优点，对低品位、难选冶的硫化矿尾矿资源化的开发利用和尾矿重金属污染处理显示出了巨大的潜力，已成为全球矿业开发领域的热门研究课题，相关课题研究了以紫外线诱变[①]与稳定磁场强化细菌浸矿的新技术。

（二）污泥改良剂技术

由于尾矿多具有极端贫瘠、土壤结构不良、表层疏松、风蚀严重、持水保肥能力差、重金属含量高等特点，不利于植物直接生长，采用人工辅助措施，有利于促进尾矿生态修复。污泥作为一种固体废弃物，通常的处理方式为填埋、焚烧、填海等，但在这些处理过程中很容易出现二次污染。为了保护环境，对这些固体废弃物的处理和利用已经成为社会关注的重点。污泥中含有大量的有机质和养分，将其应用于矿区生态环境修复过程中的基质改良，可能具有较好的综合经济效益和社会效益。

污泥中含有大量的有效养分及有机质等，同时也是一种有效的有机肥料，不但能释放营养源，还可以与重金属发生螯合作用，从而降低有效态重金属毒性。污泥作为改良剂能明显提高铅锌尾矿中速效养分的含量。铅锌尾矿重金属稳定效果与改良剂剂量、作用时间及重金属元素种类有关。剩余污泥作为改良剂施加于铅锌尾矿中，可有效降低尾矿中铅、锌、铜、镉的有效态浓度，减少尾矿中重金属对环境的毒害作用，且对锌和镉的固定作用从第 30 天开始表现出来，而对铅和铜的固定作用则从第 60 天以后表现出来。总体来看，剩余污泥施加量为5%时处理的稳定效果较好。

目前最先进的污泥改良剂的专利技术是城市污泥高低温耦合热解生产生物有机碳土壤改良剂技术。根据目前国内外的研究成果，污泥热解法虽然是一项很有发展前景的技术，但是由于基础研究和工艺装备等方面的不成熟，真正实现工业化生产还存在一些问题，主要表现在：

第一，热解设备结构复杂，材料、安全和控制要求极高。目前各国采用的热解设备，如带加热夹套的卧式反应器、高压反应釜及流化床反应器等，操作条件复杂，难以实现工业化生产。在热解工艺和设备的改进方面有待新的突破。

第二，污泥热解产物的特性缺乏系统性的分析。污泥热解工艺的突出优势是可以实

---

① 徐晓军、孟运生、宫磊等：《氧化亚铁硫杆菌紫外线诱变及对低品位黄铜矿的浸出》，《矿冶工程》2005 年第 1 期。

现污泥的综合利用，但是，由于目前很少有大规模运行的设备，对热解产物的特性研究不足，大多数还处于实验规模，无法对热解产物的物理及化学性质进行全面的评价和考核。关于污泥热解液态产物即热解生物油的应用情况目前报道很少，这方面的成果还有待进一步研究。

第三，热解机理研究还有待完善。由于研究对象来源不同，目前在热解机理方面的研究结果还较分散，缺乏能够指导实践的热解机理和表观动力学数据，致使热解工艺的应用受到了很大限制。

第四，污泥热解工艺的能量平衡及工艺优化。由于污泥热解所需温度比污泥焚烧所需温度低，污染物少，热解法的处理成本远低于焚烧，且污泥热解后生成的油和炭，还可出售或辅助二次燃烧获得一部分收益。但是污泥热解工艺过程生污泥水分含量对热解能耗及干化能耗的需求对运行的动态影响、对产物品质的影响，目前还没有报道。解决上述问题才能使热解在我国污泥治理中发挥应有的作用。

（三）植物仿生修复技术

植物仿生修复技术是一种新型的土壤修复技术，通过模拟植物对土壤水分的吸收和植物的蒸腾作用，带动土壤溶液和可溶性重金属离子运移，土壤水分通过植物仿生修复装置顶端扩散，重金属离子则被修复装置内的填料吸附、固定、富集从而降低污染土壤中重金属浓度。植物仿生修复技术修复工业污染土壤的研究结果表明，修复1个月后土壤中镉、镍、锌和铁浓度分别下降12.81%、4.14%、27.58%和16.78%[1]。植物仿生修复技术与其他技术相比具有花费较小、修复率高、无二次污染等特点，可广泛应用于不同浓度的污染土壤修复中。

目前，对于植物仿生修复技术的研究主要集中在对污染土壤重金属的去除方面，对植物仿生修复方法机理的研究较少。有学者通过模拟植物蒸腾作用产生蒸腾拉力，并带动植物根系吸收土壤水分这一自然现象，研发了基于植物仿生的污染土壤原位自持修复装置。该装置在带动土壤溶液向装置内转移的同时，可以将土壤溶液中的重金属离子运输到装置内然后被填料吸附、固定、截留，从而降低土壤中重金属的浓度，以达到富集固定土壤重金属的目的。以往经验显示，采取植物修复技术进行重金属治理，在对超富集植物的选取和管理上都存在着一定的问题，超富集植物的生长往往不受控制，容易引起生物入侵及对尾矿周边生态系统的破坏，植物仿生装置避免了以上问题，针对不同污染物选取不同的填充物已经被正式用于植物修复技术。

---

① 郝大程、周建强、王闯等：《重金属污染土壤的植物仿生和植物修复比较研究》，《生物技术通报》2017年第2期。

我国在该技术的研发和实验方面处于领先地位，目前已验证不同类型的填充剂适用于各重金属离子的修复。例如，适用于铬污染土壤修复的最佳填料为海泡石；适用于锌污染土壤修复的最佳填料为海泡石+硅藻土+高岭土+活性炭；适用于镉污染土壤修复的最佳填料为海泡石+活性炭；适用于铅污染土壤修复的最佳填料为海泡石+高岭土+活性炭。填充剂在产业化制造方面有着巨大潜力。

二、焚烧飞灰污染

（一）固化/稳定化技术

固化/稳定化技术是指将有毒有害的物质通过物理或化学方法固定或包容在惰性材料中，使其不被释放出来以消除环境污染的一种技术。其作用机理包括有害废弃物和固化处理剂之间发生物理包裹、化学作用及物理化学吸附等协同作用。由于该技术具有适用范围广、处理时间短等优势，所以曾被称为处理有毒有害废物的最佳技术。

在浸出前先进行水洗预处理，之后进行酸浸。经水洗—酸浸后，飞灰中的锌和铅的形态从以碳酸盐结合态、铁锰氧化态和残渣态为主，转变为以残渣态为主。与原灰和水洗灰相比，水洗飞灰酸浸残渣的重金属稳定性有十分显著的提高。有学者考察了水泥对原飞灰和酸洗预处理飞灰中重金属的固化效果，结果表明：酸洗预处理飞灰的固化效果有显著的提升，不仅抗压强度有所提高，并且铅、锌的浸出浓度相较于用原飞灰制得的固化体分别降低了 10.6%—59.0%和 7.4%—73.7%。经复合稳定化后的固化体其浸出毒性测试及机械强度明显优于单步水泥固化处理效果。

（二）石油烃污染

微生物修复是指利用天然存在的或培养的功能微生物群，在适宜环境条件下，促进或强化微生物代谢功能，从而达到降低有毒污染物活性或降解成无毒物质的生物修复技术。微生物修复土壤 PCBs（多氯联苯）的主要途径包括厌氧脱氯和好氧生物降解。厌氧脱氯是一个能量输出过程，高氯代 PCBs 作为电子受体被还原成低氯代 PCBs；而好氧生物降解通常被限制在低氯代 PCBs（氯原子数<5），通过氧化反应生成氯-2-羟基-6-氧-6-苯基-2，4-己二烯酸（Cl—HOPDA）和氯苯甲酸，开环甚至完全矿化。尽管还原脱氯并未降低 PCBs 的摩尔浓度，但这一过程却降低了其类二噁英毒性，从而使其更易于被好氧菌降解。

1987 年发现了底泥中 PCBs 的厌氧脱氯。在实验室条件下证实了 PCBs 的微生物厌氧还原脱氯，后续的研究发现厌氧脱氯导致了低氯代 PCBs 同系物在底泥中的富集，且 PCBs 上氯取代位置的优先取代程度为间位＞对位＞邻位，研究表明 PCBs 在厌氧环境中存在自然衰减的现象，进一步证实了在厌氧条件下 PCBs 可以被微生物降解。PCBs 的微生物厌氧脱氯广泛存在于厌氧环境中，包括淡水、河口和海洋的沉积物。

微生物修复术是近年研究的热点，目前我国主要研究以下两个方面：

一是修复菌株的筛选和基因工程菌的构建：修复菌株的筛选是微生物修复技术的第一步，目前修复污染土壤的微生物资源绝大部分尚未得到开发，国内学者致力于修复菌株的筛选工作，并且取得了一定的成果。

二是微生物强化修复技术。微生物强化修复技术主要是利用功能微生物或根际微生物强化生物修复效果。目前微生物强化修复技术主要有以下两种方式：①利用生物表面活性剂或螯合剂等物质的微生物提高污染物的生物有效性；②利用微生物改善根际环境，促进植物根系的生长、提高根系表面积，促进根部吸收，提高植物对污染物的转运。利用根际微生物强化植物修复效果是近年的研究热点之一，并且由于菌根真菌可提高植物重金属耐性，国内学者认为菌根真菌与超富集植物的组合在重金属污染土壤的修复中有广泛的应用前景。

微生物修复适用于易于生物降解的有机污染物，而对难以生物降解的高氯代 PCBs 修复效果不佳，尤其是微生物通常对污染物具有专一性，其降解作用有可能生成毒性更强的产物，且需要较长的修复周期。因此，为提高微生物修复 PCBs 效率，今后应重点开展高效降解菌的筛选和培育，利用基因工程技术（基因重组、定向诱导技术和易错聚合酶链反应等）提高微生物对有机污染物的修复效率，尤其是通过特定的微生物种群设计，利用好氧—厌氧微生物协同修复土壤 PCBs。

（三）农业化肥、农药污染

1. EKR-PRB 联合修复技术

电动力修复法（electrokinetic remediation，EKR）和可渗透性反应墙（permeable reactive barrier，PRB）技术均是近 30 年来国际上新兴的土壤、地下水原位修复技术。EKR 技术通过在污染土壤两侧施加直流电压，通过电迁移、电渗流和电泳的方式使土壤中的污染物质迁移到电极两侧从而修复土壤污染。该技术可有效地从土壤中去除铬、铜、汞、锌、镉、铅等重金属，以及苯酚、氯代烃、石油烃、乙酸等有机物。PRB 技术主要利用污染物通过填充活性反应材料时产生沉淀、吸附、氧化还原和生物降解反应从而使污染物得以去除的原理，在修复地下水污染工程中使用较频繁[①]。

在实际应用中，EKR 和 PRB 技术还存在着一些局限性，如采用 EKR 修复污染土壤时，处理效果受溶解度的影响很大，对溶解性差和脱附能力弱的污染物及非极性有机物的去除效果不好，而 PRB 中的填充材料与污染物的作用及无机矿物沉淀除污染物的方式容易导致 PRB 堵塞，限制了 PRB 技术在土壤修复中的应用。而 EKR-PRB 联合修复技术可以结合 EKR 与 PRB 技术的优点，有效提高污染物的去除效率，并降低修复成本。其基本原理是用电动力将毒性较高的重金属及有机物质向电板两端移动，使污染物质与渗透性反应墙内的填料基屑等充分反应，通过吸附去除或降解成毒性较低的低价金属离子和有机物，达到去除或降低毒性的目的。

2. 土壤化学淋洗技术

土壤化学淋洗就是通过淋洗液的解析、螯合、溶解或固定等化学作用，使土壤中的重金属成分与淋洗液或化学助剂相结合[②]，进而使重金属降解。该技术耗费时间较短，处理效率较高，无二次风险，既可单独处理小面积重金属污染土壤，也可以作为前处理技术与其他修复技术联合使用。

国际上土壤重金属污染事件早就出现，但从 20 世纪 90 年代初才有重金属污染土壤化学淋洗技术相关研究论文收录，从论文发表量看，美国、加拿大、中国和韩国论文均在 50 篇以上，表明这些国家成为重金属污染土壤化学淋洗技术研究的领先国家，其中，美国以绝对发文量占优，表明其对该领域研究比较完善。从篇均被引频次来看，美国、加拿大和日本超过 20 次，表明这些国家的论文质量较高，对该领域的研究较为深入；中国和意大利的篇均被引频次较低，表明中国和意大利研究内容缺乏一定创新性。20 世纪 90 年代初期，国际上就开始有土壤淋洗技术的相关专利，截至 2014 年共发表专利 129 项，总体呈波动式上升趋势，从 1991 年的 1 项增长到 2014 年的 37 项，表明国际上对土壤淋洗处理重金属污染土壤的应用逐渐增多；中国虽然起步较晚，从 2008 年开始有相关专利，但国内专利在近几年数量剧增。主要专利内容以淋洗工艺和设备结合为主，表明工艺和设备相对淋洗剂有更高的工程实用性。对比专利数量和发表年份看，日本专利主要集中发表在 2005 年前后，表明日本虽较早重视土壤污染问题并开始相关方面的研究，但其后续研究较少；中国专利主要集中发表在 2011 年以后，表明近几年对淋洗技术不断重视，研究力度不断加大。根据 1990—2014 年国际土壤淋洗专利被引用情况，韩国、德国和日本分列专利被引频次的前 3 位，说明其专利具有先进性和实用

① 马会强、吴束、李爽：《零价铁渗透性反应墙原位修复含砷地下水的柱实验研究》，《环境工程学报》2017 年第 1 期。
② 李实、张翔宇、潘利祥：《重金属污染土壤淋洗修复技术研究进展》，《化工技术与开发》2014 年第 11 期。

性，中国相关专利数量虽然很多，但在国际上被引频次很少，表明中国相关专利，尤其是早期专利缺乏原创性和实用性。

在重金属污染土壤淋洗技术的研发方面，铅和铜是土壤中研究比较多的重金属；EDTA 和生物表面活性剂是目前被研究较多的淋洗剂，因为 EDTA 能和重金属螯合，表面活性剂对重金属有一定的吸附性，二者对重金属去除都有比较好的效果；强酸作为淋洗剂最近几年研究较少；淋洗废液处理、结合生物修复的研究日益增多；复合淋洗剂研究逐步增多；淋洗技术处理重金属和有机物的复合污染物的研究逐步增多；淋洗技术与植物修复、固化稳定化和微波①等其他技术相结合的联合修复是今后研发的主要热点和发展趋势。

（四）化工厂、钢铁厂搬迁污染

1. 热脱附技术

热脱附技术是指在真空条件下或通入载气时，通过直接或间接热交换，将土壤中的有机污染物加热到足够的温度，以使有机污染物从污染介质上得以挥发或分离，进入气体处理系统的过程。

热脱附可通过调节加热温度和停留时间等方式有选择地将污染物从一相转化为另一相，在修复过程中不会出现对有机污染物的破坏作用。通过控制热脱附系统的温度和污染土壤停留时间有选择地使污染物得以挥发，并不发生氧化、分解等化学反应。

热脱附主要包含两个基本过程：一是加热待处理物质，将目标污染物挥发成气态然后分离；二是将含有污染物的尾气进行冷凝、收集，焚烧处理至达标后排放至大气中。

热脱附技术具有污染物处理范围宽、设备可移动、修复后土壤可再利用等优点，特别对 PCBs 这类含氯有机物，非氧化燃烧的处理方式可以显著减少二噁英生成。不过，热脱附技术并不适用于有机防腐剂及活性氧化剂/还原剂污染土壤、污泥、沉淀物、滤渣的修复。

原位热脱附技术是将污染土壤加热至目标污染物的沸点以上，通过控制系统温度和物料停留时间有选择地促使污染物气化挥发，使目标污染物与土壤颗粒分离。热脱附过程可以使土壤中的有机化合物发生挥发和裂解等物理化学变化。当污染物转化为气态之后，其流动性将大大提高，挥发出来的气态产物通过收集和捕获后进行净化处理。

原位热脱附技术特别适合重污染的土壤区域，包括高浓度、非水相、游离、源头的有机污染物。目前，原位热脱附技术可用于处理的污染物主要为含氯有机物

---

① 薛腊梅、刘志超、尹颖等：《微波强化EDDS淋洗修复重金属污染土壤研究》，《农业环境科学学报》2013年第8期。

（CVOCs）、半挥发性有机物（SVOCs）、石油烃类（TPH）、多环芳烃（PAHs）、PCBs 及农药等。

原位热脱附技术按照不同的加热方式可以大致分为以下几种类型：电阻热脱附、热传导热脱附、蒸汽热脱附、高频热脱附及热水和热空气热脱附技术。原位热脱附技术最大的优势就是可以省去土壤的挖掘和运输，这样可以减少大部分的费用。然而，原位热脱附需要的时间比异位热处理要长很多，而且由于土壤的多样性及蓄水层的特性，很难用一种加热方式进行土壤原位热脱附处理，需要根据实际情况进行技术选择。

异位热脱附技术适用于可开展异位环境修复的区域，将污染土壤提取出来并通过专门的热脱附系统装置处理。

异位热脱附系统可分为直接热脱附和间接热脱附。直接热脱附由进料系统、脱附系统和尾气处理系统组成。进料系统：通过筛分、脱水、破碎、磁选等预处理，将污染土壤从车间运送到脱附系统中。脱附系统：污染土壤进入热转窑后，与热转窑燃烧器产生的火焰直接接触，被均匀加热至目标污染物气化的温度以上，达到污染物与土壤分离的目的。尾气处理系统：富集气化污染物的尾气通过旋风除尘、焚烧、冷却降温、布袋除尘、碱液淋洗等环节去除尾气中的污染物。间接热脱附由进料系统、脱附系统和尾气处理系统组成。与直接热脱附系统的区别在于脱附系统和尾气处理系统不同。尾气处理系统：富集气化污染物的尾气通过过滤器、冷凝器、超滤设备等环节去除尾气中的污染物。气体通过冷凝器后可进行油水分离、浓缩、回收有机污染物。

异位热脱附技术的处理周期可能为几周到几年，实际周期取决于以下因素：①污染土壤的体积；②污染土壤及污染物性质；③设备的处理能力。一般单台处理设备的能力在 3—200 吨/小时，直接热脱附设备的处理能力较大，一般为 20—160 吨/小时；间接热脱附的处理能力相对较小，一般为 3—20 吨/小时。

自 20 世纪 80 年代以来，美国、法国、瑞士、加拿大、阿根廷、韩国、意大利、瑞典等多个国家的研究者对含挥发性污染物（二甲苯、三氯乙烯等）、PCBs、PAHs（菲、芘等）、二噁英、石油及十六烷和十碳到二十二碳等多种有机物污染对象进行了热脱附研究。相比于国外，我国热脱附修复污染土壤研究处于起步和逐步推广应用阶段，浙江大学、清华大学、中国科学院、南京农业大学、西北农林科技大学等多家单位在热脱附方面已进行了一系列研究。

最近兴起一种新型的热脱附技术——微波热脱附技术。该技术不同于一般的常规加热方式，使用微波辐射，穿透土壤、加热水和有机污染物使其变成蒸汽从土壤中排出，其能量以电磁波的形式传递，具有高效的转换效率。此法适用于清除挥发和半挥发性成分，并且对极性化合物特别有效。目前仅处于实验室研究阶段。利用微波能量不仅能使反应时间大为减少，在某些情况下，还能促进一些具体反应。在几分钟之内，无机氧化物与其他一些物质的混合物可以迅速达到 1200°C—1300°C。因此，可以在一密封系统内利用微波迅速升至高温，将土壤中的 PCBs 之类的氯代有机芳烃分解。利用微波能量热解六氯苯、五氯苯酚、2,2,5,5-四氯联苯和 2,2,4,4,5,5-六氯联苯的实验结果表明，在向土壤中加入 Cu_2O 或 Al 粉末，并加入浓度为 10 摩尔/升的 NaOH 溶液后，芳烃分解速率更快[1]。

据美国环境保护署最新发布的《超级基金修复报告（第 14 版）》，在 1982—2011 年美国共有 72 个超级基金项目采用异位热脱附作为主要的修复技术。而我国对异位热脱附技术的应用处于起步阶段，已有少量应用案例。当前国外中小型场地处理成本为 100—300 美元/米^3，大型场地处理成本约为 50 美元/米^3；国内处理成本为 600—2000 元/吨。

作为一种物理修复方法，热脱附技术有污染物处理范围宽、处理速率高、设备可移动、修复后土壤可再利用等优点，特别是对于 PCBs 这类含氯有机物，非氧化燃烧的处理方式可以显著减少二噁英的生成。自 1985 年美国环境保护署首次将该技术采纳为一项可行的土壤环境修复技术起，即被广泛应用于国外含有挥发性和半挥发性有机污染物的土壤、污泥、沉淀物、滤渣等污染场地的修复。另外，热脱附技术对于处理一些突发性的有机污染环境事故，如由于意外泄漏、倾倒而发生的突发性土壤污染事故的应急修复也是一种不错的技术方案。

我国热脱附修复污染土壤应用近年来得到了快速发展，但尚存在着以下问题：投资成本高、设备适用性不强、运行费用昂贵等；对不同污染物的认识不够，不当的参数组合会导致其他副产物的产生，特别是含氯有机物的处理过程中会产生二噁英；土壤修复过程的噪声和扬尘、粉尘污染等新污染源控制难。上述问题需要国内产学研团队加强多学科交叉融合，团结协作，以共同解决。

2. MPE 技术

MPE（multi-phase extraction，多相抽提）技术是当前国外修复被挥发性有机物污染的土壤和地下水的主要技术之一，它通常通过同时抽取地下污染区域的土壤气体、地下水和非水相液体污染物（non- aqueous phase liquid，NAPL）至地面进行分离及处理，达到迅速控制并同步修复土壤与地下水污染的效果。

MPE 技术通过使用真空提取等手段，同时抽取地下污染区域的土壤气体、地下水和浮油层到地面进行相分离、处理[2]，以控制和修复土壤与地下水中有机物污染。MPE

① 易辰博：《微波热修复有机物污染场地土壤技术进展》，《江西科学》2015 年第 1 期。
② 王澎、王峰、陈素云等：《土壤气相抽提技术在修复污染场地中的工程应用》，《环境工程》2011 年第 S1 期。

技术是一种原位修复技术，对地面环境的扰动较小，适用于加油站、石化企业和化工企业等多种类型的污染场地，尤其适用于存在非水相液态污染物情形的污染土壤与地下水的修复。MPE 技术的别称较多，在不同的应用场景下也被称为双相抽提或生物抽吸等，但其原理及系统构造基本相同。目前，国内文献中已有对土壤气相抽提（soil vapor extraction，SVE）技术的相关研究介绍。MPE 是 SVE 的升级，是一种综合 SVE 和地下水抽提的技术，它能够同时修复含有污染物的地下水、包气带及含水层土壤。

MPE 技术的处理周期与场地水文地质条件和污染物性质密切相关，一般需通过场地中试确定。通常应用该技术清理污染源区的速度相对较快，一般需要 1—24 个月的时间。其处理成本与污染物浓度和工程规模等因素相关，具体成本包括建设施工投资、设备投资、运行管理费用等支出。根据国内中试工程案例，每处理 1 千克低密度非水相液体的成本约为 385 元。

第四节　云南省土壤修复技术发展现状

云南省在土壤修复领域发展并不理想，省内多数环保企业现阶段关注的是垃圾处理与水污染治理等相对成熟的产业。土壤修复产业在全国范围方兴未艾，云南省较全国起步晚，产业发展不完善。作为土壤污染相对严重的省份，云南省土壤修复的市场巨大，但专门从事土壤修复工作的环保公司较少，实力较弱，省内土壤修复的工程多交由省外公司承包。云南省部分土壤修复项目应用及进展见表 8-2。

表8-2　云南省部分土壤修复项目应用及进展

名称	进展	合作单位	预计投资
《陆良西桥工业片区重金属污染防治总体实施方案》	修改（2016.7）		2.6亿元
《西双版纳州近期土壤环境保护实施方案和综合治理方案》	完成意见征求（2016.7）		3900万元
《有机农业—土壤—水质耦合调控关键技术研究与应用示范项目》	完成第一、二批仪器安装（2017.7）	生态环境部南京环境科学研究所	1500万元
《云龙县诺邓镇污染土壤修复与治理试验示范项目》	开展盆栽实验和田间实验的准备工作（2017.7）	北京建工环境修复股份有限公司	
《云南省怒江州兰坪县耕地土壤污染治理与修复项目》	开展项目前期工作（2017.7）	中国科学院南京土壤研究所、云南农业大学	1996.6万元
《会泽县者海片区重金属污染综合治理总体实施方案（2016—2018年）》	完成招投标和报告编制工作（2017.7）编制并通过专家评审（2017.4）		1148.5万元

续表

名称	进展	合作单位	预计投资
《会泽县者海镇玛色卡—阿依卡片区耕地污染土壤修复治理工程可行性研究报告》	完成招投标和报告编制工作（2017.7）	广东省生态环境与土壤研究所	26 500万元
《会泽县者海区域重金属污染河道水环境整治工程可行性研究报告》	完成招投标和报告编制工作（2017.7）		4800万元
《南盘江西桥段沿岸重金属污染地下水可渗透性反应墙（PRB）工程》	开展项目二期调查（2017.7）		
《陆良县历史堆存渣场污染土壤修复治理工程》	继续开展环境监理工作（2017.7）	北京建工环境修复股份有限公司	
《牟定县渝滇化工厂原铬渣堆场污染土壤修复工程》	继续开展环境监理工作（2017.7）	北京建工环境修复股份有限公司	1800万元
《保山市土壤环境"十三五"规划方案》	开展编写（2017.8）通过专家评审		
《昆明焦化制气有限公司场地调查和风险评估项目》	完成投标工作并中标（2017.10）通过专家评审修改完善并送昆明市环境保护局备案		
《文山市三七种植基地土壤环境保护示范项目实施方案》	完成前期土壤、三七采样和检测工作，完成报告编制并召开专家咨询会（2017.12）	中国科学院地理科学与资源研究所	
《鹤庆县北衙地区重金属污染土壤治理修复工程实施方案》	编制完成（2017.3）		
《兰坪县历史遗留工业企业污染场地修复治理工程实施方案》	通过专家评审，并根据专家意见进行修改（2017.4）		
《蒙自市氮肥厂场地调查方案》	完成编写并提交项目委托方，开展场地调查的准备工作（2017.4）报市环境保护局备案（2017.9）		48万元
《富民县土壤污染重点区域土壤环境质量调查方案》	完成编写并提交项目委托方，开展场地调查的准备工作（2017.4）		100万元
《镇雄县历史遗留硫磺冶炼废渣中试研究实施方案》	完成并按照专家意见进行修改（2017.9）		

云南银发绿色环保产业股份有限公司（以下简称银发环保）已成为西南地区环保产业的领军企业，是集工程设计、固废危废处置、重金属污染综合治理、环保咨询、在线监测、土壤修复为一体的"国家火炬计划重点高新技术企业""云南省高新技术企业""云南省创新型试点企业"。2016年7月28日，该公司进入中国环境修复产业联盟第三批污染场地调查评估修复从业单位推荐名录，得到业内一致认可。

针对各地在土壤修复方面对关键技术和共性技术的重大需求，银发环保在土壤修复研发、成果转化及工程化应用方面开展了大量的工作，目前银发环保已经向国家知识产权局申请了固化/稳定化技术的相关专利：一种土壤重金属稳定剂的制备方法（发明专利号：201510012795.2）、一种土壤重金属稳定剂（发明专利号：201510012795.2）。

银发环保下属子公司有曲靖银发危险废物集中处置中心有限公司、云南云铜科技危险废物处置（中心）有限公司、云南会泽滇北工贸危废处置有限公司、北京银发瑞威环保科技有限公司、河北银发华鼎环保科技有限公司、河北银环科技发展有限公司、河北银发瑞洁环境科技有限公司。作为云南土壤污染治理的龙头企业，银发环保各子公司业务分工明确，各司其职，既能从国外企业引进高新技术，又有自己的产品专利，产品销售额和项目承接量都在稳定增长。

云南省人民政府响应国家政策要求，重视土壤环境治理工作，积极推动土壤污染防治研究，推进关键技术的研究，建立健全技术体系。新技术和新理念将借助云南省巨大的市场前景促进环保产业由以往药剂生产与销售这种单一模式转型升级为集环境监测、污染考察、信息咨询、工程设计、工程实施、技术引进、技术创新和专利转让为一体的新模式，为云南省经济发展和生态环境建设做出贡献。总结起来，现状在揭示云南省土壤修复产业发展不完善这一事实的同时也暗含了云南省土壤修复产业拥有巨大市场的光明前景及技术更新与引进的困难挑战。

第五节　云南省土壤污染治理模式

目前，我国已经完成或正在进行的土壤修复项目以场地修复项目为主。位于城市的受污染场地获得修复后拥有较高的经济价值，修复资金来源除政府外还包括土地开发商，盈利模式清晰，因此率先得到治理。耕地修复对人身体健康具有重要意义，但修复后的地块经济价值相对较低，修复资金来源主要为财政拨款，尚未解决耕地修复长效资金问题，耕地修复进展较为缓慢。土壤修复需要分阶段进行，矿山修复尚未成为现阶段关注的重点，"土十条"中尚未对矿山治理作重点说明，目前仍以监管防治为主。在尾矿重金属污染领域，细菌浸矿技术及污泥改良剂技术已在云南各大工矿企业中广泛应用，提高了资源利用率，降低了因尾矿重金属污染所带来的环境破坏。省内仍未有植物仿生技术相关案例，通过对该项技术的了解，认为云南自身动植物资源丰富，可以通过动植物及微生物进行土壤修复工作，所以该项技术未来在植物资源稀少或植物生存条件较差的地区会得到运用，而云南省内运用该技术的可能性较低。

一、尾矿重金属污染转型模式

随着高品位、易选冶的铜、镍、锌、钴、金等有色金属资源的日益减少，低品位、难处理资源的开发日益增多，可以通过细菌浸矿的手段，提炼低品位矿、尾矿中的有用金属元素。原来因冶炼技术不成熟而无法充分利用的尾矿现在变废为宝，一方面，可以提取尾矿中的重金属元素，另一方面，对尾矿的再利用将大大降低尾矿所带来的土壤污染。这项技术在云南省内已经得到充分的运用，极大地提高了云南省内各工矿企业资源利用率。

二、焚烧灰飞污染转型模式

在焚烧灰飞污染领域，固化、稳定化技术已经在云南省内得到充分运用。省内已经有公司专门从事固化、稳定化技术研发，如银发环保，该公司有药剂和设备生产的专项技术和省内土壤修复的工程经验。

三、石油烃污染转型模式

在石油烃污染领域，微生物修复技术仍处在论证研究阶段。作为最适宜微生物培养和研究的省份，云南省内有优秀的研究团队、优良的研究设施和悠久的研究历史，是最适宜发展微生物修复技术的，未来定能应用在农业化肥、农药污染领域，EKR-PRB 联合修复技术未在云南省内得到运用，基于云南省已经开展南盘江西桥段沿岸重金属污染地下水可渗透性反应墙工程，在 EKR-PRB 联合修复技术成熟之后，该技术省内得到运用的可能性比较大。土壤化学淋洗技术在云南省内有少数运用，银发环保在会泽县者海区域重金属污染土壤修复一期工程采用化学固化稳定化技术+原位钝化技术+植物修复技术+土壤淋洗技术的不同组合方式，分别对重污染区、中度污染区及轻度污染区进行修复。该公司有一定的技术基础，相信在未来省内土壤修复行业整体得到发展之后该技术会在云南得到广泛运用。

四、农业化肥、农药污染转型模式

由国家地质实验测试中心牵头，联合中国地质科学院矿产资源研究所和湖南省地质调查院共同承担的国土资源公益性行业科研专项电动力学与 PRB 技术联合修复有机氯、镉和铬污染土壤于湖南湘潭易家湾地区的开展，是国内首次使用EKR-PRB联合修复技术。作为前沿技术，技术细节尚未完善，实际产业化应用的效果还有待考察。云南省开展的南盘江西桥段沿岸重金属污染地下水可渗透性反应墙工程采用相对稳妥的PRB技术。

五、化工厂、钢铁厂搬迁污染转型模式

在化工厂、钢铁厂搬迁污染领域，热脱附技术即将在云南省内得到运用。2017 年 7 月 11 日云南省环境科学研究院移动式污染土壤热脱附成套设备技术研发及示范项目设备采购中标，总中标金额 3 693 400 万元。MPE 技术未在云南省内得到运用，作为成熟的土壤修复技术，该技术的应用在国内逐渐增多，并逐渐适应中国土壤污染的复杂情况，未来在云南省内得到运用的可能性比较大。

第六节　云南省土壤污染治理转型方案

一、尾矿重金属污染转型方案

目前，污泥改良剂技术在设备制造上尚存在问题，未得到产业化应用，云南省可以抓住机遇，投入资金，研发污泥改良剂热解设备，争取优先注册专利，成立专门制造该热解设备的公司。

现阶段，高温浸矿菌浸出黄铜矿和异养菌浸出镍红土矿等技术取得突破，新的技术不断涌现。建议云南省内云南铜业股份有限公司、云南锡业集团有限责任公司、云南驰宏锌锗股份有限公司等大型企业联合云南大学、昆明理工大学等高校及各科研单位共同组建细菌浸矿技术实验室，筛选和培育更高效、更安全的菌种，培养具有专业素质的人才来处理尾矿重金属污染问题，组建从分析土壤污染源、制订实施处理计划到环境监管等一系列土壤污染综合治理的流程并承接省外尾矿重金属污染治理项目的专业团队。针对关注度低的矿山修复，云南省应看到该产业未来巨大的市场空间，结合自身矿山众多的特点，抓住时机进行科研工作、引进设备与技术，力争走在全国矿山修复产业发展的前列并通过专利转移获得经济利益，引领云南省环保产业转型升级，改善生态环境，带动经济发展。

二、焚烧灰飞污染转型方案

省内已经有公司专门从事固化、稳定化技术研发，如银发环保，该公司有药剂和设

备生产的专项技术和省内土壤修复的工程经验。鉴于省内已有焚烧灰飞的相关基础，建议今后省内多举办环保技术的展销会，邀请高新技术企业参展，让企业间自主了解、交流、分享。土壤修复项目采用省外高新技术企业和省内企业共同参与模式，让本土企业在"干中学"，学习高新技术企业的工程经验和最新技术，实现快速发展。共同参与模式培养出的经验丰富的本地员工将知识扩散，可以惠及整个土壤修复行业，提高整体从业人员素质，为土壤修复行业转型升级做好人才储备。

三、石油烃污染转型方案

微生物修复技术在国内发展已比较成熟，相关核心设备已能够完全国产化。云南省在微生物研究方面具有悠久的历史，建议以产学研合作模式来进行转型升级。随着我国进入转变经济发展方式的关键阶段，整合高校和科研机构的资源优势，通过创建企业和大学、科研机构协同创新的产学研合作长效机制来提升企业创断能力势在必行。经过多年发展，我国高校产学研合作显著增多，但高校科研成果转化率仍然不高，面临着资金投入不足、在利益分配上难以达成共识、合作层次低、科研成果与市场需求脱节等问题。目前，省内产学研合作平台的建设相对滞后，技术创新和科研成果转化实力有限。合作平台的建设在很大程度上依赖于政府的政策、资金支持，而政府在平台建设中的主导功能未能得到充分体现。政府对合作平台建设投入有限，造成平台和基地建设缓慢且规模小。同时，合作平台建设发展需要大量高端管理、技术创新人才，但由于缺乏相应的人才引进、激励制度和福利待遇，这类人才流动性比较大，显得相对缺乏，直接影响到平台的建设。2015年9月7日，国务院批复同意建设云南滇中新区，生物修复技术应依托新区规划和卓越的区位优势，借鉴上海张江高科技园区和武汉东湖新技术产业开发区的先进经验，通过引进高校和国家级科研机构，吸引投资、提高合作层次、成果转化与市场需求相结合的产学研合作模式来进行转型升级，带动云南经济发展。

四、农业化肥、农药污染转型方案

建议省内积极开展合作研究与技术交流，引进消化吸收并集成创新土壤污染风险识别、土壤污染物快速识别检测、土壤及地下水污染阻隔等先进技术和管理经验。推动土壤污染和环保产业发展。鼓励社会机构参与土壤环境监测评估和土壤污染治理修复等活动。通过政策推动和省政府的资金支持加快完善涵盖土壤环境调查、分析测试、风险评估、治理与修复工程设计和施工等环节的成熟产业链。

五、化工厂、钢铁厂搬迁污染转型方案

针对目前土壤修复以场地修复项目为主的事实，在充分考察设备是否适宜云南土壤污染的前提下，可以引进国内外先进的热脱附技术、MPE技术，让先进的技术团队直接进行工程作业，节省技术研发的时间。

现今，知识日益成为跨国公司的无形资本，大多数跨国公司把核心技术看作公司重要的资产，在进行直接投资和技术转让时，总是把与知识相关的核心技术部分留在本国，而把硬件和非核心技术转移到世界其他地方进行生产，形成了"大脑—手脚"的梯度转移模式。顺梯度型产业转移模式，由于产业转移过程中的发达国家与发展中国家固有级差的存在，发展中国家落入"替代—落后—再替代—再落后"或"引进—落后—再引进—再落后"的陷阱之中，永远处于落后状态。后发国家要想真正实现"赶超战略"，就必须突破传统的产业转移理论的局限，利用"后发优势"，打破产业转移中作为发达国家相对落后技术被动接受者的状态，立足于本国实际，采取适当的方式发展以逆梯度型为主的对外直接投资，主动获取高新技术，促使国内产业的发展。

为防止陷入"引进—落后—再引进—再落后"发展陷阱中，云南省不能等待落后产业转移，而应立足本省实际，主动进行对外投资，参考湖南永清环保股份有限公司收购全球领先的土壤及地下水修复领域解决方案提供商美国Integrated Science& Technology公司51%的股权获得该企业先进的专利技术及人才储备的案例，通过股权收购、直接投资等方式从国外获取最先进的技术及土壤修复实施管理方式。引进国外优秀人才是促进化工厂、钢铁厂搬迁污染转型升级的最佳方案。

第七节　云南省土壤污染治理经验总结

云南省坚持保护优先，强化源头预防，全面抓实各项重点任务并取得积极进展，逐步形成全省土壤污染全民共治、齐抓共管的新局面。云南省认真贯彻落实国家和省委、省政府关于土壤污染防治的一系列决策部署，扎实推进各项工作，土壤污染防治取得较大进展。土壤环境质量监测点位实现全省129个县（市、区）全覆盖。云南省先后组织实施净土安居专项行动，开展土壤污染状况详查，加强农用地土壤环境管理，防控污染地块环境风险，强化土壤污染源头预防，推进土壤污染治理与修复试点，全省土壤环境

质量总体稳定。

一、云南强化土壤污染源头预防取得明显成效

2016 年 5 月 28 日，国务院印发了《土壤污染防治行动计划》。云南省各级政府、各有关部门认真贯彻落实《土壤污染防治行动计划》，各项工作取得积极进展，全省土壤环境质量总体稳定。目前，云南省已建立了 325 块疑似污染地块名单和 4 个污染地块名录，由省环境保护厅、省国土资源厅、省住房和城乡建设厅、省工业和信息化委员会四部门联合印发了《关于加强污染地块开发利用联动监管的通知》（云环通〔2018〕187 号），并建立了省级污染地块信息系统部门共享账户，推动建立了污染地块工作协调和信息沟通机制，明确工作职责、内容和要求，对污染地块再开发利用实行联动监管。2016 年以来，省级以上环保专项资金先后投入近 10 亿元，实施土壤污染源管控、受污染农用地和污染地块风险管控或治理修复项目，包括 8 个国家土壤污染治理与修复技术应用试点项目。云南省委、省政府高度重视土壤污染防治工作，于 2017 年印发了《云南省土壤污染防治工作方案》。省生态环境厅采取多种有效措施，以改善土壤环境质量为核心，以解决突出土壤环境问题为重点，在健全土壤污染防治工作机制、严控土壤污染状况、加强农用地和污染地块土壤环境管理、稳步推进土壤污染治理与修复试点示范的同时，采取多种有效措施，不断强化土壤污染源头预防，确保该工作方案落地见效。为增强土壤污染源头预防工作实效，云南省生态环境厅加强对涉重金属行业污染防控，督促指导涉重金属重点行业企业落实减排措施。在全面排查基础上，建立并公布云南省全口径涉重金属重点行业企业清单、全省第一批土壤环境重点监管企业名单，实行动态管理。实行区域差别化的环境准入政策，严格新建、改建、扩建重点行业企业建设项目环境准入，在矿产资源开发活动集中的会泽县、马关县执行重点污染物特别排放限值。严格固体（危险）废物环境监管，开展工业固体废物堆存场所排查和环境整治，完成全省工业固体废物堆存场所排查。督促相关州（市）按时限要求完成"长江经济带固体废物大排查行动""清废行动 2018"等专项行动发现的问题的整改任务。开展电子废物、废轮胎、废塑料等再生利用活动清理整顿，实施纳污坑塘环境问题排查整治等专项工作。同时，强化危险废物转移审批管理，严格危险废物经营许可证核发，严格危险废物规范化管理督查考核，依法严厉打击各类固体废物非法转移和倾倒行为。

接下来，云南省将在全面完成土壤污染状况详查、持续强化土壤污染源头预防、稳步推进土壤污染治理与修复、全面推动土壤污染防治重点任务落实等方面精准发力，夯实基础，有效防范风险，不断提升全省土壤环境质量水平。

二、云南土壤污染防治工作取得实效

按照国家的要求，2018 年底前完成农用地土壤污染状况详查；2020 年底前，完成重点行业企业用地土壤污染状况调查。在农用地土壤污染状况详查方面，国家安排云南省农用地详查单元 5000 余个，布设点位数量 4 万余个，详查工作任务量列居全国第二位。为加强对涉重金属行业污染防控，围绕 2020 年重点行业重点重金属排放量比 2013 年下降 12% 的目标，全省环境部门制定并公布土壤环境重点监管企业名单，实行区域差别化的环境准入政策。严格新建、改建、扩建重点行业企业建设项目环境准入，坚持涉重金属重点行业的新建、改建、扩建项目，必须遵循重点重金属污染物排放"减量置换"或"等量替换"的原则。与此同时，积极开展工业固体废物堆存场所排查和环境整治。截至目前，已经完成工业固体废物堆存场所排查工作，基本摸清了云南省工业固体废物堆存场所的数量、分布，以及固体废物的属性、环境风险等情况，工业固体废物堆存场所环境整治工作稳步推进。

三、云南积极探索省级土壤污染综合防治先行区建设

2017 年 9 月 1 日，云南省省长阮成发与生态环境部部长李干杰签订了《云南省土壤污染防治目标责任书》；2018 年 2 月，云南省常务副省长宗国英与 16 个州市人民政府主要领导分别签订了目标责任书。目前，云南全省土壤污染状况详查工作稳步推进。通过强化土壤污染源头预防，全省重金属污染防治重点区域环境质量总体稳中趋好，部分区域环境质量逐渐好转。2016 年以来未发生涉重金属突发环境事件，涉重金属行业环境风险得到有效控制。全省还不断加强农用地土壤环境保护监督管理，逐级分解落实受污染耕地安全利用、治理与修复，以及重度污染耕地种植结构调整任务。通过实施污染地块开发利用联动监管，全省已建立了 325 块疑似污染地块名单和 4 个污染地块名录。云南省生态环境厅、自然资源厅、住房和城乡建设厅、工业和信息化厅四部门建立省级污染地块信息系统部门共享账户，推动建立污染地块工作协调和信息沟通机制。云南省正积极探索省级土壤污染综合防治先行区建设。

四、云南将土壤污染防治纳入领导干部综合考评

根据云南省公布的《云南省土壤污染防治工作方案》，到 2020 年，要完成国家下

达的受污染耕地安全利用率指标，污染地块安全利用率不低于90%，并将土壤污染防治作为领导干部综合考评的重要依据。

该方案提出，2020年底前，建成全省土壤环境质量监测网络，实现全省各县、市、区土壤环境质量监测点位全覆盖，全省土壤污染加重趋势得到初步控制，完成国家下达的受污染耕地安全利用率指标，污染地块安全利用率不低于90%；到2030年，受污染耕地安全利用率和污染地块安全利用率均达到95%以上。

方案明确县级以上各级政府是实施土壤污染防治工作的责任主体。各州、市政府要制定并公布土壤污染防治工作方案，确定工作目标和重点任务，省政府与各州、市政府签订土壤污染防治目标责任书。2020年对各州、市工作方案实施情况进行考核，考评结果作为党政领导干部自然资源资产离任审计的重要内容，并作为省财政资金分配和领导干部综合考评的重要依据。

其中，对年度考评结果较差或未通过考核的地区，提出限期整改意见，整改不到位的，要约谈有关主体责任人；对失职渎职、弄虚作假的，视情节轻重，予以诫勉、责令公开道歉、组织处理或党纪政纪处分；对构成犯罪的，要依法追究刑事责任；已经调离、提拔或者退休的，按照有关规定，终身追究责任。

五、土壤环境质量总体稳定，土壤污染防治取得积极进展

自2016年5月国务院印发《土壤污染防治行动计划》以来，云南省土壤污染防治取得积极进展。截至目前，全省未发生因耕地土壤污染导致农产品污染物含量超标且造成不良社会影响的事件，也未发生因疑似污染地块或污染地块再开发利用不当且造成不良社会影响的事件。为切实加强云南省土壤环境保护，逐步改善土壤环境质量，2017年2月，云南省人民政府印发实施《云南省土壤污染防治工作方案》，并建立全省土壤污染状况详查工作机制，以及详查全过程三级质量管理和质量控制体系，成立了由生态环境厅、自然资源厅、农业农村厅等七部门组成的省土壤污染状况详查工作组。在生态环境厅、自然资源厅、农业农村厅三部门的通力合作下，2018年11月14日，云南省农用地土壤污染状况详查土壤及农产品样品采集、制备流转及分析测试工作已全部完成，进入农用地土壤详查成果集成环节。同时，全省重点行业企业用地基础信息调查工作有序开展，目前已完成重点行业企业基础信息调查及污染地块风险筛查工作。

云南省生态环境厅还发布全省第一批土壤环境重点监管企业名单，建立了云南省全口径涉重金属重点行业企业清单，并在省生态环境厅官方网站公布。并严格固体（危险）废物环境监管工作，强化危险废物转移审批管理，严格危险废物经营许可证核发和

危险废物规范化管理督查考核，依法严厉打击各类固体废物非法转移和倾倒行为。

目前，已完成"长江经济带固体废物大排查行动""清废行动 2018"等专项行动发现的问题的整改任务，完成全省工业固体废物堆存场排查，全省重金属污染防治重点区域环境质量总体稳中趋好，部分区域环境质量逐渐好转。

此外，还通过加强农用地土壤环境保护监督管理，实施污染地块开发利用联动监管，组织禄劝彝族苗族自治县、寻甸回族彝族自治县、宣威市、陆良县等 4 个产粮（油）大县（市）制定印发土壤环境保护方案。建立了 325 块疑似污染地块名单和 4 个污染地块名录，并由省生态环境厅、自然资源厅、住房和城乡建设厅、工业和信息化厅四部门建立省级污染地块信息系统部门共享账户，推动建立污染地块工作协调和信息沟通机制，对污染地块再开发利用实行联动监管。

自 2016 年以来，云南省级以上环保专项资金先后投入近 10 亿元，实施土壤污染源管控、受污染农用地和污染地块风险管控或治理修复项目，其中，包括 8 个国家土壤污染治理与修复技术应用试点项目。通过强化土壤污染调查评估、实施方案编制、治理和修复工程监管、项目成效评估和验收等项目周期管理，积极探索云南省生态文明排头兵建设。

第九章　云南省跨境河流管理与生态安全

中国处于跨境河流的上游或源头地区，其跨境水资源管理和生态环境等问题，不仅关系到当地与境外广大地区的可持续发展，而且对中国构建跨境生态和资源安全保障体系、实施"西部大开发"战略及"稳定周边、发展亚太、维护和推进世界多极化"等长远战略都有重大影响。云南省秉持"一带一路"的理念和思想，坚持走和平发展路径，与流域内国家共同谋求地区水安全合作机制。探析云南省跨境河流管理模式，可以给其他地区的跨境河流管理提供参考。

第一节　云南省跨境河流概况

云南省位于中国西南边陲，西部与缅甸接壤，南部和老挝、越南毗邻。全省六大水系中，元江—红河、怒江—萨尔温江、伊洛瓦底江属于国际河流中的跨境河流，澜沧江—湄公河同时属于跨境河流和边界河流。云南省对四大跨境水系的开发利用主要涉及发电、航运、防洪、灌溉等项目。

一、四大水系概况

（一）地理特征

澜沧江—湄公河，湄公河被称为"东方多瑙河"，是亚洲流经国家最多的河，澜沧江是湄公河在中国境内的名称。澜沧江在云南境内经过保山市、临沧市、西双版纳傣族自治州等 7 个地级市、自治州，由勐腊县出境，成为老挝和缅甸的界河。湄公河在云南省的较大支流为漾濞江、威远江、南班河。元江—红河，元江是红河上游位于中国境内的河流，源起于云南省大理白族自治州的龙虎山，流经越南北部。红河流经中国云南的大理、楚雄、玉溪、红河 4 个地州的 17 个县市。红河在中国境内主要支流为黑水河、明江。元江北邻金沙江，西邻澜沧江，东接南盘江，南面与越南接壤。怒江—萨尔温江，中国段称怒江。怒江是中国西南地区的大河之一，是世界上少数生态保存基本完整的天然大河之一。怒江进入云南境内后，奔流在碧罗雪山与高黎贡山之间，与澜沧江平行，流经云南省怒江傈僳族自治州、保山市等，至云南省保山地区的张赛附近进入缅甸，流入缅甸后改称萨尔温江或丹伦江。萨尔温江下游构成缅甸和泰国间约 130 千米国界线。伊洛瓦底江上游在云南省主要有两条河流，独龙江是伊洛瓦底江上游的干流，大盈江是伊洛瓦底江上游的一条支流。伊洛瓦底江发源于西藏自治区与云南省交界处，流经云南省怒江傈僳族自治州贡山县独龙江乡，之后转而向西进入缅甸，大盈江沿边界在南奔江口出境汇入伊洛瓦底江。伊洛瓦底江作为缅甸国内主要运输命脉，是缅甸第一大河，也是滇缅贸易的交通枢纽之一（表 9-1）。

表9-1　中国与东南亚跨境河流概况

河流	长度/千米	流域面积/万平方千米	云南省境内长度/面积	年平均径流量/亿立方米	流经国
澜沧江—湄公河	4909	81	1247/16.5	740	中国、缅甸、老挝、泰国、柬埔寨、越南
元江—红河	1280	15.8	695/—	1230	中国、越南
怒江—萨尔温江	3240	32.5	650/3.35	2520	中国、缅甸、泰国
伊洛瓦底江（独龙江&大盈江）	2714	43	204.5/0.59（大盈江）	4860	中国、缅甸

（二）水资源开发现状

云南省内的四大跨境水系存在水能资源、地理位置、生态环境等差异，由此在流域内会产生不同开发项目。表 9-2 是四大跨境河流的开发现状。

表9-2 四大跨境河流的开发现状

河流名称	境内主要开发项目	国际合作项目
澜沧江—湄公河	15梯级开发，中下游的西洱河梯级电站、小湾水电站、漫湾梯级电站、大朝山电站、糯扎渡水电站等；下游的景洪、橄榄坝等梯级电站；下游干流的航运，诸多水利工程用于灌溉、蓄水等	"云电外送"项目；水文汛息共享；对下游国家的应急补水；开通澜沧江—湄公河航运通道；在航道上开展联合执法等
元江—红河	8个梯级开发，绿水河中型电站、伊萨河电站和一些小型电站；中型水库8座，小型水库701座，建成多处水利工程，主要用于灌溉	云南与越南的电力开发合作；20世纪末规划建设云南与越南的航行通道；在提供资金和技术支持的背景下，中国与越南积极开展红河流域的农业合作
怒江—萨尔温江	开发程度不高，目前约有200座中小型水库，用于蓄、引、提水灌溉。中小型水电站200处左右。云南段流域内许多是农牧混合区；怒江第一湾为旅游景点	水能合作主要是与缅甸、泰国合建水电站方面，主要是丹伦江上游大坝、塔桑大坝、达昆大坝、伟益大坝、哈希大坝
伊洛瓦底江	独龙江峡谷生态旅游，大盈江建设水电站：户宋河电站、户撒河梯级电站、槟榔江电站等	

二、跨境河流面临的生态安全现状

在自然生态中，人类活动必然导致生态环境改变，由此会产生一定的生态安全问题。云南省基本处于跨境河流中上游，在本流域内发生的生态环境退化和人类活动引起的山地灾害、水土流失、生态链条断裂、生物群落破坏等生态安全问题，不仅对当地的社会、经济、生命财产及水利水电工程造成严重危害，也会对下游国家的经济、生态环境造成严重影响。

在跨境水系中，由于澜沧江流域蕴藏着丰富的有色金属资源和水能资源，在1985年就被选为水电—有色金属基地，云南省也将开发澜沧江作为振兴云南经济的重大战略措施。然而，丰富的有色金属资源也意味着澜沧江流域内的生态问题相比于其他跨境河流更为突出。近几年，因为水污染和生态破坏产生的与流域内其他国家的水冲突不在少数，再加上澜沧江流域生态系统本身就十分脆弱，由此产生的生态安全问题更是不容小觑。近年来，虽然我国和东南亚国家已经加大了对跨境河流的生态问题治理力度，但是长久遗留下的环境问题不是短期可以解决的。本节以澜沧江流域生态问题为例，汇总云南省跨境河流四大水系目前依旧存在的生态威胁。

（一）水环境问题

水电站的存在影响生物多样性，蓄水改变河道形态。水能资源优势使得跨境河流域内建成了数座水电站，而其中的"引水式"水电站会造成部分河段出现脱水、减水现象，甚至一直处于干涸缺水状态，造成下游河段基本无水生生物，水生态环境遭到极大破坏①。另外，水库蓄水后，河水变深，水的流速减小，改变了天然河道水文形态，水体更换变缓，河流自我清洁能力减小。

生活污水垃圾堆积，采砂行为影响河流行洪。澜沧江流域内生活着无数村民，人口数量及人类活动范围的不断扩大，已经严重影响了流域沿岸植被的自然生长，同时农田种植的科技和管理水平较为落后，农田秸秆废物综合利用率较低，这些导致生活垃圾、建筑垃圾堆积在河道周边。同时，经济的快速发展引发大规模的基础设施建设，加大了对砂、石的需求，河道非法采砂场呈日渐增多的趋势，改变了河道的形态，严重影响河道行洪能力。

工业废水依旧是造成河水污染的主要原因。废水中存在的化学污染物造成的环境破坏是难以在短期内消除的。另外，企业和一些县城都有配套的废水处理设施，但是企业趋利心态、技术落后、设施覆盖范围有限、资金短缺等因素，也会造成污染物随意排放、排放不达标、垃圾清理不及时等问题，致使有机质、重金属及有毒物等化学污染物不断沉积在河底，这对流域内土壤、水体、生物等造成严重影响。

上游地区对水资源的不当利用和无效治理也会影响整个流域的水环境。下游各国对外部水资源的依赖程度和敏感性较高，如果上游国家在生活、矿产和水坝开发建设方面造成的水污染没有得到及时有效的治理，会使下游各国遭受巨大的损失。而且流域内环境破坏和污染需要花费大量资金、使用先进技术等，沿岸国家都是发展中国家，存在治理资金不足、技术落后的缺陷，不能对河流进行有效治理，影响本国的水资源使用，这些都对中国开展水资源合作不利。就澜沧江来说，水体中的化学污染物大多来自周边矿产资源开发的化工企业，早有研究表明，有色金属矿业开发造成的污染比生活污水造成的污染更加严重②。

（二）周边生态环境问题

相关数据显示，澜沧江和红河流域水土侵蚀最为突出。1996 年对澜沧江—湄公河流域的环境研究表明，该流域中游地区的水土侵蚀最为严重，属于中度侵蚀地区，而下游地区以轻度侵蚀为主。由于人为活动加剧，流域水土流失有加重的趋势，部分支流输沙量增长较快③。2007 年，云南省人民政府发布了关于划分水土流失重点防治区的公告，调查结果表明，云南省四大跨境水系流域内依旧存在严重的水土流失问题，被划定

① 袁再杰：《兰坪县澜沧江流域生态现状及修复对策》，《安徽林业科技》2016 年第 Z1 期。
② 邢伟：《澜湄合作机制视角下的水资源安全治理》，《东南亚研究》2016 年第 6 期。
③ 刘恒、刘九夫、唐海行：《澜沧江流域（云南段）水资源开发利用现状及趋势分析》，《水科学进展》1998 年第 1 期。

为重点预防区和治理区。

怒江流域中上游地区经济发展滞后，人类活动强度不高，但由于特殊的地理环境和生态脆弱，土地侵蚀量一直处于较高状态。而在怒江傈僳族自治州，怒江流域生态环境高度敏感区位于人口密集区，虽然所占面积不是很大，但是该区域生态环境问题会影响整个流域的生态系统。红河流域和伊洛瓦底江生态环境都受人类干扰较多，红河流域生态管理一般是两国共同参与，伊洛瓦底江的土壤侵蚀量逐年增长[①]。

流域内植被脆弱，独特地质环境造成自然灾害频发，生物多样性遭到破坏。云南省以元江河谷和云岭山脉为界，分为东、西两区，西区主要属国际河流区，以高山峡谷为主，地形起伏大、土层较薄、水利侵蚀较强等环境形成的生态系统，对外界敏感性强，自我调节和恢复能力差。而此独特的地质使得地震活动频繁，加上流域内大量集中的降水，极易发生滑坡、泥石流、崩塌等地质灾害，每年都对山区人民生命财产和水利水电等基础设施造成极大危害。怒江流域水环境污染不大，该流域最主要的环境问题是自然灾害，这对该区域的生产、生活和发展造成威胁。怒江流域森林植被的破坏造成了该流域内部分生物种类及数量锐减，生物多样性遭到持续破坏和威胁，如怒江峡谷在 1700米以下，除了耕地和人类居住地之外，植被稀少，使得物种生存受到威胁。

湿地丧失退化，生态功能遭到破坏。流域内对湿地的不合理开发利用、砍伐、采挖等，肆意侵占湿地，沿江建筑垃圾、工业废水、生活污水的排入更加重了湿地生态问题，特别是湿地内生物多样性丧失，湿地水体被污染，生态系统富营养化尤为严重。

水电站及其配套项目建设施工给流域沿岸地形地貌和植被及其生态环境造成较大破坏。工程项目建设的生态保护措施效用较低，监管不到位，工程建设中缺乏生态观念，着重强调工程蓄水，忽视了植被的蓄水保水、调节径流的作用，使得开展的工程违背了生态规律。

第二节　云南省跨境河流生态治理历程

目前沿岸国家建立的合作机制都强调流域内生态保护和治理，要求各项水资源开发合作都要以不破坏生态为前提。这为流域内生态治理以及维持生态系统稳定性提供了制度保障。近年来，云南省加大了对四大跨境河流的生态安全的关注，进行了一系列的举

[①] 何大明、冯彦、胡金明等：《中国西南国际河流水资源利用与生态保护》，北京：科学出版社，2007年，第10页。

措来应对跨境河流的水环境污染以及周边生态环境问题，这些举措在保护流域内居民及生物的生存环境的同时也能缓解与下游各国的水资源管理的矛盾。

一、生态治理的政策导向及历程

云南省发布了许多关于跨境河流生态治理的政策，这些政策在跨境河流生态治理过程中发挥了重要的指导作用，表9-3是发布的主要政策的具体信息。

表9-3　跨境河流治理的主要政策

时间	政策名称	政策内容
2011年	《云南省兴边富民工程"十二五"规划》	加大对跨境河流的污染治理力度，以小流域为主进行精细化治理，重点在水土保持方面，推进河口界河的整治续建工程，建设跨境河流水质自动监测站
2012年	《云南省跨界河流近期治理规划》	规划总投资8.3亿元，治理项目有21个。项目基本实施完成，治理的界河达标河长187.75千米，占云南界河总长度的17.3%
2015年	《云南省澜沧江开发开放经济带发展规划（2015—2020年）》	规定实施澜沧江干支流治理工程，对易发生山洪泥石流灾害的地区加强治理，构建州市县三级防汛抗旱系统。建立滇西北"三江并流"、哀牢山—无量山、南部边境的生态保护屏障。发展以生态安全为导向的绿色产业。在生态建设方面包括湿地保护工程实施、自然保护区建设、石漠化治理等
2016年	《云南省水污染防治工作方案》	编制跨境河流水污染防治规划，按生态功能区划分，推进精细化管理。加强对重点防污区域的监督管控；为落实该计划，每年需要召开跨国界河流域环境保护专题研讨会，会上与其他各国交流跨境河流管理现状，互相协调管理，合作进行跨流域生态治理
2017年2月	《云南省跨境河流治理二期规划》	规划治理河道总长227.13千米，总投资35.297亿元；此项目的开展完结标志着全省国际界河防洪减灾体系基本建成
2017年4月、8月	《云南省全面推行河长制的实施意见》《云南省全面推行河长制行动计划（2017—2020年）》	用河（湖）长制推动云南省河流管理进程，特别在水污染防治方面，此举措加快推动了对重点区域的防治、工业污染防治、水污染物排放的监督管理、农业农村污染防治工作的开展，同时也加强了对水生生物的保护和高原湿地保护与恢复，推进建立了生态保护补偿机制，效益性明显。在此后的政府工作报告中，都要求积极推进河长制工作的开展
2017年7月	《云南省"十三五"水土保持规划》	该政策主要推动云南省水土流失综合防治体系的建立，加快治理重点防治地区的水土流失问题；重点构建"四治四保"水土流失重点防治格局；建立完备的监管体系，实时监控水土变化
2017年	《云南省人民政府关于印发云南省兴边富民工程"十三五"规划的通知》	其中要求以重要支流、跨界河流整治为主要内容，加快在澜沧江、怒江、红河、瑞丽江、大盈江、南汀河等干支流的重点地区实施河流治理工程。跨界河流治理计划投入62.5亿元
2018年1月	《澜沧江—湄公河合作五年行动计划（2018—2022）》	在《澜沧江—湄公河合作五年行动计划（2018—2022）》中，关于林业和环境方面，提出了要推进澜沧江—湄公河流域森林生态系统综合治理工作，要加强对林业的监管，联合执法打击非法砍伐森林资源和野生动物非法交易，加大湄公河流域的植树造林和植被恢复工作，另外，要加强澜沧江—湄公河流域国家的科研能力建设，积极组织林业高等教育培训和人力资源合作交流
2018年7月	《中共云南省委　云南省人民政府关于全面加强生态环境保护坚决打好污染防治攻坚战的实施意见》	主要加强四大跨境水系的防污监管和水资源管理；对流域内土壤进行分类，逐一开展修复和防污工作；建立生态保护红线绩效评估制度，开放网络监管平台，对生态安全预警进行评估
2019年	《2019年云南省政府工作报告》	持续推进六大水系水质改善工作，强化重点区域生态保护与修复，扩大水土流失等的治理面积

续表

时间	政策名称	政策内容
2019年3月	《澜沧江—湄公河环境合作战略》	以"绿色澜湄计划"为基础推动流域内环境合作，组织实施环境建设培训与交流项目。合作目标涵盖生态环境保护合作、生物多样性保护、气候变化合作、城市和农村环境治理、开展环境友好型技术和产业交流合作、设立环境管理信息平台、建立政策对话平台以及提升区域管理能力这几个方面
2019年3月	《云南省重点流域水污染防治规划》（征求意见中）	在西南诸河流域，要从"精准治污体系完善、河湖生态保护与修复、生态补水与水资源循环利用、科技支撑与综合监管保障"这四方面开展水污染防治。实行分级分类管理，分区管控，突出重点区域防治工作，秉持水陆同治原则，协同治理，提高政府与市场共治配合度，构建全民治水格局。要求严格控制沿湖片区的开发规模和强度，要促进旅游业升级转型。对重点污染控制单元要实施截污减排工程，实施农业农村面源污染治理工程。加强流域水体保护和管控，建立生态补偿机制，加强跨境河流双边协作

除了上述政策，其实在 20 世纪 90 年代，中国就已经对跨境河流展开了治理，并将治理工程项目资金列入国家财政预算专项资金中。在云南省的跨境河流中，涉及的工程项目有澜沧江景洪段防洪工程、大盈江防洪工程、瑞丽江国界河流治理工程、南汀河孟定段防洪工程、红河河口段界河治理工程、藤条江、金水河口岸段等重要国际国界河流治理工程，截至 2009 年，共投入资金 7.4 亿元。在 2014 年，云南省在省财政厅和环境保护厅的配合下，在南盘江流域开展了跨境河流水环境治理生态补偿试点工作。

目前，发布的许多政策正处于实施阶段，政策实施效果还不明显，但是云南省"十二五"规划已经彻底完成，以下为云南省"十二五"规划的实施结果：

云南省针对跨国界水体属性、风险污染源、敏感环境目标等，全面加强了澜沧江—湄公河、元江—红河、怒江—萨尔温江和伊洛瓦底江流域跨国界河流的监测和污染综合防治。云南省生态环境厅以改善水环境质量为出发点和落脚点，定期对 19 条主要出境河流的 20 个监测断面水质情况按月通报，及时掌握水质状况；加强了对重点行业的污染物排放行为监督力度和排污设施的检查，确保污染治理设施发挥有效作用；与全省重金属污染防治工作相结合，强化跨境河流综合治理。另外，切实推进了红河流域的水污染综合防治，对云南省内红河干流以及部分支流进行全面治理，对流经县市开展综合治理，促进了红河干流及其重要支流藤条江水质达标。

二、澜沧江—湄公河

云南省内生态安全治理具体措施如下。

（一）积极推进陡坡治理，加大对水土流失治理力度

云南省地处六大水系源头或上游位置，生态区位十分重要，对跨境河流沿岸的陡坡

治理也是生态管理的一部分，特别是沿岸生态脆弱区，对其治理需要考虑对生态安全的影响。因此，2012 年，为了"森林云南"和西南生态安全屏障建设加速实施，云南省委等启动了陡坡地生态治理工程，出台《云南省人民政府办公厅关于实施陡坡地生态治理的意见》，明确目标任务、配套相关措施、划分重点治理区域等，共投入财政资金 24 亿元，计划用 10 年时间实施 1000 万亩陡坡生态治理。仅在 2012 年和 2013 年两年间，全省完成陡坡治理 160 万亩，治理成效初步显现①。为了确保治理有效，全省以石漠化严重地区、主要流域沿岸等生态脆弱地区为重点，将此项措施纳入生态治理规划，逐年开展。同时积极鼓励当地农民因地制宜，种植具有经济效益和生态效益的树，配上部分政府补助，此项措施既能有效治理陡坡的水土流失问题，又能带动地区经济发展。

（二）流域沿岸生态治理启动，加快"三线区域"生态修复

2014 年，云南凤庆县以澜沧江流域生态治理修复工程为重点，加快沿江、沿路、沿边"三线区域"生态修复，重点工程实施与生态修复工作同步进行，不断改善流域沿岸生态景观，构建生态屏障。凤庆县组织技术人员对工程前期工作进行调研和编制计划，有助于澜沧江流域生态治理工程顺利开展，涉及的项目有退耕还林、造防护林等。同时，在箐头村造防护林 5000 亩，在永和村碳汇造林 1.55 万亩。

临沧市以"三线区域"为重点，以退耕还林、陡坡治理等为主要手段，全面推进生态修复工程，其中特别涉及了澜沧江流域的生态修复。对重点区域的生态治理，要努力提升生态脆弱区功能与修复效果。另外，严厉打击非法采砂采矿等行为，采用农田林网模式，持续不断地开展水源区修复工作。

（三）加强监督管理，严令禁止在澜沧江流域内非法采砂

2016 年，景洪市人民政府对非法采砂行为进行严惩，现在澜沧江、流沙河河道上已经没有采砂作业的违法行为发生，有关职能部门也加强了对江道河道的日常巡护管理。2018 年 7 月，云南省水利厅印发了《云南省水利厅关于切实加强河道采砂管理的通知》，要求未出台河道采砂管理办法的地方，要结合本地采砂管理工作加快研究制定河道采砂管理办法，确保河道采砂科学有序，管理规范。管理办法要明确监督管理重点，协调各部门合理开展执法，建立河道采砂管理督察、通报等制度，健全河道采砂管理联合执法机制，充分利用河（湖）长制工作平台，加强非法采砂查处力度。

---

① 王骞：《积极推进陡坡地治理　争当生态文明建设"排头兵"》，《云南林业》2014 年第 1 期。

（四）小湾电站库区生态环境保护总体实施方案

在 2017 年，云南省通过了《小湾电站库区生态环境保护总体实施方案（2016—2019 年）》，要求涉及的市要明确职责分工，建立多元投入机制，筹集资金。该方案的部分绩效目标是在 2019 年该水电站库区水质保持在地表水的Ⅲ类标准；澜沧江干流保持地表水Ⅲ类标准，澜沧江干流一级支流瓦窑河、倒流河保持地表水Ⅳ类标准。该方案主要实施的项目有污染源治理、流域生态环境状况调查与评估、生态修复与保护、环境监测能力建设等 4 个大项目，其中涉及对瓦窑河流域重金属污染综合治理和澜沧江干流昌宁段流域污染治理，对重金属污染土壤进行实地调查与监测评估，库区内的生物多样性保护，在流域内建设环境监管体系等。

（五）与老挝开展联合行动保护澜沧江渔业资源并进行技术交流

2015 年 6 月，中国云南省西双版纳傣族自治州农业局和老挝南塔省自然资源与环境保护厅在景洪签订了《渔业资源保护合作协议》。协议规定建立中老渔业共同保护区，双方要互通信息，积极交流，定期开展打击电、毒鱼等违法捕捞行为的联合执法行动和渔业资源增殖放流活动，这也是对"江鲨"的保护。自 2015 年后，每年都会举行"中国·老挝澜沧江—湄公河渔政联合执法行动暨增殖放流活动"，开展联合巡航执法项目。在合作期间，中老双方持续沟通交流、凝聚共识、深化合作，共同致力于澜沧江—湄公河的水生生物资源和水域生态环境保护，并在 2017 年建立了定期互访机制。

中老在环境合作方面进行了多次合作，在污水处理设备和技术上开展密切交流。例如，在澜沧江—湄公河合作基金支持下，以澜沧江—湄公河环境合作中心为首，联合澜沧江—湄公河环境合作云南中心等相关单位，在 2018 年向老挝南塔省省立中学捐赠了一套日处理 50 吨的一体化污水处理装置。该装置对生活污水处理达到 100%，不会产生二次污染问题。同时，云南省与老挝在监测设备上进行共享交接。

（六）流域内各国联合治理，维持经济的可持续发展

大湄公河次区域经济合作机制中涉及环境领域的合作，在 1995 年创建了以推动项目为主的全面合作机制的环境工作会议组，这推进了各国在环境领域的交流合作，根据此项合作，各国已经在生物多样性保护、流域环境监测等领域成功合作了诸多项目[①]。在此项合作机制下，中国抓住机遇，在工作会议上与各国就境内环境问题进行交流，以及对水资源开发项目做出合理解释，另外，不断加强对流域内生态环境的建设。云南省

---

① 周江：《论大湄公河次区域环境安全问题》，《理论与现代化》2012 年第 6 期。

在环境保护部的指导下积极参加各国环境项目的实施，项目包括"大湄公河次区域环境培训和机构强化项目"、"大湄公河次区域环境监测和信息系统建设项目"、"边远大湄公河次区域流域扶贫和环境管理项目"和"大湄公河次区域环境战略框架（SEF）1 期和 2 期项目"，以及"大湄公河航道改造工程"的环境监理和监测项目等一系列项目①。

西双版纳在 2016 年开始实施大湄公河次区域生物多样性走廊建设项目。该项目共两期，两期项目都涉及环境规划、跨境生物多样性保护、可持续环境管理和财政保障等领域。到 2014 年，两期项目已基本完成，各国环境管理能力明显提高，中国在此项目中获益良多，在生态建设、环境意识等方面都取得显著进展，通过与各国的交流引入先进的生态保护经验，逐步形成布局合理的自然保护区网络体系。

联合创立澜沧江—湄公河环境合作中心，沿线国家依托该中心增进各国政策对话与交流合作，推进澜沧江—湄公河环境合作战略实施，开展多边形式的交流合作，主要以研讨会、培训、交流、项目示范、联合研究等形式开展，鼓励国际和地区组织、地方机构、企业以及非政府组织参与合作，共同推进环境管理建设、生态系统管理与生物多样性保护等领域合作，其中战略的重要组成部分是"绿色澜湄计划"，具体在政策交流合作、环境政策主流化、联合研究和环保示范合作等方面开展工作，如举行澜沧江—湄公河生态工业园与环境修复技术座谈会，会上就各项技术进行交流探讨。澜沧江—湄公河淡水生态系统管理研究项目是绿色澜湄计划下的项目，目的是通过试点和研究，提升澜沧江—湄公河的淡水生态系统管理能力，以此提供有效的决策支持。该项目是以云南省西双版纳澜沧江主干流为试点，通过管理淡水生态系统来激活生态系统活力，然后借助生态系统的服务来获得经济效益。另外，还开展了各类研讨会，涉及水质监测能力建设、工业废气排放指标与管理能力建设、生态管理能力建设、中国—柬埔寨环境影响评价能力及水环境管理与实践等。这些都对澜沧江—湄公河流域的生态环境保护工作起到积极作用。

开展"澜沧江—湄公河环境合作奖学金项目"，主要用于专题培训、联合研究和人员交流等。在昆明开展了澜沧江—湄公河环境合作圆桌对话，即共建澜沧江—湄公河流域绿色经济发展带—澜沧江—湄公河流域工业园区规划与可持续发展，会议分享了流域内产业发展和战略环境影响评价的最佳区域时间，就淡水生态系统健康管理方法与应用、澜沧江—湄公河流域工业园区环境可持续发展实践进行交流与探讨。要坚持发挥澜沧江—湄公河环境合作中心的桥梁作用，联合各国共同打造生态优先、绿色发展的澜

---

① 贺圣达：《云南参与 GMS 合作 20 年：述评与思考》，《昆明理工大学学报（社会科学版）》2012 年第 4 期。

沧江—湄公河流域经济发展带。

三、元江—红河

（一）开展红河流域污染防治工作，加大监督管理力度

2016年5月，红河哈尼族彝族自治州政府制定《红河州水污染防治工作方案》，要求编制《红河段流域（红河段）水污染防治规划》，规划将对红河流域进行系统全面的调查，并进行污染源总量控制研究，划定生态红线，对污染源总量控制单元分区，提出区域产业布局规划和流域污染防治及生态修复方案，对红河流域生态环境进行有效治理。另外，建立红河流域生态环境保护基金。2016年8月以来，红河哈尼族彝族自治州开征资源税，并规范了环境保护税费的收取。2017年2月，中国人民政治协商会议红河哈尼族彝族自治州第十一届委员会第四次会议上，提出了《关于加强对红河流域生态环境保护和治理的建议》，该提案建议，通过对流域环境的调查研究指导红河流域开发，严格限制矿业开发的数量，以防过度开采超过环境容量，破坏当地生态。要加大对沿岸的监管，严禁砍伐岸边植被，开展植树造林工作，建设生态旅游布局模式，对水土流失严重的区域重点治理，制定红河哈尼族彝族自治州"红河流域生态环境保护"条例等。

（二）生态治理建设项目和河段治理工程项目开展

在红河流域，开展的生态治理建设项目，建设地点在清原县红河水库上游，项目总投资962.04万元。工程内容为红河水库上游河道生态治理。2018年9月，怒江傈僳族自治州水务局公开招标怒江干流泸水市大南贸至冷水沟段治理工程项目。2018年7月，贡山县独龙江干流向红龙元献九当等河段治理工程公开招标。

四、怒江—萨尔温江

自然保护区内科学、规范、制度化的生态保护是整个流域生态系统持续稳定的关键。怒江中下游的自然保护区涉及国家级、省级等多种类型。云岭省级自然保护区是三江并流世界自然遗产的组成部分，是涵盖了森林生态系统、自然环境、生物资源、濒危物种等的具有多方面保护价值的综合性自然保护区。重要的自然保护区还包括高黎贡山国家级自然保护区、月亮山国家级风景名胜区、片马国家级风景名胜区、怒江中上游特

有鱼类国家级水产种质资源保护区等。怒江流域经过的主要行政区是怒江傈僳族自治州。怒江傈僳族自治州实施立体生态保护，以三江并流世界自然遗产、高黎贡山国家级自然保护区和云岭省级自然保护区为治理重点，采取封山保护措施，禁止一切人类活动。怒江流域是民族聚居区，经济发展程度低，严重依赖生态环境，农业是最适合推行的产业。人口不断增加使得城市、交通、工矿等建设用地不断增加，生存空间严重不足，也逐渐影响怒江流域生态，因此怒江傈僳族自治州将此作为怒江流域生态治理的重点，使其成为生态修复工程重点区域。以下是重点自然保护区和风景区主要遵循的法律法规和管理体制（表9-4）。

表9-4　重点自然保护区和风景区主要遵循的法律法规和管理体制

项目	高黎贡山国家级自然保护区	三江并流国家级风景名胜区	三江并流世界自然遗产	怒江中上游特有鱼类国家级水产种质资源保护区
国际公约	《保护世界文化与自然遗产公约》《生物多样性公约》《濒危野生动植物物种国际贸易公约》		《保护世界文化与自然遗产公约》《生物多样性公约》《濒危野生动植物物种国际贸易公约》《湿地公约》《考古遗产保护与管理宪章》《武装冲突情况下保护文化财产公约》	
法律法规	《中华人民共和国森林法》《中华人民共和国环境保护法》《中华人民共和国野生动物保护法》《中华人民共和国自然保护区条例》《森林防火条例》《森林和野生动物类型自然保护区管理办法》《自然保护区土地管理办法》《云南省珍贵树种保护条例》《云南省自然保护区管理条例》	《中华人民共和国环境保护法》《中华人民共和国土地管理法》《中华人民共和国城乡规划法》《风景名胜区条例》《风景名胜区建设管理规定》《风景名胜区安全管理规定》《国家重点风景名胜区总体规划编制报批管理规定》《国家重点风景名胜区审查办法》《国家级风景名胜区徽志使用管理办法》《国家级风景名胜区监管信息系统建设管理办法（试行）》《云南省三江并流国家重点风景名胜区管理规定》《云南省风景名胜区管理条例》《云南省环境保护条例》	《中华人民共和国森林法》《中华人民共和国环境保护法》《中华人民共和国野生动物保护法》《中华人民共和国土地管理法》《中华人民共和国城乡规划法》《中华人民共和国文物保护法》《中华人民共和国自然保护区条例》《风景名胜区条例》《风景名胜区建设管理规定》《风景名胜区管理处罚规定》《中华人民共和国文物保护法实施条例》《地质遗迹保护管理规定》《云南省三江并流世界自然遗产地保护条例》《云南省风景名胜区管理条例》《云南省环境保护条例》	《中华人民共和国渔业法》《水产种质资源保护区管理暂行办法》

五、伊洛瓦底江

（一）在伊洛瓦底江（云南段）推行河长制

云南省将河长制工作专项经费纳入各级财政预算，实行一河一策、一河一档，用以完善河流治理体系和监测评价体系，建设大数据信息平台，推进信息共享。云南省在州、县交界处建立边界河长制工作联席会议机制，将河长制与脱贫攻坚结合，优先聘用贫困户担任河道保洁员和巡查员，并在河流沿岸树立河长公示牌和警示标志，公开河长姓名、职责、管护目标等信息，接受社会监督。

云南省在伊洛瓦底江（云南段）经过的腾冲、盈江、瑞丽等地推行河长制工作，自从推行河长制后，逐步解决了很多粪便和污水直排、垃圾乱倒、围河造地等问题。瑞丽市已经关闭取缔很多不合法的采砂场并且拆除了采砂设备，并严厉打击恢复生产的情况，整治后的瑞丽江河道变得整洁。河长制的推行对河流治理有积极作用，能够有效保障河岸安全和行洪畅通。

（二）瑞丽江—大盈江国家级风景名胜区

瑞丽江与大盈江都是伊洛瓦底江的两条支流，在云南省德宏傣族景颇族自治州建立了瑞丽江—大盈江国家级风景名胜区。该区是德宏傣族景颇族自治州面积较大、生态环境优美的国家级风景名胜区。景区内拥有珍稀濒危植物罗双树等 14 种，国家级保护动物 43 种。2017 年，《云南省德宏傣族景颇族自治州瑞丽江—大盈江国家级风景名胜区保护管理条例（草案）》通过，这意味着德宏傣族景颇族自治州将进一步加强对该区生态环境和生物多样性保护。

第三节　云南省跨境河流管理

基于公平合理原则的国际河流的水资源合作开发对云南省和下游中南半岛五国的农业、发电、渔业、航运、生态安全等都有巨大的社会、经济和生态综合效益，同时也是维系中国与东南亚、南亚地区友好合作与交往的纽带。

一、澜沧江—湄公河跨境合作

水资源是澜沧江—湄公河沿岸各国最为重要的可开发资源之一，各国都非常重视流域内的水资源开发利用与保护，但是流域六国也面临着诸多的水资源问题。澜沧江—湄公河流域六国都处于经济社会高速发展阶段，对水资源的开发利用需求日渐增多，但流域各国的需求因发展阶段、地理区位等差异而有所不同①。因此，在进行水资源开发利用时，湄公河流域国家结合不同时期的需求建立合作机制。云南省在这些机制下积极开展与湄公河流域国家的水资源合作，取得了显著成效。目前，澜沧江—湄公河流域水资源合作机制总共有四种：湄公河委员会、大湄公河次区域经济合作机制、东盟—湄公河流域开发合作机制和澜沧江—湄公河合作机制。

（一）湄公河委员会

1995年4月，泰国、老挝、柬埔寨和越南四国签署《湄公河流域发展合作协定》，成立湄公河委员会，工作重点在湄公河航运、农业、发电、环境保护等方面。1996年，中国和缅甸成为湄公河委员会对话伙伴。双方一直以来都维持良好的对话协商机制，多次开展水资源管理合作和实施能源项目，使湄公河沿岸六个国家的经济合作日益紧密②。

在对湄公河水资源进行管理时，最好的办法是实行全流域管理，协调各国合理使用水资源，维持河流水资源的可持续性。在全球开始逐渐施行水资源综合管理的背景下，湄公河委员会开始考虑将此观念加入湄公河的水资源管理中，在21世纪初对湄公河水资源开发管理进行全面研究后，就利用得到的基础信息数据推动下游四国的一些水资源利用程度和技术的原则达成一致。然而，即使湄公河委员会已经采取了一系列的措施应对全球水资源综合管理模式的开展，但是依旧存在制度、权力、资金等的限制，缺乏上游国家的参与，因此需要建立湄公河新的合作机制③。

（二）大湄公河次区域经济合作机制

建立大湄公河次区域经济合作机制的主要目的是加大流域内六国的经济合作交流，提高区域竞争力，增强各国保护生态环境的意识。多年来，大湄公河次区域经济合作机制在交通、能源、农业、环境等重点领域开展的合作项目都取得了显著成效。特别是在

---

① 任俊霖、彭梓倩、孙博文等：《澜湄水资源合作机制》，《自然资源学报》2019年第2期。
② 苗丽：《大湄公河次区域水电能源合作与中国的功能定位》，上海师范大学硕士学位论文，2011年。
③ 屠酥：《澜沧江—湄公河水资源开发中的合作与争端（1957-2016）》，武汉大学博士学位论文，2016年。

电力合作方面，中国与流域内其他国家都签订了电力合作协议，不仅包括电力单方面输送，还包括电力合作开发。中国于 1992 年支持云南省在亚洲开发银行召集下加入大湄公河次区域经济合作机制，1995 年后逐渐将参加大湄公河次区域经济合作机制上升为国家行为且继续积极支持云南省作为国家的参与主体。云南省和广西壮族自治区通过大湄公河次区域经济合作机制成为地区合作的推动者。亚洲开发银行和中国政府都在不同场合对二者的地位给予确认[①]。

大湄公河次区域经济合作机制给各国联合治理生态问题及水资源合作开发提供了平台，这对湄公河流域水资源的可持续使用有积极作用。作为中国参与的主体，云南省既积极参与机制内活动，还充分利用这个多边平台联合沿岸国家开展湄公河流域生态环境保护和治理的大小项目，又专门设立区域各国相关政府机构、走廊沿线省市行政首长组成的经济走廊建设工作组机制，重点组织协调跨国、跨行政区域的重大基础设施建设、战略资源开发、生态环境保护建设。在大湄公河次区域的经济合作中，水资源开发和利用是重要的组成部分，中国在本国境内进行的水资源开发符合次区域经济发展规划和合作框架协议，在水资源开发中重点是开发水电能源。湄公河流域五国都制订了大规模修建水电设施的计划，以此来满足本国电力需求和促进经济发展。在修建水电设施方面，中国与次区域的东南亚国家一直都是双边合作与互惠共享的关系。

表 9-5 为大湄公河次区域经济合作机制能源开发项目各阶段情况。

表9-5　大湄公河次区域经济合作机制能源开发项目各阶段情况

阶段	内容
协商合作 （1992—1994年）	此阶段，各国间协商交流开发的原则，建立能源合作部门，在大湄公河次区域经济合作机制下设置相关组织和机制
建立合作框架 （1994—1996年）	此阶段次区域各国开始对能源部门进行研究，确定优先开发能源的合作项目，并批准重点项目
项目准备筹集 （1996—2000年）	为项目的可行性研究做准备，同时着手一些能源开发项目。亚洲开发银行为能源的开发提供了大量资金，国际捐助者和私营部门也动员了许多资源。通过定期的部门论坛和部长级会议，次区域各国间的对话进一步加深
开展实施 （2000年至今）	在准备阶段优先考虑次区域的能源项目，各国及国际机构加紧进行资金动员。区域合作的战略框架逐渐形成。为更好地协调其他领域的合作，各国政府在积极落实制度性机制

大湄公河次区域的国际水资源合作从 20 世纪就已经开展，水资源开展合作开发的类型有很多，如国家间的水资源合作、组织机构开展国际水资源合作、经济和政治方面展开国际水资源的合作等。目前湄公河流域各国适用的水资源利用规范文件是《湄公河流域可持续发展合作协定》，国际水法为规范利用湄公河水资源提供了制度保障[②]。这一协定规定了合作目的，提出可持续的理念来对大湄公河次区域的水资源利用和保护进

---

① 陈昱彤：《中国的"澜沧江-湄公河"流域水外交探析》，外交学院硕士学位论文，2016 年。
② 王贵芳：《大湄公河次区域水资源安全合作问题研究》，陕西师范大学硕士学位论文，2012 年。

行有效管理，其中还提出需要建立一个高效的联合组织机构来执行协定中的项目和监督成员国开展水资源合作。它还明确规定采用睦邻友好的方式来处理水资源争端。此外，它还对本流域水污染、水资源的利用、河流系统的生态平衡和任何开发计划等做了技术性的具体规定，这也是此协定的一大特征。

（三）东盟—湄公河流域开发合作机制

1996 年 6 月，东盟十国和中国的部长级代表在马来西亚首都吉隆坡举行了首次东盟—湄公河流域开发合作部长级会议，会上通过了《东盟—湄公河流域开发合作基本框架》的协定，正式形成了东盟—湄公河流域开发合作。根据《东盟—湄公河流域开发合作基本架构》的内容，该合作的目标与大湄公河次区域经济合作机制的目标相似，都是为了促进湄公河流域各国经济发展、加强交流并建立经济合作伙伴关系，加强东盟与东南亚国家的经济联系。

此项合作机制在大湄公河次区域经济合作机制的基础上促进了湄公河流域水电能源合作开发。东盟第一次能源合作会议讨论了各项能源政策、制度安排和协商能源合作，并且在 21 世纪初东盟成员国开始加快实施东盟基础能源设施项目。在能源合作项目中，多边东盟电网工程给东盟地区提供了稳定的电力供给。中国在此项合作机制下获得的收益是与其他东盟国家建立了跨区域天然气管道工程。

（四）澜沧江—湄公河合作机制

澜沧江—湄公河合作机制确定了"3+5"合作框架，确定了政治安全、经济可持续发展、社会人文三大合作支柱，互联互通、产能合作、跨境经济、水资源、农业和减贫 5 个优先方向，通过领导人会议持续加深和丰富。水资源作为澜沧江—湄公河合作的 5 大优先领域之一，沿岸 6 国在该合作机制下围绕湄公河水资源实施可持续开发和合作，并在中国设立澜沧江—湄公河水资源合作中心。

澜沧江—湄公河合作因水而生，跨界水资源合作是其中一项重要议题。跨界水资源合作的重要时间节点如表 9-6 所示。

表9-6　跨界水资源合作的重要时间节点

时间	内容
2014年11月	李克强总理在第17次中国—东盟领导人会议上提出，在中国—东盟框架下探讨建立澜沧江—湄公河对话合作机制
2016年3月	澜沧江—湄公河合作首次领导人会议在三亚国际会议中心正式举行，标志着澜沧江—湄公河合作机制正式启动
2016年7月	澜沧江—湄公河六国于北京举行水资源联合工作组处级磋商会，与会代表表达在澜沧江—湄公河合作机制下进一步加强水资源合作的共同意愿，并就澜沧江—湄公河水资源合作中心及未来水资源合作交换了意见

续表

时间	内容
2016年12月	在澜沧江—湄公河合作第二次外长会上确定了"澜湄合作优先领域联合工作组筹建原则"，有效推动各国联合工作组的成立；同时，还制订了澜沧江—湄公河合作五年行动计划、启动了第二批合作项目征集工作，以及申请澜沧江—湄公河合作专项基金等相关事宜，皆为水资源领域各项合作的展开打下坚实基础
2017年2月	澜沧江—湄公河合作水资源联合工作组在中国北京成立并召开第一次会议，各成员国通过了《澜湄水资源合作联合工作组概念文件》，正式成立澜沧江—湄公河合作水资源联合工作组。各国一致同意成立"澜湄水资源合作五年行动计划"起草小组，积极推动澜沧江—湄公河水资源合作向实际项目合作发展
2018年11月	首届澜沧江—湄公河水资源合作论坛在云南昆明开幕。旨在打造水资源政策对话、技术交流和经验分享平台。会上云南省副省长表示：云南既是澜沧江—湄公河合作快速发展的推动者、见证者，也是澜沧江—湄公河合作丰硕成果的受益者。澜沧江—湄公河合作首次和第二次领导人会议交由云南落实的6个重要合作项目全部落实完成。云南省将与湄公河国家和相关国际组织在水资源管理、能力建设、防洪减灾等方面进一步深入技术交流与合作，推动各领域交流与合作不断取得新成效、迈上新台阶，为推动构建澜沧江—湄公河命运共同体注入新动能作出新贡献
2019年2月	澜沧江—湄公河合作专项基金柬埔寨新一批项目签约仪式在柬埔寨外交部举行，此项签约中柬埔寨获得766万美元资金，包括教育、旅游、扶贫、环保等多个领域
2019年3月	澜沧江—湄公河战略环境影响评价与政策展望之平行论坛二：共建澜湄流域绿色经济发展带—澜湄流域工业园区规划与可持续发展研讨会在云南省昆明市举行。多方积极合作，构建绿色金融体系，加强工业园区可持续发展规划与环境管理能力建设，推动生态工业园区政策与标准合作，共建澜沧江—湄公河流域绿色经济发展带

《澜沧江—湄公河合作五年行动计划（2018—2022）》根据澜沧江—湄公河合作首次领导人会议通过的《三亚宣言》等文件制定，旨在促进澜沧江—湄公河沿岸各国经济社会发展，缩小本区域发展差距，建设面向和平与繁荣的澜沧江—湄公河国家命运共同体。在水资源方向，明确表明要做好水资源顶层设计，推进澜沧江—湄公河数字合作建设进程，促进各国水利技术的合作交流与学习，开展联合研究，共同组织实施水资源可持续开发项目，改进湄公河水质监测系统，促进数据信息共享，共同合作，加强对洪旱灾害的应急管理模式。

云南省在各个合作机制下采取的主要措施如下。

1. 水文合作

（1）信息通报，共享水文资料。

在澜沧江—湄公河合作机制下，各国再一次加强了对水利信息共享的合作，促进了水资源开发的可持续发展。早在 20 世纪末，中国就已经与下游各国进行了水利信息交流。表 9-7 为中国与下游各国信息共享的重要时间节点。

表9-7　中国与下游各国信息共享的重要时间节点

时间	内容
1991年	中国以观察员身份参加湄公河临委会活动
1993年	中国水利部与湄公河临委会签订了一项由中国在澜沧江—湄公汛期向临委会提供上游水文资料的谅解备忘录
2000年	在中缅与湄公河委员会的第5次对话会后，湄公河委员会希望中方向其提供汛期水文资料，并将中国云南省境内的两个水文站列入其洪水预报站点序列
自2003年起	中国每年在6月15日到10月15日向湄公河委员会无偿提供澜沧江汛期水文数据，该数据由云南省的景洪和曼安两个水文站观测和报送

资料来源：周章贵：《中国—东盟湄公河次区域合作机制剖析：模式、问题与应对》，《东南亚纵横》2014 年第 11 期

（2）澜沧江水电开发合作，云电外送。

在 20 世纪 90 年代，中国就已经与东南亚国家签订了购电协议。云南省位于跨境河流的上游，地理优势使得云南省境内的电力充沛，为了更好地加深与东南亚国家的关系，云南省与泰国、越南等国都签订了购电协议，这也是澜沧江—湄公河流域内的水电合作项目。表 9-8 为开展"云电外送"项目的重要时间点。

表9-8 开展"云电外送"项目的重要时间点

时间	内容
1998年11月12日	泰国总理府和中国国家经济贸易委员会签订了《关于泰王国从中华人民共和国购电的谅解备忘录》
2001年3月20日至27日	中国国家电力公司、云南省电力集团公司与泰国国家电力发展局、泰国GMS—POWER会谈，明确泰国向中国购电第一个合作项目是景洪电站
2002年11月	朱镕基总理在柬埔寨金边举行的第六次东盟与中国（10+1）领导人会议上，提出加快启动中国—东盟自由贸易区进程，促进双方全面经济合作。全面加快云南连接次区域的交通、电力等基础设施建设和改善，加快澜沧江水电开发
自2004年9月	实现110千伏向越南送电以来，云南电网通过1回500千伏线路、5回220千伏线路、1回115千伏线路、1回110千伏线路与缅甸、越南、老挝等周边国家实现电网互联互通，累计向境外送电362亿千瓦时
2009年3月	中国企业在缅甸投资建设的瑞丽江一级水电站 6 台机组（6×10 万千瓦）全部建成投运，云南电网公司成功实现了从缅甸太平江一级水电站出口电力
2009年12月	115 千伏勐腊（中国云南）—那磨（老挝）联网供电项目建成投运，向老挝北部南塔、沙耶武里等省送电
2013年到2014年	泰国向中国购电300万千瓦时，根据中泰合作有关原则和协议，中泰两国将就水电建设和运营进一步合作
截至2018年6月	云南电网累计向相邻的越南、老挝送电13.51亿千瓦时，同比增长13.54%，"云电外送"通道已成我国连接大湄公河次区域的又一经济通道，电力也成为云南省出口贸易中的第三大类出口商品

（3）上游梯级水库对下游地区的水量调控作用。

澜沧江中下游干流已建成的梯级水库 6 座，其中小湾、糯扎渡两座水库具有多年调节能力，调节库容共计 212 亿立方米。对澜沧江梯级水库实施科学调度，能够发挥其蓄洪补枯的作用。同时，对湄公河的防洪、灌溉、航运等方面也能够起到积极的作用。研究和监控数据证实了湄公河委员会 2009—2010 年的情景评估，即在雨季和旱季的季节性水量的重新调整方面，中国和老挝等国规划和建设的水电设施，可以为下游国家在旱季提供部分用水量。湄公河委员会 2012—2014 年水流量记录显示，湄公河旱季平均水流量增长主要是中国新近建成的储水水坝的作用。

由于受厄尔尼诺现象的影响，在 2016 年枯季（时间为 2015 年 12 月至 2016 年 5月），澜沧江—湄公河流域各国均遭受了不同程度的旱灾。特别是湄公河三角洲地区遭遇了近百年来最严重的旱情，致使湄公河水位降至近几十年最低，给湄公河沿岸居民的生产生活带来了严重的危害，并造成了巨大的经济损失①。2016年3—5月，中国政府通过加大景洪水库的出库流量（表 9-9），来实施对湄公河的"三阶段"应急补水，帮助湄公河流域的国家（包括老挝、缅甸、泰国、柬埔寨和越南等）应对旱情。

表9-9　2016年3—5月景洪水库下泄过程

时间	内容
2016年3月15日（实际调度是从3月9日开始）至4月10日	景洪水库控制日平均出库流量不小于2000米³/秒，下泄水量约为61.0亿立方米
2016年4月11—20日	为了满足西双版纳傣历新年泼水节期间相关安全活动的需要，景洪水库控制日平均出库流量不小于1200米³/秒，下泄水量约为10.7亿立方米
自2016年4月21日至5月31日	景洪水库控制日平均出库流量不小于1500米³/秒，下泄水量约为54.8亿立方米；2016年应急补水期间，景洪水库累计补水量为126.5亿立方米

2. 交通合作

澜沧江—湄公河是亚洲唯一一条连接六国的国际河流。国际航运的开发，对沿岸六国的经济发展有重要意义。在中央和各部委的大力支持下，云南省与沿岸各国政府和人民友好合作，共同努力，在21世纪初使这条世界瞩目的亚洲大河成功实现四国通航。

自1994年开始历经7年6次事务级会谈后，四国交通部部长于2000年4月20日在缅甸大其力正式签署了中老缅泰四国《澜沧江—湄公河商船通航协定》。2001年6月26日，在中国云南西双版纳傣族自治州首府的景洪港，由中国、老挝、缅甸、泰国政府联合举办的澜沧江—湄公河商船通航典礼隆重举行。从此，中国西部有了一条进入东南亚的最近的出海通道，中国与沿岸三国的友好交往全面进入了"合作开发，持续发展，共同受益"的新阶段。这是中央提出西部大开发决策以来，在西部地区交通基础设施建设中第一个取得突破性进展和成效的重大项目，它将使进出西南地区的货物、人员比绕道东部沿海港口进入东南亚、南亚的运距缩短了3000—4000千米。

2004年11月27日，在老挝首都万象，《中国与东盟交通合作备忘录》签署，作为中国与东盟加强合作的实质性项目，备忘录中拟建设的三条大动脉引人注目，其中一条是河流大动脉，沿中国云南的澜沧江及其下游的湄公河建设一条途经中国、泰国、老挝、缅甸、柬埔寨、越南六国的黄金旅游路线，开发其中的旅游资源。

2015年发布的《云南省澜沧江开发开放经济带发展规划（2015—2020）》明确要求要建设功果桥电站—南腊河口通航 500 吨级船舶标准的四级航道，建设景洪、思茅等现代化国际国内物流港和中下游的港口、客运港站等。重大工程包括澜沧江—湄公河国际航道二期整治工程，澜沧江对外开放水域航道上延及等级提升工程，临沧港建设工程，澜沧江流域景东段漫湾和大朝山库区航运、南涧漫湾航运基础设施建设工程，西双

---

① 李妍清、李中平、戴明龙等：《2016'澜沧江梯级水库对湄公河应急补水效果分析》，《人民长江》2017年第23期。

版纳景洪、勐罕、关累码头船舶停靠锚地建设。

开展联合执法，保障湄公河航道安全。

2011 年 10 月 5 日，两艘中国货船在湄公河流域遭袭，造成 13 名中国船员遇害的惨案。湄公河惨案的发生表明相关流域航道的航行安全保障上存在严重缺陷，同年 10 月 31 日，中老缅泰湄公河流域执法安全合作会议在京举行，会议通过了《湄公河流域执法安全合作会议纪要》，发表了《关于湄公河流域执法安全合作的联合声明》。通过合作侦办此类案件，开展联合巡逻执法行动、联合扫毒行动、打击湄公河流域犯罪团伙、进行情报信息共享和联合调查整治突出问题等多项合作，有效遏制了流域跨境犯罪活动，保障了湄公河国际航运安全。

该联合声明表示，以深化澜沧江—湄公河执法安全合作、打造"平安湄公河"为目标，以共同、综合、合作、可持续的亚洲安全观为理念，努力将湄公河流域执法安全合作机制建设成为区域综合执法安全合作组织。该联合声明中明确，建立湄公河流域执法安全合作部长级、高官级会议机制，建立澜沧江—湄公河综合执法安全合作中心，将打击毒品犯罪、恐怖主义、网络犯罪等纳入执法安全合作范围，并将打击有组织偷渡和非法移民、缉捕遣返逃犯等作为重点合作领域。

3. 综合发展合作

云南省推动澜沧江经济带发展具有天然的地理优势和资源优势。云南省拥有国家一类口岸、国家级重点开发开放试验区和边境经济合作区等，是连接南亚、东南亚的交通枢纽和重要门户。同时，澜沧江流域拥有丰富的水能资源、森林资源、碳汇资源等，这是推动经济发展的重要依托。该流域生态功能突出，环境优美，是西南地区较为完整的物种基因库，基础设施建设日益完备，有利于发展生态旅游。通过积极参加大湄公河次区域合作、联合东南亚国家的经济走廊等，加快推进经济带的建设。绿色经济发展的实验带建设充分发挥了资源和生态优势，以建设澜沧江生态文化旅游带为着力点，发展符合地区优势的清洁能源、旅游文化、生态农业等绿色产业，使其逐渐成为一条具有绿色发展、生态富民特点的科学跨越式发展之路。加大对流域生态环境联合防治和管控，推进绿色循环低碳产业发展，形成了以生态为导向的经济发展模式。

云南省构建一轴（沿江发展主轴）、两级（大理—隆阳增长极、临翔—思茅—景洪增长极）、两区（沿边开发开放试验区、边境经济合作区）、三屏（滇西北三江并流生态屏障、哀牢山—无量山生态屏障、南部边境生态屏障）的空间格局，以此加强流域内生态环境保护及与周边国家的经济贸易合作。境外经济合作发展方面，持续与周边国家发展双边协作、重点领域突出的合作机制，建设澜沧江—湄公河沿岸国家跨境旅游带，依托大湄公河次区域经济合作等机制，加强与周边国家在农业技术、人才培养、文化、医疗技术等方面的交流合作，进行合作办学，加快建设境外农产品生产基地，双方在资金和技术方面遵循互相补充原则，共同发展产业园区和经贸合作区。

二、元江—红河跨境合作

从地理位置来看，红河流域地处云南省红河哈尼族彝族自治州和越南老街省，该区域以农业为主，对水量要求高。在 1978 年以前，中国对越南进行了长达 10 年的社会主义援助，其中就包括红河流域内的交通设施和水利设施建设，这属于无偿援助的红河水资源合作模式。

（一）水文合作

早在 1936 年，云南红河就对红河流域的水资源进行水电开发，2004 年开始向越南输送电力。2005 年，红河开通第二电力输送通道。

（二）交通合作

红河流域内的云南河口瑶族自治县与越南进行交通合作，包括陆上交通和水上交通。红河界河公路大桥经过中越专家组多次会谈，确立了建桥方案。中越两国在边防、海关等业务方面多次进行交流。河口瑶族自治县在 1998 年与越南老街开展了国际通邮业务，由中越双方按照规定时间互相送邮件。

泛亚铁路从云南昆明，经玉溪、蒙自进入河口瑶族自治县，然后到越南老街，属于红河流域内铁路交通建设。这条铁路的建设推动了红河流域经济发展。

1995 年，云南提出了"两出省，四出境"的航运发展规划，红河航运被列入云南"九五"规划的重点项目中。该规划指出，红河蔓耗至河口 100 千米按六级航道标准开发建设。国境内河段开始着手建设航电梯级的选址和前期工作。还制定相关投资管理办法，促进红河航运开发工作的实施。在 20 世纪 90 年代，中越进行了至少四次关于红河航运开发合作的会谈。

大湄公河次区域将交通建设与经济发展联系在一起，红河航道也成为云南省与越南和缅甸进行贸易的重要航线。

（三）农业合作

红河流域的地理环境和气候条件适合农作物种植，所在纬度全年光照丰富，水量充足，流域内两国依托红河流域进行农业合作。双方就资金支撑与劳动力支持达成合作，共同实施农业合作项目。中国云南省红河哈尼族彝族自治州与越南老街省共同致力于农业技术和农业机械的发展和运用。两地种植农作物相似，都属于热带地区山地农业，双方在水土保持、土壤培育和生态保护等方面开展合作。

三、怒江—萨尔温江

（一）水利合作建设

萨尔温江同样蕴含着丰富的水能资源，缅甸希望通过对萨尔温江水资源多边合作开发来带动本国经济发展。流域内三国主要在水利设施建设方面开展合作，共建梯级大坝，而关于萨尔温江的水电合作始终存在争议。流域内主要大坝及介入公司见表9-10。

表9-10　流域内主要大坝及介入公司

名称	介入公司
丹伦江上游大坝	汉能控股集团公司、金水资源集团股份有限公司、云南电网有限责任公司、中国水利水电建设集团公司、中国南方电网以及中国长江三峡工程开发总公司
塔桑大坝	缅甸国家电力公司、泰国MDX集团、中国葛洲坝集团公司、中国水利水电建设集团公司、中国南方电网、中国长江三峡工程开发总公司、英国的马尔科姆邓斯坦联合公司
达昆大坝	泰国国家电力局、日本电源开发株式会社、中国水利水电建设集团公司、中国南方电网、中国长江三峡工程开发总公司
伟益大坝	缅甸国家电力公司、泰国国家电力局、中国水利水电建设集团公司、中国南方电网、中国长江三峡工程开发总公司
哈希大坝	缅甸国家电力部、泰国国家电力局、中国水利水电建设集团公司、中国南方电网、中国长江三峡工程开发总公司

（二）农业发展

根据国家"十一"规划中的国土空间划分，怒江流域的大部分地区为限制开发区和禁止开发区，该流域内产业结构较为单一，经济发展主要是依赖土地资源的农业开发利用，如独龙江乡发展生态特色农业，草果成为该地区脱贫的主要作物。怒江努力发展农业综合生产能力，建立具有"立体气候资源、广阔的山林草地资源、滇西北对外开放前沿阵地区位优势"三大优势与"绿色香料、优质中药材、特色畜禽、特色经作、木本油料、高山杂粮"六大特色产业的特色生态农业发展方式。

四、伊洛瓦底江

伊洛瓦底江是缅甸开展航运和农业灌溉最重要的河流，缅甸境内出产的玉石、石油、农产品等都通过此条河流运输。缅甸还利用其丰富的水资源发展农业。伊洛瓦底江的开发程度不深，建设的水电站主要是金水达水电站，该河流中下游的三角洲地区主要修建大坝等防洪、灌溉工程。

独龙江流域具有丰富的生物资源，其森林覆盖率在70%以上，独龙江的原始森林中有很多国家重点保护的珍稀树种和动物。该流域内世代居住着独龙族，而由于特殊的地理环境和气候等原因，该地区长期与世隔绝，经济不发达，流域内自然环境破坏较少。为发展独龙江流域的经济，提高独龙族人民的生活水平，云南省积极投入资金和人力，派遣技术人员和教育医疗等行业人才，加快转变独龙族生活生产方式，推进基础设施建设，开展教育卫生事业等。将流域生态环境与经济发展相结合，向独龙族推行适合种植的农作物，发展生态养殖业，进行水利建设等，利用农业发展地区经济，改善人民生活水平。

大盈江属于伊洛瓦底江的支流，相比于独龙江丰富的自然资源和生物资源，大盈江的水能资源更为丰富，开发程度较深，主要用于农业灌溉、生活用水及水力发电。江上建设了3个大型水电站，以及大盈江四级水电站和缅甸太平江一级水电站。大盈江在盈江县内的流域面积最广，该流域内土地资源丰富，以耕地和林地为主。该地区将土地开发和扶贫相结合，推行生态友好型的经济发展模式。

第四节　探析跨境河流管理云南模式

跨境河流途经的国家，对流域内水资源的利用、开发和保护必须遵循国际水法的基本规则，即公平合理的原则。云南省作为中国西南地区国际河流最集中的省份，需要以公平合理为原则管理省内的四大跨境河流，协调开展与沿岸国家的水资源合作，以此来解决流域内各国的水冲突，促进沿岸各国经济的可持续发展。因此，科学合理的跨境水资源管理模式是必不可少的。

一、模式总括

湄公河流域水资源的开发利用和生态保护措施的实施使中国与沿岸五国的交流更为密切，从目前云南省跨境河流开发和利用程度来说，澜沧江—湄公河是云南省开发密度最高的跨境河流，从澜沧江—湄公河的跨境河流管理实践可以总结出云南省对水能资源丰富的跨境河流的管理模式。

（一）多边协调管理合作模式

湄公河流域内的水资源合作机制的建立，从早期下游四国的湄公河委员会的建立，确保水资源的合理公平利用，到后期澜沧江—湄公河合作机制的建立，其中涉及了流域内的六个国家，各项机制使各个国家联系愈加紧密，有利于缓解各国在水资源管理方面的冲突，为跨境河流公平合理的开发和利用提供基础保障。通过各项合作机制提供交流平台，以《澜沧江—湄公河合作五年行动计划（2018—2022）》《湄公河流域可持续发展合作协议》等协议为制度约束，确立共同的管理目标和利益等，举行水资源合作交流研讨会等，对各国水资源开发项目进行评价、协调和合作，共同追求水资源的最优利用和最有效的生态保护，同时促进经济与流域内自然环境之间的协调发展。

（二）半综合管理合作模式

从云南省对澜沧江实施的项目来看，云南省对澜沧江的管理目的是经济和资源的可持续发展，管理内容主要是以可持续发展为前提的水资源综合管理，管理的范围近年来逐步扩大，涵盖了渔业、旅游、航道等相关资源。在云南省内，根据生态功能分区和突出重点区域治理形成小流域治理模式，发布各项政策，提供制度支持；下发各项专项资金，提供资金支持；派遣组织技术人员开展调研工作以解决境内不同生态安全问题，提供技术支持；通过生态治理红线绩效评估制度评估和考核政策实施结果，强化生态治理的效益性，全面推进全省的生态治理进程。早期湄公河水资源管理是在境内开发利用水资源建设电站和水库等，用于本省的电力供给、供水需求和农业灌溉等，开通省内及境外的航运通道。在澜沧江—湄公河合作机制下，沿岸六国将湄公河作为一个完整的生态系统，讨论流域内六国的经济、生态、环境等要素，就水资源可持续管理建立合作组织，充分考虑流域国的水资源需求和保护生态系统的需求，如联合进行生物多样性保护等，通过整体规划对不同的生态问题进行专项治理，形成共同交流—创建生态治理合作组织—制定项目—专项治理的生态治理流程。这是自主管理与联合管理相结合的半综合管理合作模式。

（三）多边对话管理模式

中国是湄公河委员会的对话伙伴，双方在相互尊重和平等的基础上，通过沟通、共享信息、学习交流等方式，在湄公河水资源管理上互相帮助，共同维持流域生态稳定和水资源的可持续利用。云南省作为中国参与大湄公河次区域的主要代表，在中国与沿岸五国开展水资源管理交流方面发挥了重要作用，双方采取正式与非正式的会议、论坛等方式就水利技术、水文信息等进行交流合作，以减少中国与沿岸国家关于水资源利用方面的矛盾，增加信任，共同促进水资源的科学合理利用。

（四）多目标合作管理模式

云南省在各项合作机制下就澜沧江水资源开发利用、生态治理、抗洪减灾等领域与沿岸国开展了交流合作，从最新的澜沧江—湄公河合作机制来看，确立了五大优先发展方向，分别是互联互通、产能合作、跨境经济、水资源、农业和减贫。对湄公河流域的管理不仅仅涉及水资源管理与生态安全，还涉及多目标管理，因为五大方向又涉及经济、航运、生态、环保、旅游等方面，需要对流域进行整体规划管理。同时鼓励利益相关者积极参与。综合管理模式是多目标合作管理模式的最终状态。

（五）联盟管理模式

在澜沧江—湄公河流域管理过程中，中国与沿岸五国是在良好信用的基础上进行合作交流的，开展水资源管理讨论会、学习培训等都是以平等的地位进行交流，中国对沿岸国提供的水利技术、资金等都是出于互帮互助的原则进行的，以此共同促进湄公河流域的可持续发展，不存在一国占主导地位，并对其他国家实施控制或影响的情形。这种合作模式称为联盟管理模式[①]。

二、管理模式推广经验

（一）"单边管理+双边合作+多边多面（交流+联动）"模式

此模式主要用于流经两个国家以上，并且有丰富的水能资源、生物资源、矿产资源等，开发程度较深的国际河流。云南省采用此种模式对澜沧江—湄公河进行综合管理。

"单边管理"是指云南省以生态安全为基础，管理境内水资源的开发和利用。

在跨境河流生态管理方面，云南省实行分级分类管理，分区管控，将四大跨境水系分为一级区，该区主要反映流域边界对水生态系统演变和交流的阻隔作用。二级分区主要有两个控制区，即怒江—保山—大理水源涵养和水文调节区、德宏—临沧—西双版纳—普洱—个旧—文山水源涵养与水文调节区，涵盖面积分别占四大跨境水系的 27.3%和 72.7%。三级分区有 48 个控制单元，在流域水污染控制和水环境管理中作为流域水污

---

① 胡文俊、简迎辉、杨建基等：《国际河流管理合作模式的分类及演进规律探讨》，《自然资源学报》2013 年第 12 期。

染控制的基本单位。从水污染源头防治，以防促治，秉持水陆同治原则，协同治理。提高政府与市场共治的配合度，构建全民治水格局。

流域内产业发展以生态环保型、清洁载能型、劳动密集型和外向型的产业布局为导向，促进流域内绿色发展，建立水环境承载能力监测评价体系，实行监测预警。要控制类似造纸、煤化工及金属冶炼等行业发展。推进循环工业体系，严控污染排放超标企业，加大整治力度。完善行业和地区污染排放标准体系，指导企业严格开展自行监测和信息公开。

强化城镇生活污染治理，科学划区，优化城镇空间布局，推进海绵城市建设，坚持生态优先，大力开展海绵项目，涉及建筑、道路、公园、水系治理和内涝治理等方面。根据不同功能区采取不同的治理标准。优先解决城镇污水处理设施不配套问题，然后强化污水处理设施的设计和建设。通过城镇实施共享形式，向农村地区延伸。对流域内水体污染严重区域加大污水处理设施建设规模。以"集中利用为主，分散利用为辅"原则，因地制宜确定再生水产设施及配套管网的规模和布局等。对综合整治城市黑臭水体采取"零报告"制度，建立云南省城市黑臭水体整治监管平台，接受公众评议。农村治理要因地制宜，推广畜禽粪污综合利用技术模式，规范和引导畜禽养殖场废弃物资源化利用。优化水产养殖空间布局，对水产养殖进行标准化改造和示范场建设，加强对养殖场水环境的监测，制定尾水排放标准，推进生态健康养殖。农村污水垃圾处理应该因地制宜建设配套设施，将集中和分散处理相结合，建立清运处理成本合理的农村垃圾清运和处理体系。推出建设湿地公园方案，用于保护湿地生态和环境，探索建立湿地保护小区和乡村湿地管理模式，加快湿地监测体系建立，建立完善的湿地生态服务功能评估体系。加强控制性水利工程在改善水质中的作用，衔接水资源保护专项规划，在南盘江、澜沧江等河流开展生态流量保障试点并配套管理方案，将其作为流域水量调度的重要参考。

推广运用政府与社会资本合作模式，采取"使用者付费"或"可行性缺口补助"的模式建设运营。健全流域上下游横向生态补偿机制，实施跨界水环境质量补偿，加快推动试点运行，探索补偿机制。将生态文明理念纳入核心价值体系，加强生态文化宣传教育，提高社会生态文明意识。

"双边合作+多边多面（交流+联动）"包括双边生态管理、水利合作等，通过研讨会和培训等开展以跨境水系为媒介的多边多领域合作。

红河流经中越两国，越南依赖红河流域发展农业，该流域内农业发展迅速，云南省主要在水文、交通和农业方面与越南开展合作。水文讯息共享策略有助于下游国家提前了解河流信息，及时采取有效措施；开通水上航道和陆路，加强两国开展经济贸易活动和交易本土产品，共同促进两国经济发展；双方就农业技术、机械、人才等方面开展交流和共享，就资金和技术形成互补机制，推进沿岸地区农业发展。

云南省与沿岸各国的跨境河流管理合作涵盖了各个方面。建立由沿岸各国组成的跨境水系组织机构，各国依托组织机构进行密切交流，对跨境水系管理达成共识。在对澜沧江—湄公河进行生态管理时，与老挝开展联合行动，共同保护澜沧江渔业资源，实现渔业资源的可持续。依托各个合作机制，建立澜沧江—湄公河环境保护中心，联合沿岸五国开展研讨会、项目示范、人才交流等，提出"绿色澜湄"计划，共同推动澜沧江—湄公河流域生态保护和经济协同发展。澜沧江—湄公河合作机制包括互联互通、产能合作、跨境经济、水资源、农业和减贫五个优先方向，各国联合开展河流生态保护和水资源合作项目，主要在上下游共享水文讯息、合作开通水上航道和陆路、加强技术和人才交流、联合推行生态旅游和农业等方面，将生态保护与地区经济发展相结合，形成环境友好型的经济发展方式。

（二）"自然保护区建立+农业推广"模式

怒江流域拥有众多国家一级、二级保护植物和珍稀保护动物，独龙江被誉为"野生植物天然博物馆"，是我国原始生态保存最完整的区域之一。怒江流域设立了国家级、省级等多级自然保护区，以及瑞丽江—大盈江国家级风景名胜区，同时以自然保护区为单位，逐一对区内森林植被、生态环境、水生物种等进行管理和保护。跨境水系的生态环境都较为完整，但流域内经济落后。因此，云南省在不破坏现有生态系统的情况下，将生态环境保护与扶贫战略相结合，积极推进基础设施建设，派遣专业人才深入考察流域内地理特征、气候等，因地制宜推行高原特色生态农业，发布各项政策推进农业发展，如怒江流域气候适宜，物产丰富，推广水稻、棉花、甘蔗等作物是发展地区经济的主要手段。

第十章　云南高原湖泊水环境问题与治理模式

云南高原湖泊是区域生态系统的重要组成部分，在涵养水源、净化水质、蓄洪防旱、调节气候、实施农业灌溉、保护生态环境、调节湖泊水陆生态系统循环、栖息繁衍水生动植物、维护生物多样性和旅游观光等方面发挥着重要作用。作为高原明珠的云南高原湖泊，养育了云南千千万万的百姓，更是云南建设生态文明、和谐发展的重要基础和基本条件。然而，随着经济和社会的发展，特别是城市化进程的加快，工农业污染日趋严重，给云南高原湖泊尤其是九大高原湖泊带来不堪承受的重负。

第一节　云南高原湖泊及其水环境问题

云南是世界生物多样性保护的热点地区、全球碳库重要区域和亚洲水塔，是长江、珠江、澜沧江等具有重大战略价值的江河流经之地，境内分布的众多高原湖泊成为影响江河水环境的关键区域；湖泊水质优劣直接影响地方经济社会的发展；湖泊水环境质量对地处江河下游我国黄金经济带的水环境安全和经济社会安全产生影响。

一、云南高原湖泊概况

云南是一个天然高原湖泊众多的省份，其多样性和独特性在全球占有一定的地位。

据统计，云南省境内共有大小湖泊 40 余个，湖泊面积 1 000 多平方千米，总蓄水量达 300 亿立方米，其中湖泊面积达到 30 平方千米以上的有 9 个，包括滇池、洱海、抚仙湖、程海、泸沽湖、杞麓湖、星云湖、阳宗海及异龙湖，故称九大高原湖泊（简称"九湖"）。九湖属云贵高原湖泊群，分属金沙江、珠江、澜沧江水系，分布于云南省昆明市、玉溪市、大理白族自治州、丽江市和红河哈尼族彝族自治州内。九湖流域面积 8110 平方千米，湖面海拔最低的 1414.13 米、最高的 2690.8 米，湖面总面积 1042 平方千米，湖面面积最小的 31 平方千米、最大的 309 平方千米；湖容量 302 亿立方米，蓄水量最少的 1.24 亿立方米、最多的 206.2 亿立方米，平均水深最浅的 3.9 米、最深的 158.9 米。

九湖流域面积只占全省面积的 2%，人口约占全省人口数的 11%，是云南人口最稠密、人为活动最频繁、经济最发达、发展最具活力的地区，每年创造的生产总值占全省的 1/3 以上。九湖流域还是云南粮食的主产区，汇集全省 70% 以上的大中型企业，云南的经济中心、重要城市（昆明、大理）也大多位于九湖流域内，对全省的国民经济和社会发展起着至关重要的作用。

高原湖泊及其所在区域大多是云南开发较早、利用强度较大、人口特别密集的关键地段。特别是在滇中地区，经济社会发展水平高，人类影响程度大，以滇池、星云湖为代表的高原湖泊成为我国湖泊受人类干扰程度最大、湖泊质量下降最严重、富营养化问题最突出的地区之一。

二、云南高原湖泊水环境质量状况

根据《2017 年云南省环境状况公报》，云南省湖泊水质总体良好，优良率为 86.0%。九大高原湖泊中泸沽湖、抚仙湖水质为优，符合 Ⅰ 类标准；洱海、阳宗海水质良好，符合 Ⅲ 类标准；程海（氟化物、pH 不参与评价）水质轻度污染，符合 Ⅳ 类标准；滇池草海、杞麓湖水质为中度污染，符合 Ⅴ 类标准；滇池外海、异龙湖、星云湖水质为重度污染，劣于 Ⅴ 类标准。

根据《2017 年云南省环境状况公报》，滇池草海水质类别为 Ⅴ 类，水质中度污染，未达到水环境功能要求（Ⅳ 类）。超标指标为总磷（Ⅴ 类，超标 0.51 倍）、五日生化需氧量（Ⅴ 类，超标 0.11 倍）。湖库单独评价指标总氮为劣 Ⅴ 类。营养状态指数为 64.6，处于中度富营养化状态。滇池外海水质类别为劣 Ⅴ 类，水质重度污染，未达到水环境功能要求（Ⅲ 类）。超标指标为化学需氧量（劣 Ⅴ 类，超标 1.09 倍）、总磷（Ⅴ 类，超标 1.68 倍）、高锰酸盐指数（Ⅳ 类，超标 0.13 倍）。湖库单独评价指标总氮为 Ⅴ

类。营养状态指数为 65.2，处于中度富营养化状态。阳宗海水质类别为Ⅲ类，水质良好，未达到水环境功能要求（2 类）。超标指标为总磷（Ⅲ类，超标 0.2 倍）、化学需氧量（Ⅲ类，超标 0.1 倍）。湖库单独评价指标总氮为Ⅲ类。营养状态指数为 42.7，处于中度富营养化状态。

三、云南高原湖泊及其流域的生态特点

云南省属于典型的山地高原地形，境内高原湖泊众多，分属长江、珠江、红河、澜沧江水系，具有重要的战略地位，是我国黄金经济带上游，也是众多国际大河的上游。作为"山水林田湖生命共同体"中的重要一环，高原湖泊在区域生态系统构成中占据重要地位，既是云南发展资源本底，也是珠江上源重要水体，在区域及流域经济社会发展中起着非常重要的支撑作用。

云南高原湖泊生态系统敏感脆弱、污染源复杂，较一般湖泊治理更具复杂性、艰巨性和长期性。

（一）高原湖泊生态系统自身的脆弱性

云南高原湖泊以构造断陷湖为主，湖体狭长，南北向伸展。湖泊多处于大的断裂带和大河水系分水岭地带，地势高于周围地区，流域面积小，水资源匮乏，具有封闭与半封闭的特点，加之受降雨季节性及人类活动双重影响，生态系统表现出很强的脆弱性。

（二）高原湖泊生态系统的易受胁迫性

高原湖泊地处本流域最低处，输入湖泊的物质容易在湖泊中积聚，实际上承担着流域内一切社会经济活动的压力。随着高原湖泊流域内人口增加，城镇化、工业化与农业现代化进程加快，旅游业快速发展，流域污染负荷还在增加，导致水环境系统与陆生生态系统破坏严重，而且水土资源呈过度开发态势。

（三）云南高原湖泊水体更换周期长

云南高原湖泊没有大江大河的导入，汇水面积小、产水量少、蒸发量大、降雨集中，大多要依靠回归水循环和外流域调水才能维持水量平衡，水资源十分短缺，湖泊调蓄能力差，由于本身缺乏外来水源，水体更换缓慢（表 10-1），供需矛盾突出。

表10-1 云南省九大高原湖泊基本特征

湖泊名称	湖泊面积/平方千米	平均长度/千米	平均宽度/千米	最大水深/米	平均水深/米	岸线长度/千米	蓄水量/亿立方米	换水周期/年	森林覆盖率
滇池	309.5	41.2	7.56	9.3	5.3	163	15.6	3.0	50.6%
洱海	251.3	42.5	5.9	21.3	11.4	127.8	28.8	3.3	35.6%
抚仙湖	216.6	31.8	6.8	158.9	95.2	100.8	206.2	166.9	27.2%
程海	74.6	17.3	4.3	35.0	25.7	45.1	19.8	封闭湖泊，无法统计	17.0%
泸沽湖	50.1	9.5	5.2	91.0	45.0	44.0	22.52	42.6	45.0%
杞麓湖	37.3	10.4	3.6	6.8	4.5	32.0	1.6	82.2	21.6%
星云湖	34.3	9.1	3.8	10.8	6.1	38.8	2.10	8.8	31.4%
阳宗海	31.9	12.7	2.5	29.7	18.9	32.3	6.04	12.6	22.8%
异龙湖	29.6	13.8	2.1	5.7	3.9	62.9	1.15	7.2	34.2%

（四）云南多个高原湖泊进入老龄化阶段

在长期的自然演化过程和频繁的人类活动中，长期以来大量泥沙和污染物排入湖中，加上历史原因造成的"围湖造田"等不合理的开发活动，致使湖面缩小，湖盆变浅，进入老龄化阶段，一些湖泊出现沼泽化趋势。因此，高原湖泊内源污染物堆积，污染严重，水体自净能力差，生态条件脆弱，经济活动容易导致生态环境的破坏。此外，云南湖泊大多为深水湖泊，大型水生植物分布面积小，难以对输入的营养物质起吸收和调节的自净作用。

（五）高原湖泊流域内森林覆盖率不高

由于历史上对森林资源的过度砍伐，流域森林植被遭到破坏，九湖流域森林覆盖率不高，土壤侵蚀严重，保土、保水和保肥的能力差[1]。虽然经过二十余年的封山育林、植树造林的生态建设活动，森林覆盖率有大幅提升，但还是低于云南省森林覆盖率（55.7%）。此外，生态建设过程中植树造林的林种单一，大多以针叶林为主，植被蓄水保土性能差，水土流失严重；且流域内的林地普遍数量型增长和质量型下降并存，原生植被和优质森林面积小，生物多样性低、林相结构较差的现象并没有改变，难以满足流域水源涵养和持水保土的功能要求。

（六）云南高原湖泊封闭，且多为当地主要纳污水体

云南高原湖泊大多为构造湖泊，湖水完全依靠集水区的降雨补充；地处低纬度高

---

[1] 金相灿、刘鸿亮、屠清瑛等：《中国湖泊富营养化》，北京：中国环境科学出版社，1990年。

原，受西南季风控制，5—10月降雨占全年降雨的80%，水位随季节变化较大；湖泊周围山地陡峭，地面冲刷和土壤侵蚀严重，入湖支流水系多，出流水系很少，营养盐易于积聚。

云南高原湖泊多数处于城市下游，是城市和沿湖地区各类污水及地表径流的最终纳污水体。同时入湖河道流程短，九湖主要入湖河道（沟渠）约有180条，最长的河道仅有40多千米，短的只有3千米，这些河道大都流经城镇、村庄和农田，有三分之二以上的河道处于Ⅴ类、劣Ⅴ类水平，遭受了严重污染，入湖后增加了污染负荷。此外，污染控制（特别是对农业与城市面源污染的控制）难度较大。

四、云南高原湖泊人类扰动及其环境效应

20世纪90年代以来，云南省开始重视高原湖泊保护与治理，但治理速度比不上污染速度，导致新问题不断出现，流域人口较多、开发较大的湖泊更为严重，主要表现在以下几个方面。

（1）湖体萎缩加快，水位下降。元代疏浚凿修滇池出水海口河。疏浚凿修海口河是云南高原初步开发湖泊的活动。明清时期，对滇池、洱海、抚仙湖、异龙湖、阳宗海、星云湖、杞麓湖、矣邦池（即知府塘）、中原泽、嘉丽泽、大屯海、长桥海等大小湖泊都进行了以防洪垦田为主的开发利用。主要是开挖出水口，疏泄湖泊、草海积水，减少洪灾，稳定和增加湖泊周围垦田数量，以此达到增加农业收成的目的，这一行为直接导致云南高原自然湖泊水域面积逐渐变小，湖周垦田面积逐渐增多的单向变化。随着湖泊老龄化的推进，湖泊水位不断下降。以抚仙湖为例，根据抚仙湖2001—2013年的平均水位统计资料，水位总体上呈现出下降趋势，自2009年云南连续干旱以来下降趋势尤为明显，2012年甚至低于法定最低运行水位，说明抚仙湖已经处于亏水状态运行。此外，根据考古工作推测与统计资料，滇池水面变化较大，从表10-2可以看出，滇池水面海拔、水域面积、南北长及湖岸线均发生了很大变化，其中水域面积由1000平方千米缩减到约为300平方千米。

表10-2 滇池水面基本情况变迁统计表

时代	水面海拔/米	水域面积/平方千米	南北长/千米	湖岸线/千米
3万年前旧石器时代	1940	1000	68	520
汉代	1900	662.8		240多
唐宋	1890	510.1	49	

续表

时代	水面海拔/米	水域面积/平方千米	南北长/千米	湖岸线/千米
元至元十二年	1888.5	410	43	180
明朝	1888	350	42	171
清代	1887.2	320.3		164
1949—1980年	1886.3	299.7		150
《滇池保护条例》正常水位	1887.5	309.5	40	163.3
	1885.5	292.5		

（2）城市用水挤占水资源。九湖流域城镇化和工业化的发展，挤占了流域内的部分水资源量，入湖清水急剧减少，有些入湖河道基本靠再生水补给，缺乏充足的洁净水对湖泊水体进行置换，水体对污染物的稀释自净能力下降。可见，流域生态用水更是难以保证，因此需要明确地管控生态流量，让湖泊水域活起来、流起来，使湖泊流域生态环境根本好转。

（3）城市生活污水处理率不高。由于快速的城市化进程，大量城市生活污水来不及处理就被排放到自然水体，尤其是在雨季这种现象更明显，湖区生活污水直排加剧了湖泊水质恶化，尤其是近岸水体污染更为严重，造成目前滇池、杞麓湖、异龙湖都是劣Ⅴ类水质；即使经过城市生活污水处理厂处理后的尾水仍属《地表水环境质量标准》（GB3838—2002）Ⅴ类，甚至某些指标为劣Ⅴ类。因此，湖泊面临的污染负荷较大，常常超过湖泊自身的环境承载力，使湖泊生态系统难以恢复。

（4）水质污染严重，水生态系统退化。随着流域工业发展和城镇化推进，流域内人口数量逐年增加，形成农业—城市面源复合污染，大量好氧物质、营养物质和有毒物质排入湖体，使水体富营养化，湖水的自净能力下降，导致湖体溶解氧不断下降，透明度降低，原有的水生植被群落因缺氧和得不到光照而成片死亡，水体中其他水生动物、底栖生物的种类也随之减少，生物量降低，取而代之的是以浮游植物（藻类）为主体的富营养型的生态体系，水生生态系统不断退化。

（5）湖泊承载力与流域经济社会快速发展的矛盾日趋深化。湖泊的水质下降，出现富营养化，其根本原因是流域产业结构及发展模式与水环境承载力之间存在矛盾，发展模式粗放带来结构型污染，人口密度超过承载力限制；城市化高速发展，总体规划不甚合理，土地过度开发利用，水土流失严重，都导致了湖泊的污染压力剧增，直至超出其承载力。例如，滇池，按水资源的承载对象，从水量、人口、经济社会、生态环境等几方面，得出流域的综合水资源承载指数已呈现下降趋势。此外，由于流域内人口增长与耕地锐减的矛盾，构成了粗放型的农业生产方式。根据调查，云南九大湖泊流域 23.3 万平方千米耕地的化肥年施用量约 30 万吨，高出全省平均水平近 2 倍，农田产生的污染物对湖泊氮、磷的贡献率占 85%—90%。

（6）综合管理不到位，各方保障措施不力。在湖泊综合管理方面，政府做了大量工作，出台了一系列管理办法，构建了多个管理机构，筹措了大量资金等，但还是存在不足，主要表现在以下环节：①对湖泊的基本机理及监测预警、分类评估等支撑技术研究还不够深入；②管理机构与行政区域存在交叉，体制机制需要有针对性创新；③大量的管理政策与管理办法协调性不够，加强治污问责与官员政绩考核协调性不够；④在管理手段上尚欠缺具有针对性的标准体系、管理目标及分类指导策略，即还未形成湖泊与治理的模式；⑤流域环境监管、执法能力还有待进一步加强。

第二节　云南高原湖泊的水环境治理

一、云南高原湖泊的治理历史回顾解析

九大高原湖泊像一颗颗璀璨的明珠镶嵌在云南的这片土地上，以云南九大高原湖泊水环境的保护为重点，维护好大江大河的水生态健康是云南生态文明建设的关键。"九五"以来，云南一直坚持高原湖泊的治理工作，取得了一定的成效，但高原湖泊保护与治理工作任重道远。

（一）"九五"期间高原湖泊水污染防治

按照国务院批准的《滇池流域水污染防治"九五"计划及 2010 年规划》，"九五"期间加大了滇池治理力度，建成了 4 座污水处理厂，完成盘龙江中段截污、大观河整治、西园隧洞工程；完成了滇池草海底泥疏浚一期工程，疏浚底泥 424 万立方米。以滇池为重点的九大高原湖泊水污染综合防治工作取得了阶段性成果。

云南省政府于 2000 年 9 月召开了九大高原湖泊水污染防治现场办公会，成立了以滇池治理为重点的"云南省九大高原湖泊水污染综合防治领导小组"，并决定该届政府任期后两年，每年投资 5000 万元专项资金用于九大高原湖泊水污染综合防治。这次会议的成功召开，极大地鞭策和推动了九大高原湖泊水污染防治工作全面开展。

（二）"十五"期间高原湖泊水污染防治

在"十五"期间，九大高原湖泊水质基本保持稳定，洱海、阳宗海、程海的湖泊水质有所改善。

云南省针对以滇池为重点的九大高原湖泊水污染，开展综合治理，以削减污染物为核心，实施"环湖截污和交通、外流域调水及节水、入湖河道整治、农业农村面源污染治理、生态修复与建设、生态清淤"六大重点工程，以使湖泊水质和生态景观得到改善。

（三）"十一五"期间高原湖泊水污染防治

"十一五"期间，云南省相关各级政府积极创新湖泊治理思路、切实加大湖泊治理资金投入、不断强化科技支撑、加强湖泊流域监管，九湖水污染防治工作得到全面推进。

在国家层面上，有水体污染控制与治理科技重大专项的支持，滇池与洱海分别立项，从湖泊主题与城市主题两个类别的技术研究与工程示范，开展流域水污染治理与富营养化综合控制技术研究，并进行规模化工程示范，以科技进步引导建立严格、有效的全流域污染控制管理体系。"十一五"末，"滇池项目"和"洱海项目"在组织管理、工作机制创新、示范治污工程推进、实现科技支撑等方面都取得了一定成效，为云南省九湖治理工作又好又快发展做出积极贡献。

昆明市积极实施入湖河道整治、农业农村面源污染治理、生态修复与建设、生态清淤、环湖截污和交通、外流域调水及节水等六大工程，滇池治理全面提速，昆明主城区污水处理能力实现了翻番；同时昆明市还强力推行"异地种植、异地养殖"和"三退三还"的重大举措，努力实现了环湖截污、环湖生态、环湖交通基本闭合，使滇池水体景观、入湖河流水质及周边环境明显改善。

阳宗海实施了湖体除砷及砷污染源截断工程，取得显著成效；洱海治理与保护获得重大进展；抚仙湖编制完成《流域水环境保护与水污染防治规划》，异龙湖退塘还湖万余亩；杞麓湖、程海确定了治理思路和措施；异龙湖、程海、杞麓湖的治理步伐大大加快。

"十一五"期间，九大湖泊流域环境监管得到明显加强，各湖泊管理条例提升为保护条例，省政府成立了滇池、九湖治理督导组，省环境保护厅机关联合玉溪市、通海县率先在杞麓湖开展"河道保洁周"活动，带动了各湖泊旱季入湖河道保洁工作的开展。九湖流域相继建立了入湖河道综合整治"河（段）长负责制"，进一步明确和细化了治理责任。

（四）"十二五"期间高原湖泊水污染防治

"十二五"期间，九大高原湖泊保护与治理工作以大幅削减入湖污染物为基础，以恢复流域生态系统功能、改善湖泊水环境质量为重点。九湖流域在经济快速增长、人口环境压力不断加大的情况下，九湖水质总体保持稳定。2016 年 3 月，云南省九大高原湖泊水污染综合防治领导小组会同 12 个成员单位，对除了国考的滇池以外的 8 个湖泊"十二五"规划执行情况进行考核。抚仙湖、泸沽湖和洱海考核结果为优秀；星云湖、程海、杞麓湖考核结果为良好；异龙湖、阳宗海考核结果为合格。考核结果显示：8 个湖的 67 个流域考核断面中，达标个数为 36 个，达标断面比例为 54%，项目总数为 191 个，完成（含调试项目）139 个，项目完成率 72.8%，在建项目 48 个，占25.1%。

"十二五"期间，滇池与洱海污染防治有水体污染控制与治理科技重大专项的继续支持，滇池项目的科技支撑和示范带动作用为"污染治理向生态修复逐步转变、实现水质根本好转"做出了重大贡献；洱海项目的相关技术成果已经在洱海保护治理工程建设、洱海抢救性保护"七大行动"中得到了广泛应用，为云南省九湖治理提供了很好的经验借鉴与技术储备。

云南高原湖泊保护和开发纳入法制轨道，实现了"一湖一法"。云南根据地处高原、资源丰富且生态脆弱的实际，制定和批准了《云南省滇池保护条例》《云南省抚仙湖保护条例》《云南省阳宗海保护条例》《云南省星云湖保护条例》《云南省杞麓湖保护条例》《云南省宁蒗彝族自治县泸沽湖风景区保护管理条例》《云南省红河哈尼族彝族自治州异龙湖保护管理条例》《云南省大理白族自治州洱海保护管理条例（修订）》《云南省程海保护条例》等 9 个关于高原湖泊保护的地方性法规，做到了"一湖一法"，把高原主要湖泊的保护和开发纳入了法制轨道。

初步建立云南高原湖泊流域生态补偿机制。对于居住在湖泊流域周围的群众，环境保护力度的提高必然会影响到他们的经济利益。这种环境保护与经济利益关系的扭曲，不仅使云南的环境保护面临很大困难，也会影响地区之间及利益相关者之间的和谐。要解决这类问题，必须建立湖泊流域生态补偿机制，以调整相关利益主体之间的关系，保护和调动群众保护水环境、防治水污染的积极性。否则，处在生存和发展压力下的群众很可能会成为环保的阻力，这将导致生态环境保护难以奏效。

二、云南高原湖泊存在的主要环境问题

（一）流域内水环境形势依然严峻

除抚仙湖、泸沽湖、洱海外，阳宗海、程海、星云湖、杞麓湖、异龙湖流域内各入湖河流与规划水质目标仍有较大差距。33 个入湖河道考核断面中不达标断面 16 个，其中仍有一半以上水质为劣 V 类。各湖入湖河道水质综合达标率比 2013 年、2014 年有明显提高，主要原因是总氮未参与评价（国家调整），如果总氮参与评价，入湖河道水质大部分仍旧是 V 类、劣 V 类。此外，程海作为封闭型内陆碱性湖泊，由于评价方法变化，湖体化学需氧量参与评价，在水质指标总体稳定的情况下，水质类别由 2011 年以前的Ⅲ类变为Ⅳ—Ⅴ类。

此外，连续干旱对湖泊水位、水质产生一定的影响。受 2009—2013 年的连年干旱影响，阳宗海、抚仙湖、杞麓湖、异龙湖、程海水位低于法定正常水位，导致湖面面积减小、湖滨带生态受到破坏，自净能力减弱。

（二）云南九大高原湖泊环湖区域过度开发

高原湖泊环湖区域过度开发给湖泊及其流域带来了严重的影响。大理白族自治州启动《洱海流域空间规划》和洱海保护"三线"工作之后，组织实施的多个旅游发展规划未充分考虑当地环境状况与流域环境承载力；大理市政府擅自允许在保护区内"拆旧建新"，导致核心区大量违章建设，对洱海水质造成明显不良影响。

抚仙湖是云南省重要的旅游资源。由于缺乏统一规划、统一的管理体制和机构，抚仙湖沿岸旅游设施的低水平重复建设和"破坏性建设"现象非常严重，制约了抚仙湖旅游业发展，破坏了抚仙湖的自然环境，严重影响了抚仙湖水质与水生生态系统。自 2017 年来，玉溪市对重大旅游开发项目进行清理整治。此外，大量游客的涌入给泸沽湖的生态保护带来了挑战，程海流域的企业生产废水排放等给程海水体带来了污染负荷压力。

（三）农业面源污染等问题依然比较严重

面源污染一直是驱动湖泊富营养化发展的重要力量，它以污染源头多、范围广、污染的产生和输移过程复杂、时空变动的不确定性等特点，成为包括滇池在内的湖泊污染削减和环境治理的难题。随着滇池流域工业污染源和昆明城市生活源的有效治理，农村

及面山的污染对滇池水环境治理及富营养化防治的制约作用日趋突出。滇池治理中，城市点源和生活源下降很快，但流域面源污染依然居高不下。2005 年以来，面源污染总氮 2000 吨、总磷 300 吨、CODcr 12 000 吨，占流域污染物总量的 25%—30%。大理、玉溪等市（州）未严格按照《云南省"十三五"生态农业发展规划》要求调整种植业结构，洱海、抚仙湖、星云湖、杞麓湖等流域大蒜、蔬菜、花卉种植面积居高不下，面源污染问题突出。

（四）开发项目侵占自然保护区

九大高原湖泊开发与保护之间的矛盾仍然存在。大理市擅自允许在洱海保护控制区对农村个人住房进行改建、重建或拆旧建新，违反《云南省大理白族自治州洱海海西保护条例》和《云南省大理白族自治州洱海保护管理条例》的规定；丽江古城湖畔国际高尔夫球场违规侵占拉市海高原湿地自然保护区；酒店、公寓、别墅与高尔夫球场等违规侵占了抚仙湖一级保护区。

（五）旅游无序开发，严重破坏生态环境

高原湖泊流域违规开发现象突出，存在"边治理、边破坏""居民退、房产进"现象。编制的多项旅游发展规划未充分考虑环境承载力，部分项目与高原湖泊保护要求和水环境功能区划不符，流域旅游发展处于无序状态。例如，大理白族自治州"十二五""十三五"涉及洱海流域旅游产业发展规划，未依法开展环境影响评价，州政府存在违规审批旅游规划的情况。因此，按照《昆明阳宗海区总体规划（2010—2030）》，打造阳宗海—滇池—抚仙湖大昆明湖滨度假圈的过程中，应该充分考虑阳宗海、滇池、抚仙湖及其流域的环境承载力，且在实施过程中严格执行审批程序。

三、高原湖泊治理的紧迫性

高原湖泊及其所在区域是云南省自然禀赋最好、人口最密集、开发强度最大、发展速度最快的关键地区，也是全省水资源和土地资源最紧张、水环境矛盾最突出的敏感地区，目前还是面临城镇化快速推进、产业密集布局、发展压力最大的重点地带。如果不能尽快理顺有限资源承载力、环境容量与大规模快速发展的紧张关系，破解保护与发展之间的矛盾，势必引起大量环境资源问题快速持续堆积。如果这样，作为云南经济社会发展的黄金地带，未来将面临极其严峻的复合型、结构性生态环境问题，不仅影响所在区域的建设和发展，而且影响整个云南的生态文明进程及美丽云南的蓝图实现。经过多

年的艰苦努力，高原湖泊治理取得了显著的成绩，在支持所在城市和流域经济社会快速大规模发展的同时，水环境整体表现比较平稳，部分湖泊的水质开始向好的方向发展，但与此同时，湖泊治理正处在临近登顶的关键时刻，处在治理好转与污染恶化的临界点上，努力一步，高原湖泊治理将进入柳暗花明的状态，稍加懈怠或治理不善，湖泊水环境将面临漫长的"黑夜"。问题的紧迫性和严重性主要表现在：

第一，经济社会快速发展，规模和速度超过了湖泊所在流域的环境承载力。以滇中地区的7个湖泊为例，其流域面积只占全云南省土地面积的1.89%，积聚了全省11.73%的人口，人口密度是全省平均水平的4.8倍，经济总量占到全省的23.5%，人均生产总值是全省平均水平的1.26倍，经济增长速度高于全省近20%，单位面积产值高于全省6.2倍。如何解决湖泊流域经济快速发展与环境保护之间的矛盾是一直以来的难题。

第二，治理能力赶不上污染发展的要求，大多湖泊水环境缺乏持续向好的支撑动力。根据调查分析，云南省高原湖泊"十二五"治理情况并不乐观。对7个重点湖泊的统计分析表明，规划的273个项目中，投入运行的项目目前只有26个，完工率只有21.55%，目前在建的项目、开始前期工作的项目、开工建设的项目比例分别占整个项目总数的39%、25%和69%；特别重要的是，规划治理投资542亿元，实际到位资金只有184亿元，资金到位率只有33.95%，投资完成率只有41.14%。治理资金短缺，治理项目难以落实，污染将持续发展和产生，湖泊水环境好转的可能性将被逆转。

第三，水资源、水环境已经成为制约区域发展的重大瓶颈，高原湖泊的难以持续的发展模式影响了云南的发展潜力。虽然九大高原湖泊的流域面积只占全省面积的2%，但沿湖区域每年创造的生产总值却占全省的1/3以上。九湖流域还是云南粮食的主产区，汇集全省70%以上的大中型企业，云南的经济中心、重要城市大多位于九湖流域内。湖泊水环境质量对云南经济社会的发展举足轻重，具有不可替代的作用。高原湖泊是云南省经济社会发展的心脏和大脑，区域可持续发展的能力和水平将对整个云南的发展产生至关重要的影响。

因此，云南省要深刻认识高原湖泊保护与治理的重要性、紧迫感、艰巨性，聚焦突出问题，精准施策抓治理，注重源头管控，强化标本兼治，创新保护治理体制机制，借鉴成功经验，探索引入第三方参与生态建设和环保监督，走出一条政府与市场力量有机结合的新路子。知责履责尽责，强化责任抓保护，各级各部门要上下协同形成合力，各级河（湖）长要切实做到巡河巡查、发现问题、整改落实"三个到位"，在高质量发展中实现高水平保护，在高水平保护中促进高质量发展。要严守生态红线，科学规划抓发展，对相关规划再优化、再提升，引导各类要素科学配置，坚定不移走生态优先、绿色发展路子。要坚持依法治湖，动真碰硬抓管理，让制度长牙、让铁规发力，以刚性制度守护青山绿水。

第三节　云南高原湖泊的治理模式

一、国内外高原湖泊保护及治理探究

环境治理是一个系统工程，湖泊保护与修复具有艰巨性、复杂性、紧迫性等特点，目前国内外主要有政府主导、企业主导（市场机制）与政府—市场—社会三位一体的三种不同治理主体开展环境保护与治理。

传统的环境治理仅由政府这一个主体通过法律法规、行政命令等强制性手段来完成。随着环境问题的逐渐加剧，环境治理任务对于政府来说变得异常繁重，环境问题的实际状况也变得复杂起来。为此部分学者主张让市场来负责环境治理任务，如实行排污权交易、征收庇古税①等。但完全通过市场进行污染治理的前提是有明晰的产权，虽然在摸索特许经营体制，但这一点目前很难达到。还有学者认为全民均有责任保护与治理环境，应该在政府主导下，调动和发挥企业与社会参与保护的积极性。因此，在环境治理的参与主体这一问题上，学者们普遍认为应该包括政府、市场和社会（包括公众和社会组织），但在由谁主导这一问题上，即在采用何种环境治理模式上，学者们产生了分歧。

有学者认为应以政府为主导进行环境治理。马亚斌指出，受限于中国经济的发展水平及宣传程度，社会公众及民间组织不足以承担环境治理的重任，现阶段还应由政府作为环境治理的主力。同时他认为，政府应通过完善政策体制、推动市场机制、加强宣传教育等手段发挥主导作用②。张力耕认为，政府作为环境治理中最关键的角色，必须要有所担当。因此他提出，在县域环境治理中，政府应承担起公共物品的主要供给者、市场机制的建设者、外部性的协调者、生态文明的落实人等角色③。Michaelowa 认为以政府主导为前提的市场机制，才能实现合法和有序运行④。

有的学者则认为环境治理应着重发挥市场机制的作用。Baninol 认为，单一的政府

---

① "庇古税"（Pigovian tax），是根据污染所造成的危害程度对排污者征税，用税收来弥补排污者生产的私人成本和社会成本之间的差距，使两者相等。由英国经济学家庇古（Pigou）最先提出。

② 马亚斌：《政府主导下的武汉市水环境综合治理对策研究》，湖北工业大学硕士学位论文，2014 年。

③ 张力耕：《我国县域环境治理中的政府角色》，湖南师范大学硕士学位论文，2013 年。

④ Michaelowa A，Developments in environmental economics，2008。

管制手段已然没有办法满足新时期下环境治理的需要，只有丰富环境治理手段，综合运用市场机制，扩大公众参与，才能达到高效的治理目标[1]。只有积极推广市场手段，才能有效实现水环境的高效治理[2]。我国政府在生态文明建设中一直起着主导作用，即使开展了排污权交易等市场化行为，也基本都是政府的"拉郎配"，因此，要充分发挥生态环境的治理效果，就必须建立健全市场机制，明确界定自然资源和生态环境产权，从而发挥市场的决定性作用[3]。

还有人认为应该政府、市场、社会三者并重，实行多中心治理，指出了市场化治理存在弊端及公众未充分参与到环境治理中来，提出了政府通过引入市场竞争机制，得到公众支持，三位一体，三者共同担负起环境治理的重任[4]。严丹屏和王春风指出，通过增强地方政府间的协同作用，让企业增强环境治理的责任感，从而促进私人部门参与到环境治理中来，提高环境治理效率[5]。在高原湖泊程海的治理新模式中，提出政企合作模式，将环境保护治理与相关产业化发展有机结合，实行政府主导、企业参与的综合治理渠道，企业拥有运营权且需尽到管护的义务，示范效果明显，效果持续可靠，实现资源利用、经济效益、生态效益的统一和多方的共赢，达到了治理和保护环境的目的[6]。

二、高原湖泊水环境问题解决思路

（一）创新治水理念

维持湖泊生态系统健康，应该从传统的"就水治水"思路向通过人工积极干预以创造条件帮助恢复湖泊及流域生态健康转化。基于"山水林田湖草"生命共同体，湖泊水环境已经与其所在流域形成了一个相互支撑、相互影响、互动发展的生态经济系统，如何进行优化使该生态经济系统能够满足流域生态系统健康的需要，在当前经济社会快速发展时尤显重要。

（二）重构治湖技术路线图

维持湖泊生态系统健康的工作重点是揭示高原湖泊生态系统能够良性运转的条件；

---

① Baninol W J, Essentials of economic principles and policy, 2011。

② Tietenberg T H, Environmental economics & policy, 2011。

③ 黄贤金：《生态文明建设应注重发挥市场主导作用》，《群众》2014年第9期。

④ 朱香娥：《三位一体的环境治理模式探索》，《价值工程》2008年第11期。

⑤ 严丹屏、王春风：《生态环境多中心治理路径探析》，《中国环境管理》2010年第4期。

⑥ 刘成安：《从利用德国促进贷款云南程海湖水体综合治理保护示范项目谈高原湖泊治理新模式》，《中国水利学会2014学术年会论文集》2014年，第514-516页。

寻找人类良性干预帮助湖泊实现这个自然过程的关键切入点，弄清已开展和正在开展的环湖截污、点源控制、内源清理、生态修复等技术和工程手段在湖泊生命挽救和健康恢复中产生的作用和效应；在新的理念下，编制未来湖泊水环境治理的技术方案、工程措施及时空优化方案。

（三）立足湖泊生态健康，调整治理和防控对策

跳出水体治理水污染。提高陆地生态系统对湖泊水资源的再生性维持能力，尽快构建绿色流域，实现清水产流。跳出湖泊解决湖泊问题。降低城市及其发展对湖泊生态系统的污染负荷，低水城市与低碳经济应成为未来流域发展的定位。跳出环境问题解决环境问题。优化流域生态经济结构和空间布局至为关键，环湖造城应该终止，避免工程代替环保的行为。

三、云南省高原湖泊治理对策

高原湖泊是云南生命系统的重要支撑，其保护与治理工作已历经二十余年，保护与开发之间的博弈如何平衡一直是关键点及难点所在。考虑到云南高原湖泊现状问题，要使其生态系统步入良性发展轨道，问题着眼点不能仅局限于高原湖泊的单一保护与治理，而应跳出湖泊治理的惯有思维，从全流域角度统筹考虑山、水、林、田等与湖泊生态系统相关的生态要素，秉持复合系统观，寻求高原湖泊良性发展对策。

要充分认识湖泊保护和修复的紧迫性，转变治理方式，把生态文明建设纳入湖泊保护治理和区域经济社会发展的全过程，从源头查问题，从根子上抓治理。根据区域水环境容量与行业特点等，做到减压发展、优化发展、清洁发展、跨越发展。坚持"让湖泊休养生息"的理念，坚持"一湖一策、全流域系统保护"的原则，抓好源头预防、过程控制和末端治理三个环节，全力推进湖泊水环境治理工作①。

（一）分类施策，抓住重点，坚持不懈地推进"一湖一策"

"一湖一策"的湖泊保护方式，就是在湖泊治理的同时尊重自然规律谋发展②。开展每个湖泊的生态系统特征、污染物类型及其空间分布研究，核算其生态环境承载能力，根据不同湖泊的环境问题及其成因，明确治理的重点和难点，科学确定湖泊保护与治理思路、总目标和阶段任务，综合治理措施和技术解决方案，以及管理对策、保护对

① 段昌群：《高原湖泊治理是生态保护的关键》，《社会主义论坛》2017 年 5 月 19 日。
② 舒川根：《太湖流域生态文明建设研究——基于太湖水污染治理的视角》，《生态经济》2010 年第 6 期。

策、标准对策和科技对策，对症下药、有的放矢地制定"一湖一策"保护战略。对于水质优良的湖泊泸沽湖和抚仙湖，建立国土开发空间保护制度，加快解决业已形成的环境问题，重点控制旅游污染和新的污染源。对受到轻度污染且基本可以达到湖泊功能要求的湖泊（洱海、阳宗海），进行以总量控制为基础的污染源控制，深化点源、面源污染治理，努力将社会经济发展总量控制在环境承载力之内。对于污染较重且未达水质功能的湖泊，如滇池、杞麓湖、星云湖、异龙湖、程海，强化解决城市生活污染、农业农村面源污染、工业污染和内源污染问题，控制社会经济发展总量，实现污染物不断削减，形成湖泊流域生态系统良性运转条件，让湖泊休养生息，采用适当的人工措施帮助湖泊依靠自身的水生态系统适应和调节能力修复生态，重建良性循环的湖泊流域生态系统。

（二）基于生态环境承载力，建立湖泊流域国土空间开发保护制度

实现湖泊流域人与自然关系的调整、优化国土空间开发格局是生态文明建设的根本途径[1]。需要针对不同湖泊及其流域自然环境状况、生态系统状况、经济规模、产业门类、人口密度等特征，以各个湖泊生态环境承载力为约束条件，统筹考虑湖泊流域、资源、社会、经济、政治、人文、技术等诸多因素，统筹规划社会经济发展速度和规模，统筹规划经济结构调整和生产力布局，调整人与自然的关系[2]。

（三）实施产业结构调整，湖泊流域内推行绿色发展、低碳发展、循环发展

绿色发展、低碳发展与循环发展是采取对环境友好的发展方式，以最小的成本获得最大的经济和环境效益，发展循环经济的过程，既是优化经济的过程，也是整个流域内污染减排的过程。从系统微观层次上来说，它包括在企业推行清洁生产，建立小循环模式，使每个企业在寻找对环境危害最小的原料替代上，在工艺流程、技术支撑、人员与设备配置、生产过程的管理上，都要立足资源的充分循环利用，构建企业绿色发展、集约发展的生产方式。从系统中观层次上说，它包括在湖泊流域内建立中循环模式，即建立生态工业园区和生态种植养殖园区。

（四）建立高原湖泊区域生态红线

中共中央十八届三中全会把划定生态保护红线作为改革生态环境保护管理体制、推进生态文明制度建设最重要、最优先的任务，结合《"生态保护红线、环境质量底线、

① 陈迎：《从安全视角看环境与气候变化问题》，《世界经济与政治》2008 年第 4 期。

② 董云仙、吴学灿、盛世兰等：《基于生态文明建设的云南九大高原湖泊保护与治理实践路径》，《生态经济》2014 年第 11 期。

资源利用上线和环境准入负面清单"编制技术指南（试行）》可知，划定生态红线是高原湖泊水环境治理和生态保护领域的重点工作，是维护区域生态安全和经济社会可持续发展的基础性保障。云南省发展和改革委员会等部门根据高原湖泊水环境保护和区域经济社会发展的需要，已编制《云南省生态保护红线划定方案》，划定了各湖泊的生态保护红线，即高原湖泊及牛栏江上游水源涵养生态保护红线。该区域位于云南省中西部，地势起伏和缓，涉及昆明、玉溪、红河、大理、丽江等5个州市，面积为 0.57 万平方千米，占全省生态保护红线面积的 4.81%，是云南省构造湖泊和岩溶湖泊分布最集中的区域。区域内已建有云南苍山洱海国家级自然保护区、金殿国家森林公园、抚仙—星云湖泊省级风景名胜区、石屏异龙湖省级风景名胜区等保护地。

以湖泊流域为单元，根据发展维护生态底线、保护为发展留下空间的思路，统筹兼顾经济、资源、环境、生态四个领域的重大问题，建立区域生态红线体系，把它作为高原湖泊治理、优化区域发展的关键内容。在生态红线及其保护区域中，以湖泊保护要求的生态功能进行统领，统一管理体制和运行机制，避免由于机制体制等原因而出现实际操作中以追求经济效益为第一目标，旅游开发远重于自然保护，以及生态破坏等常见现象。同时，建立高原湖泊流域生态红线控制区与其他发展区域利益共建共享机制，构建横向生态补偿机制，为持续维护生态贡献提供机制和体制保障。

（五）基于系统工程思路，跳出湖泊解决湖泊问题

习近平总书记强调，"环境治理是一个系统工程，必须作为重大民生实事紧紧抓在手上"[①]。按照系统工程的思路，想要从湖泊中持续获得自己需要的各种资源和享受优良的水环境，必须实现人与湖泊的和谐相处。维持湖泊的生态系统健康是人湖和谐的底线；通过休养生息，降低湖泊的生存压力，促进湖泊的自我修复，是湖泊治理的基本出发点。

在高原湖泊治理中，正确处理好经济社会发展与环境保护的关系，贯穿如下系统工程的思想十分重要：

第一，要减压发展。坚持保护优先，离湖建设，借湖发展，湖泊流域保护要从源头查问题，从根子上抓治理。控制湖泊流域城市人口和产业（特别是旅游、养殖）发展规模及化肥、农药的使用，调整产业结构，转变生产方式和经营方式，合理整合布局产业，实现经济与生态建设的协调发展；制定流域生产、生活、生态空间开发管制界限，严格控制新增污染性的建设项目用地规模，严控临湖开发搞旅游，逐步实施湖周边部分

---

① 《习近平北京考察工作：在建设首善之区上不断取得新成绩》，《人民日报》2014 年 2 月 27 日。

自然村搬迁安置工程。

第二，要优化发展。根据湖泊休养生息和未来湖泊提质保护的需要，适当扩大保护范围，根据划定的高原湖泊及牛栏江上游水源涵养生态保护红线，加大离湖功能区的配套建设。在总体规划、项目布局、项目选址上，尊重自然规律和经济发展规律，充分考虑湖泊水资源和流域土地资源的承载力，充分考虑水环境敏感性和环境容量。例如，滇池治理就要充分认识全流域经济社会发展的环境容量和整体优化布局的问题；大理洱海东部区域的开发建设首先要服从于洱海保护的需要，立足长远，科学规划，稳妥慎重；泸沽湖的旅游开发应着眼整体规划，系统设计，尽量离湖搞建设，实现环境负荷减量化，避免造成新的破坏。

第三，要清洁发展。在知识经济的时代，以信息、知识、服务创造财富，是云南省经济社会发展对中心城市昆明最主要的需求。因此滇池流域内的昆明市从区域水环境容量和省会城市的功能需要出发，打造和提升城市功能，寻找发展新动力，如面向东南亚、南亚形成区域性的国际商贸城市，面向云南社会经济发展形成信息中心、金融中心、管理中心、社会服务中心；面向西南成为重要的高新技术产业孵化中心、科教文化基地；面向全国和世界旅游市场塑造特色，以山光水色、人文风情、历史文化铸造旅游精品，形成国内外重要的旅游休闲基地。洱海流域的大理市利用自身区位优势，借助旅游知名度，发展成为面向滇西的科技产业孵化中心，吸引优势企业发展现代生物产业和高端 IT 行业，以减少传统工业、农业和产业转移带来的污染。

第四，要跨越发展，调整与高原湖泊治理相关的经济社会发展的战略布局，抓好源头预防、过程控制和末端治理三个环节，全力推进湖泊水环境治理工作。

四、云南省高原湖泊治理模式与推广

《"十三五"生态环境保护规划》进一步强化了生态环保建设这一重要主题，提出要加大环境治理力度，实施最严格的环境保护制度，强调了水生态保护的重要性。在推进山水林田湖草生态保护与修复工程时，突出"一湖一策"，根据不同湖泊水环境质量现状和富营养化阶段，以问题为导向，按照预防、保护和治理三种类型分类施策。

（一）水质优良型湖泊实行预防措施

对水质优良的抚仙湖和泸沽湖，通过划定生态保护红线，坚持预防为主、生态优先、保护优先，以环境承载力为约束，突出流域管控与生态系统恢复，严格控制入湖污染物总量，维护好生态系统稳定健康，实行最严格的保护，确保水质稳定。

玉溪市紧紧围绕稳定保持抚仙湖Ⅰ类水质的目标，始终坚持"五个坚定不移"，大力实施抚仙湖综合保护治理三年（2018—2020 年）行动计划，保持定力、聚焦问题、精准施策；着力实施关停拆退、环湖生态建设、镇村两污治理、面源污染防治、入湖河道综合整治、城镇规划建设、产业结构调整、新时代"仙湖卫士"八大行动，扎实开展突出问题整治的"百日雷霆行动"，以最严格的组织领导、最严格的保护措施、最严格的执法监督、最严格的责任追究，全力打好新时代抚仙湖保卫战。

　　（二）轻度污染型湖泊实行保护措施

　　对受到轻度污染的洱海、程海及阳宗海，通过产业结构调整、农业农村面源治理及村落环境整治、控污治污、生态修复及建设等措施进行综合治理，强化污染监控和风险防范，全面提升水环境质量，主要入湖污染物总量基本得到控制。

　　2016 年 12 月，云南省委、省政府做出"采取断然措施、开启抢救模式，保护好洱海流域水环境"的重大决策，大理白族自治州全面打响洱海抢救性保护治理攻坚战，采取一切措施，实行最严格的保护制度，加快实施流域"两违"整治行动、村镇"两污"整治行动、面源污染减量行动、节水治水生态修复行动、截污治污工程提速行动、流域执法监管行动、全民保护洱海行动等七大行动，实现了 148 千米环湖岸线和 29 条入湖河流岸上、水面、流域网格化管理全覆盖，基本遏制了入湖污染负荷快速增长的势头和水质下降趋势，水质指标上升幅度有所减缓，洱海水环境功能得到恢复，水质总体保持稳定。2018 年 1—5 月洱海水质为Ⅱ类，6—10 月为Ⅲ类，洱海水质年内为 6 个月Ⅱ类。随着流域截污体系的闭合运行、农业面源污染综合防治等的不断实施，河流入湖污染负荷逐渐减少，较 2017 年同期减少 750 吨，减少 16.5%。

　　（三）污染较重湖泊实行治理措施

　　对污染较重的滇池、星云湖、杞麓湖、异龙湖，采取全面控源截污、入湖河道整治、农业农村面源治理、生态修复及建设、污染底泥清淤、生态补水等措施综合治理，使入湖污染负荷得到有效控制。滇池水体水质为劣Ⅴ类，由于地处重要的经济、政治、文化中心，故滇池水环境问题是云南省生态建设和可持续发展中的关键问题。"十一五"以来，科学诊断，系统分析，寻找滇池治理存在的问题，从全流域生态系统的角度，把点源治污、面源减负、底泥清理与恢复湖泊生命特征有机结合起来，把污染治理、生态修复与全流域经济发展方式的改变和调整结合起来，把区域经济社会发展规模、方式与全流域水资源承载力及水环境容量有机结合起来，真正把滇池治理融合到经济社会发展中。

滇池治理持续推进环湖截污等"六大工程"建设，2016 年，国家考核组对滇池流域开展 2015 年度考核，流域内 33 个考核断面中，有 21 个达标，断面达标比例达63.6%。经过多年的艰苦鏖战，虽然取得了一些成绩，但治理成效依然不尽如人意。

昆明市全面启动滇池保护治理三年攻坚行动，湖体水质不断改善，已由重度富营养转变为中度富营养，主要河道综合污染指数下降，蓝藻水华程度持续减轻，水华暴发时间推迟、周期缩短、频次减少、面积缩小、藻生物量减少，流域生态环境明显改观。云南省将继续推进滇池流域生态修复，加大调水力度，实施氮磷控制。优先对北部流域实施控源截污和入湖河道整治，取缔滇池机动渔船和网箱养鱼，实施退耕还林还草、退塘还湖、退房还湿，推广生物菌肥、有机肥和控氮减磷优化平衡施肥技术。滇池治理正在走出一条重污染湖泊水污染防治的新路子，为深化中国湖泊水污染防治提供了有益借鉴。

五、"十三五"期间高原湖泊的治理

（一）治理成效

"十三五"期间，云南省严守生态保护红线，实现以九大高原湖泊为重点的水环境质量持续好转，编制实施的云南省九大高原湖泊流域水环境保护治理"十三五"规划突出"一湖一策"，分类施策，"一湖一法"，以做好九湖流域水环境保护工作，成为云南省争创生态文明建设排头兵的表率，在湖泊治理和管理中取得了显著成效。

滇池保护治理进入攻坚阶段，根据《滇池流域水环境保护治理"十三五"规划（2016-2020 年）》，以提高水环境质量为核心，以"区域统筹、巩固完善、提升增效、创新机制"为方针，实现"山水林田湖"综合调控，重点开展深化产业结构调整，完善治污体系，构建健康水循环，修复生态环境，创新管理机制，加强科技支撑与发动全民参与7个方面工作。该规划的目标是，到2020年，滇池湖体富营养水平明显降低，蓝藻水华程度明显减轻（外海北部水域发生中度以上蓝藻水华天数降低20%以上），流域生态环境明显改善，滇池外海水质稳定达到Ⅳ类（COD≤40毫克/升）。监测结果表明，九湖水质总体保持稳定，主要入湖污染物总量基本得到控制，重污染湖泊水质恶化趋势得到遏制，主要污染指标呈稳中有降的态势。抚仙湖和泸沽湖总体水质保持Ⅰ类，洱海水质在Ⅱ类和Ⅲ类之间波动，截至 2017 年第一季度，水质已经稳定为Ⅱ类；阳宗海水质在 2015 年为Ⅳ类，到 2016 年至今，已经稳定恢复至Ⅲ类水质；程海水质一直维持在Ⅳ类（pH、氟离子除外），星云湖、杞麓湖、异龙湖 3 个湖泊水质虽为劣Ⅴ类，但水质恶化趋势得到遏制，主要污染指标有明显改善；原先污染严重的滇池的主要污染指标浓度大幅度下降，在 2016 年，草海和外海水质总体均由原来的劣 V 类转变为 V 类地表水质，滇池水质二十年来首次从劣 V 类上升为 V 类，改变了全国倒数第一名的历史。在 2017 年第一季度，滇池外海稳定为 V 类地表水质，草海则稳定达到 Ⅳ 类水质（总氮除外）。

（二）高原湖泊治理的经验与启示

第一，健全的法规规章提供了政策保障，实现依法保护。为了能够对九湖加强保护，针对各湖的情况，制定了相应的保护条例，形成"一湖一法"，这些条例的颁布实施，在湖泊保护中发挥了法律效力。1998 年云南省昆明市颁布了《滇池保护条例》，2013 年《云南省滇池保护条例》作为省级地方性法规正式颁布实施，提升了《滇池保护条例》法律层级。2010 年《昆明市河道管理条例》正式颁布实施，强化了河道管理，并将河（段）长责任制纳入法律法规。各种法规规章为滇池流域水污染防治工作提供了有力的政策保障。针对滇池当前湖滨带管理存在的问题及迫切需要解决的问题，在2016 年 3 月 21 日，在昆明市人民政府第 111 次常务会议上，通过了《昆明市环滇池生态区保护规定》，并于 2016 年 6 月 1 日起实施。

第二，健全机构体制保障，完善湖泊治理长效机制。云南省成立了九大高原湖泊水污染综合防治领导小组，成立了由省级领导和专家组成的水污染防治专家督导组，加强对流域水环境治理工作的统筹协调。省委、省政府领导多次开展九湖治理工作调研，对九湖治理工作及时做出指导，省市各级政府每年召开湖泊水污染防治的工作会议，由主要领导直接部署，现场推动，及时解决湖泊保护治理工作中的重大问题。

云南在九湖流域全面推进"省州市监察、县市区监管、单位负责"的环境监管网格管理，实现监管责任全覆盖，对污水直排的单位"零容忍"。此外，全面加强九湖流域水环境监测网络体系、生态环境监测网络、监控预警系统、流域水环境数据中心建设，建立数据集成共享机制、流域水环境综合管理平台和流域水环境管理决策支持系统，逐步形成九湖保护与治理的长效管理机制。

第三，严格目标责任考核制度，保证湖泊保护措施的到位。2017 年底，云南省、州（市）、县、乡镇、村五级河长和省、州（市）、县三级河长制办公室组织体系全面构建，省、州（市）、县党委副书记担任总督察，人大、政协主要负责同志担任副总督察的三级督察体系全面建立，河长制、湖长制覆盖全省 7127 条河流、41 个湖泊、7103座水库、7992 座塘坝、4549 条渠道。云南在河长制、湖长制组织责任体系全面建立后，即把九大高原湖泊保护治理作为湖长制工作的重中之重。

为确保滇池"十二五""十三五"规划的实施和项目的落实,建立了从省到市的多层次领导协调机构,签订了省、市、县、区及有关部门和相关企业的目标责任书,明确了区域内各级政府、相关部门责任,按照"科学治水、铁腕治污"的要求,层层落实责任,严格考核,严肃问责,极大地推动和保障了滇池水污染防治各项工作,为规划的顺利实施提供了有力的支持保障。

第四,构建科技攻关技术支撑体系,实现湖泊治理科学决策。在湖泊治理中,要积极吸纳国内外水污染治理的专家和技术人才,依托于国家重大科研项目成果,以及国内外先进治理技术和经验,针对每个湖污染成因,针对性地制定湖泊科学治理的策略、规划和方案。滇池治理作为国内外共同破解的难题,得到了国际社会的经验、技术、资金等多方面支持;德国、瑞士、芬兰等国家先后在滇池治理上提供了技术支持。国内针对滇池的科技研究起步较早,早在20世纪80年代初滇池水质开始出现恶化趋势时,便对滇池的水生生物进行了调查研究,对滇池生态系统的脆弱性进行了初步评价。随着滇池污染和富营养化程度的加重,在国家和省、市政府高度重视下,先后开展了国家"七五"、"八五"、"九五"和"十五"科技攻关项目,着力于滇池污染源、富营养化成因、藻类生长规律、饮用水源地保护、面源污染控制技术及蓝藻水华控制等方面的研究,形成了滇池面源污染与蓝藻水华控制的成套技术等一系列污染综合治理及富营养化控制技术。"十一五"和"十二五"期间,国家"863计划"、"973计划"及"水体污染控制与治理科技重大专项"以实现滇池流域水污染与富营养化控制为目标进行了大量的研究和技术示范,提供了一整套城市污水处理、污水处理厂提质增效、河道综合治理、面源治理、湖滨带生态修复、底泥清除等技术并进行了工程示范。

第五,坚持保护优先,湖泊生态功能不断提升。坚持预防和保护优先,同步治理。把维护湖泊生态系统完整性放在首位,划定生态红线,严格控制开发利用对湖泊生态环境的影响。通过湖滨区"四退三还"、湖滨湿地恢复与建设、入湖河道综合整治、退耕还林、面山植被恢复、小流域综合治理等生态措施和工程措施,加强管理,九湖流域森林覆盖率逐步提高,水源涵养、水土保持、生物多样性维持等生态功能持续增强,河流生态廊道体系逐渐完善,湖滨带土地利用格局等进一步优化,为湖泊保护构筑了坚实的绿色屏障。

第十一章 云南高原湖泊治理模式与推广

第一节 云南高原湖泊的特征

一、自然地理影响

（1）地理位置。云南省地处我国总体地势格局的第二阶梯，高原湖泊分布在海拔1200—3200米，最高可达4200米。按地理位置，主要集中在中部、西部和南部。处于金沙江、珠江、红河和澜沧江四大水系的分水岭。湖泊全为外流型，水源补给依靠地表水和地下水。全省大小湖泊共40余个，湖泊面积1000多平方千米，占云南省总面积的2%。其中，滇池、洱海、抚仙湖、程海、泸沽湖、杞麓湖、星云湖、异龙湖、阳宗海为云南九大高原湖泊。

云南高原湖泊水资源储量受地理因素影响明显。云南省地处高原，坝平地仅占全省面积的6%，众多河流地处高山峡谷，地高水低，同时又多位于水系分水岭地带及河流的上游地区，可利用水资源有限。以昆明市为例，昆明市人均年径流量仅320立方米，远低于全国平均水平。

（2）形成原因。云南地处印度板块与欧亚板块碰撞结合带的东部边缘，地质构造复杂，分布有冰蚀洼地湖、喀斯特湖、火山湖、断层陷落湖等类型。但受区内断裂构造及发育的影响，云南高原湖泊以断陷湖为主，呈现出长条状，且以南北向延伸居多，湖

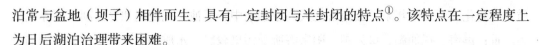

泊常与盆地（坝子）相伴而生，具有一定封闭与半封闭的特点①。该特点在一定程度上为日后湖泊治理带来困难。

（3）气候因素。云南高原湖泊的水来源主要为雨水，因此降水量大大影响着湖泊蓄水量。云南虽然处于亚热带季风气候带，但是由于地形的原因，降水偏少。2013—2017年，云南省年降水量维持在1000毫米左右，远低于雨水相对充沛的省份。季风偏弱是导致云南降水持续偏少的一个原因。西南夏季风携带的水汽是云南地区降水水汽最重要的来源，目前对季风变化的监测表明，近年来西南夏季风出现持续偏弱的现象，导致云南水汽条件相对较差。

西南暖湿气流和北方冷空气在云南的"相遇"是云南地区大范围强降水天气发生的主要环流形势。由于云南位于青藏高原向东延伸部位的低纬高原地区，故只有路径偏南、强度较强的冷空气才会对云南造成影响。2009年以来，一方面是北方冷空气偏弱、路径偏北偏东，西南水汽输送偏弱、路径偏南；另一方面是冷空气和西南暖湿气流影响云南区域的时间经常不同步，在有冷空气影响时水汽条件较差，而水汽条件较好时又无冷空气影响，从而导致云南降水偏少。此外，近年来全球变暖，大气环流和全球性气候偏干化共同作用，全年太阳直射时间偏长，海拔高，蒸发量大，导致云南高原湖泊的水来源较其他地区少且流散多。

（4）植被覆盖率。云南植被覆盖率高，起到了固定水土的作用，但保护不当，对湖泊生态环境造成了影响。2018年，云南森林面积为2311.86万公顷，森林覆盖率为60.3%。全省共有自然保护区161个，自然保护区面积286万公顷。其中，国家级自然保护区21个，省级自然保护区38个。但是由于开发意识落后，方法不完备，在进行湖泊开发时乱堆废渣，破坏湖泊径流内、湖周的森林植被，造成严重的水土流失。湖泊水位急剧变化，湖床抬高，湖面缩小，湖水变浅，库容量减少，湖水理化性质和水环境条件变坏，水体的使用价值和实用性降低，影响了水生生物的生存，改变了水生生物群落结构，以及水生植物、鱼类种群结构及其他水生生物的平衡值和优势度，从而危及湖泊的自身生存，导致了部分湖泊的消亡。

二、经济活动影响

随着人口增加、工业发展、城市化加剧和化肥、农药使用量的增加，云南省高原湖泊及重点流域水体污染，水中污染物质富集，水土流失面积增大，富营养化程度高，水

---

① 李春卉、张世涛、叶许春：《云南高原湖泊面临的保护与开发问题》，《云南地质》2005年第4期。

质日趋恶化。近 20 年来，云南省九大高原湖泊中，滇池、杞麓湖和异龙湖富营养化最为严重；洱海、抚仙湖、星云湖、阳宗海所受污染较轻，水质相对较好，但有污染加重的趋势；泸沽湖、程海基本未受到工业污染，周围人口分布较少，相对而言，水质较为清洁。2005—2018 年云南省九大湖泊水质质量总体情况如表 11-1 所示。

表11-1　2005—2018年云南省九大湖泊水质质量总体情况

年份	滇池	洱海	抚仙湖	星云湖	杞麓湖	阳宗海	程海	泸沽湖	异龙湖
2005	Ⅴ	Ⅲ	Ⅰ	Ⅳ	Ⅴ	Ⅲ	Ⅲ	Ⅰ	Ⅴ
2008	Ⅴ	Ⅱ	Ⅰ	Ⅴ	Ⅴ	Ⅱ	Ⅲ	Ⅰ	Ⅴ
2012	劣Ⅴ	Ⅲ	Ⅰ	Ⅴ	Ⅴ	Ⅲ	Ⅲ	Ⅰ	劣Ⅴ
2014	Ⅴ	Ⅲ	Ⅰ	劣Ⅴ	劣Ⅴ	Ⅳ	Ⅳ	Ⅰ	劣Ⅴ
2018	Ⅴ	Ⅱ	Ⅰ	劣Ⅴ	Ⅴ	Ⅲ	Ⅳ	Ⅰ	Ⅴ

资料来源：《云南高原湖泊调查②：云南九大高原湖泊污染现状及原因》，http://m.sohu.com/a/299415998_120055247（2019-03-06）

（一）土地开发模式不合理

早期云南进行高原湖泊开发过程中，生态观念缺乏，环境意识低下，盲目追求眼前经济效益，轻视自然规律，对高原湖泊造成严重影响。"围湖造田""放水涸田""放水发电""酷渔滥捕"等现象屡见不鲜，人为地干预湖泊的自然生态平衡。加之把天然湖泊当作湖区流域的天然纳污点、纳污场，长期肆意排放工业"三废"、农业污水（主要是农药、化肥、血防剂）和生活污染物，排污量大，污染严重，致使很多湖泊正处于富营养化的过程中。

（二）粗放经营的生产活动带来了新污染

九大高原湖泊周围诸如旅游业等产业大肆铺开，经营方式粗放，主要集中在餐饮服务和住宿上，没有配套排污净水系统，同时，随着休闲旅游业的扩张，产生的污染物日渐增多，形成"边治理，边污染"等不良状况。

此外，由于特殊地质结构，云南高原湖泊周围往往蕴藏丰富的磷矿资源，磷矿山开采和磷化工企业严重影响湖泊水质。例如，抚仙湖、星云湖、杞麓湖三湖流域的矿山开采与磷化工企业，首先会造成地表植被破坏，在暴雨径流冲刷下，表土被侵蚀后随地表径流汇入湖泊；其次，磷化工企业生产的原料、废渣以露天方式堆放，暴雨季节同样经地表水进入湖泊；最后，磷矿企业大量废弃物通过干湿沉降以尘土降水方式进入湖泊，污染水质。

（三）产业结构不优化，不利于湖泊水质提升

各湖泊水域周围产业分布不合理，资源牺牲型开发模式阻碍湖泊水质保护与治

理。云南高原湖泊流域三产结构普遍呈现出高肥农业经济作物种植、禽类养殖比重大、高污染开采、化工工业分布普遍、新兴资源环境友好型第三产业未建立的特征。服务业发展滞后，先导作用不突出，加之农民生态意识淡薄、绿色和有机农产品市场没有获得开发等原因，使周边产业发展不仅没有带来高经济效益，反而使资源环境"负债累累"。

（四）人口分布稠密，疏解措施难以推进

河流是人使用水资源最主要的来源，因此人口密度和增长速度影响着河流的使用量。人口增长不仅加剧了供水负担，也增加了污水的排放量，日益密集的城市人口群落使云南生产、生活用水供需矛盾日益加大，污水处理负担增重。

三、云南高原湖泊的生态特点

云南高原湖泊表现出很强的生态脆弱性与高社会经济价值并存的特征。一方面，由于高原山地地形气候影响，湖泊补给水源少、水体交换速率慢、自净能力差，高原湖泊比东部平原湖泊具有更脆弱的生态系统[①]。另一方面，湖泊的多层次生物结构相较于其他生态系统更具丰富性，同时由于高原湖泊的独特自然地理环境，云南九大高原湖泊孕育了许多珍稀土著物种，发挥重要的生产、生活等社会经济功能。滇池金线鱼、抚仙湖抗浪鱼和白鱼、星云湖大头鲤等都是云南省珍稀鱼种，但随着人们对湖泊的过度开发、流域内植被被破坏、湖滨湿地被围垦，栖息、产卵于湖滨浅水区的鱼类和其他生物减少，生物多样性下降，植被群落结构变化，直接影响湖泊生物资源的自然增殖和生存。表 11-2 为云南九大高原湖泊生物变化与主要功能。

表11-2　云南九大高原湖泊生物变化与主要功能

湖泊名称	水系	主要生物及其变化	主要功能
滇池	金沙江	因水质恶化，滇池内植物种类由44种减少到28种。优质水草海菜花急剧减少，沿岸菱草及一些名贵的土著鱼种锐减；大型经济鱼类数量减少，鱼类质量下降，死鱼现象时有发生	饮用水后备水源、工农业用水、维护生物多样性、调蓄水资源、旅游观光、调节气候、防洪减灾
洱海	澜沧江	洱海的水位下降，使土著鱼种如弓鱼、大眼鲤、四须鲃鱼等失去了产卵场所，丧失繁衍后代的条件。加上过度捕捞等原因，洱海著名的弓鱼濒临绝种，冰雪鱼、油鱼已基本绝种	生活饮用水、工农业用水、旅游观光、维护生物多样性、调蓄水资源、调节气候、防洪减灾
抚仙湖	珠江	抗浪鱼曾经是抚仙湖的主产鱼类，最高年产达500吨，约占全湖总鱼产量的80%，被列为云南省三大名贵鱼类之一。但近10年来，由于滥捕、外来鱼种的影响和抚仙湖局部环境恶化等原因，抗浪鱼数量急剧下降	

[①] 李春卉、张世涛、叶许春：《云南高原湖泊面临的保护与开发问题》，《云南地质》2005 年第 4 期。

湖泊名称	水系	主要生物及其变化	主要功能
程海	金沙江	程海水生大型植物种类缺乏，能形成群落的植被类型仅有红线草和狐尾藻两种，缺少浮叶植物群落、挺水植物群落和湿生植物群落。藻类植物种类175种，植物种类组成结构特点是以硅藻、绿藻、蓝藻为主；数量结构特点则是蓝藻占绝对优势，表现出典型的富营养化蓝藻型特征。土著鱼种16种，产鱼量日趋减少	工农业用水、调节气候、维护生物多样性、调蓄水资源、调节水陆系统、旅游观光、防洪减灾
泸沽湖	金沙江	泸沽湖的水生植物种类和数量之丰富在全国高原湖泊中少见，水生维管束植物丰富。大型水生植物分布面积约为263.26公顷，占湖泊总面积的4.7%。沉水植物分布面积占96.1%，浮叶和漂浮植物分布面积占2.7%，挺水植物分布面积占1.2%。水量充沛，水质极好，4种原生鱼种，3种特有鱼种	生活饮用水、旅游观光、维护生物多样性、调蓄水资源、调节气候、农业用水
杞麓湖	珠江	原有鱼类区组成比较简单，其组成为杞麓鲤、大头鲤、云南鲤、星云白鱼杞麓亚种、乌鲤等10种土著鱼类。近年土著经济鱼类产量大为下降，大头鲤、鳡鱼几乎绝迹，乌鲤、杞麓鲤、翘嘴鲤、云南鲤、白鱼等名贵经济鱼类已濒临灭绝	工农业用水、维护生物多样性、调蓄水资源、调节水陆系统、旅游观光、调节气候、防洪减灾
星云湖	珠江	由于水质恶化，湖泊生物多样性受到严重破坏。星云湖特有的"江川大头鲤"已经非常稀有，大型水生生物急剧减少，种群结构向不良方向发展，沉水植物和挺水植物近年来大量消亡，藻类数量急剧增加，鱼类品种单一，水体的生物调控能力下降，生态系统失衡，富营养化问题突出，对湖泊水功能产生了严重的影响	
阳宗海	珠江	由于人为活动及过度开发，自然植被遭受严重破坏，目前生长的次生物种多为云南松、华山松、旱冬瓜、桉树、柏树、杨树等混交林及灌木林	
异龙湖	珠江	20世纪60年代中期，水位下降，破坏了鱼类产卵场所，有名的土著鱼种拟嫩、异龙白鱼、花鱼相继灭亡。1981年全湖干涸后，鱼类几乎绝迹，复水后，沿湖塘坝提供了鱼类种源，其中鲫鱼生长繁殖较快，逐渐形成优势种群	

注：表格由作者收集整理绘制

第二节　云南高原湖泊治理模式

云南省委、省政府在进行高原湖泊治理时，始终秉承保护环境就是保护生产力的理念，主动融入国家发展战略，全面推进蓝天、碧水、净土"三大保卫战"。

一、昆明滇池治理

（一）治理历程

对滇池的全面大力治理从 2004 年就开始铺开，从生态研究、学科建设的理论指导体系建设，到具体实施保护工程一条线并行实施，一直持续至今。2004 年专门为推进滇池保护治理而成立昆明市滇池生态研究所，至此之后一直专注于滇池水污染防治与生态保护等工作，竭尽所能为滇池保护与治理提供技术支持。2013 年，《云南省滇池保护条例》发布，国家水专项"滇池流域农田面源污染综合控制与水源涵养林保护关键技术及工程示范"课题获得立项。截至 2018 年，来自云南大学、云南环境科学研究院、云南省农业科学院、云南农业大学、中国科学院大学等多家单位的 160 多名科技人员组成的课题组开展技术攻关，实现流域万亩工程示范区农田污染物排放总量减少 30%以上，农村与农业固体废弃污染物排放量削减 25%，面山水源涵养能力提高 20%以上。

（二）政策导向

滇池治理一直是昆明市政府生态环保工作的重心。近年来，昆明市把治理滇池作为"头等大事"与"头号工程"，并出台了一系列重大措施，"九五"以来，国家连续5 个五年规划将滇池流域水污染防治纳入重点流域治理规划。昆明市委、市政府把滇池保护治理作为"一把手"工程，强力推动滇池保护治理工作向纵深发展。始终遵循"以水定域、量水发展、科学治理、系统治理、严格管理、全民参与"的基本原则，综合运用工程技术、生物技术、信息技术、自动化控制技术等多种技术手段，创新治理方式和管理方式。

（三）技术方案

采用就近原则，利用其他水域资源实施补水工程，促进滇池"换水"加速。牛栏江—滇池补水工程是一项水资源综合利用工程，其重点任务是向滇池补充生态水量，改善滇池水环境，利用盘龙江河道向滇池输水，引水流量为 23 米^3/秒，在牛栏江的作用下，滇池水质整体置换周期减少一年。

建立农田面源污染综合控制示范区以降低污染。针对滇池流域湖盆区农田面源污染产生输移的特点，云南省建立了总面积约 9.35 平方千米的控制示范区，通过作物布局调整、节水减肥和废弃物循环利用，提高节水灌溉、农田水肥利用效率，降低污染负荷输出通量。目前，这一示范工程完成减污技术推广 10 000 亩，建设生态渠道 15 580 米，生态积水潭 77 个、积水窖 390 个，田间堆沤池 450 个，农药袋收集池 150 个，农田尾水收集处理系统两个，可推广扩大应用区域。

此外，从理论和科技上给予了滇池治理更强有力的支撑。2019 年，昆明市机构编制委员会批复挂牌成立昆明市滇池高原湖泊研究院。该研究院的成立为滇池治理污染防治与保护提供了科研平台，实现了国内外科技力量共同建设智库，引进了新的技术实验和应用示范，使得科技成果和治理方案有了实践和验证的途径。

（四）治理效果

首先，污染物的数量得到了有效控制。2012—2017 年，通过示范工程的实施，滇池流域晋宁区安乐、观音山与柳坝及大板桥示范区的污染物重铬酸盐指数（CODcr）、总氮、总磷、污水排放悬浮物去除率为 35.97%、41.14%、40.31%、51.0%，农田氮磷化肥利用率提高 6.5% 以上，肥料施用量降低 31%—35%，化学农药投入量减少 42.1%—50.24%，肥料和农药成本投入减少 21.5%—45%，农业废弃物资源化和无害化处理利用率达到 92.5%—95%[①]。

不仅如此，叶绿素浓度、富营养指数均有所下降，水质也进一步提高。截至 2019 年 1 月底，根据生态环境部公布的 2018 年国家地表水评价考核断面水质监测情况，滇池全湖叶绿素 a 浓度均值由 2014 年的 72 微克/升下降至 47 微克/升。草海、外海、全湖综合营养状态分别由 2014 年的 71.75 毫克/升、64.67 毫克/升、66.59 毫克/升下降至 58.24 毫克/升、57.35 毫克/升和 57.63 毫克/升，这也是滇池综合营养状态指数首次下降至 60 毫克/升以下。滇池草海、外海水质从 V 类变为 IV 类，全年仅有 1 天发生重度蓝藻水华，发生中度以上蓝藻水华的时间共计 6 天，与 2010 年相比减少了 131 天。滇池治理"三年攻坚战"成效初显。

二、大理洱海治理

（一）治理历程

对洱海的治理经历了从控制污染到综合治理的转变。期初，对洱海的保护和治理的工作重点放在工业污染治理、城市污染治理和水体本身的修复上，主要是依赖工程技术防治。然而这样的方式未能从整个流域角度进行有效治理和生态环境保护。从"九五"开始，洱海治理的思路转变为综合治理。"十一五"进一步提出"围绕'一个目标'、体现'两个结合'、实现'三个转变'的思路"，治理工作突出"四个重点"，坚持"五个创新"并全面实施洱海保护治理"六大工程"。2002 年 9 月，共实现"退塘还湖"4444.5 亩，"退耕还林"7274.52 亩，"退房还湿地"616.8 亩。2009 年，用于农业面源污染综合治理资金达 2000 多万元[②]。2015 年 10 月 11 日，大理白族自治州批复投资 45 亿元，开始财政部第二批 PPP（public-private partnership，政府和社会资本合作）示

---

① 《科技攻关助力滇池污染防治》，《云南日报》2018 年 5 月 29 日。
② 项继权：《湖泊治理：从"工程治污"到"综合治理"——云南洱海水污染治理的经验与思考》，《中国软科学》2013 年第 2 期。

范项目——"环湖截污（一期）PPP 项目"。"十二五"期间，提出污染源系统控制、清水产流机制修复、湖泊水体生态环境改善的方案，对农业面源污染、水土流失、湖泊湖滨带生态修复、湖泊外围环境管理工程等方面有所建设。"十三五"开局，洱海保卫战打响，全面落实洱海保护治理各项措施，持续稳定改善洱海水质，坚持科学治湖和工程治湖，全面实施"六大工程"，加快推进环湖截污 PPP 项目，以工程性措施切实破解污水收集处理难题，重点截污治污、整治入湖河流、加强水资源统筹利用、优化空间布局、强化依法治湖。

（二）政策导向

洱海是云南省重要的高原城郊湖泊，是苍山—洱海风景名胜区的景区核心组成部分，也是大理市饮用水源地，然而随工业化和城镇化的不断发展和演变，大理旅游业的日渐壮大，洱海周边区域人口密度增加，经济增长和保护环境需要之间形成矛盾。国家对于洱海的治理也给予了很高程度的重视。2015 年，习近平总书记考察洱海时明确提出，"一定要把洱海保护好""让'苍山不墨千秋画、洱海无弦万古琴'的自然美景永驻人间"[①]。大理白族自治州在洱海流域实施"三禁四推"，按照"源头控制、过程阻断、末端消纳"的治理思路，开始了一场涉及生产方式、耕种习惯、思维模式、价值观念的深刻变革。

（三）方案技术

首先，引入针对性处理化学物质的技术和设备控制污染，整合现状探索新管理模式，为洱海及同类湖泊起到了建设性示范作用。当前洱海保护治理的两大瓶颈问题：一是流域低污染水净化体系缺失；二是洱海缓冲带生态空间被持续挤占，水质净化及生态功能严重受损。长期以来，洱海水环境质量明显表现出北部低于南部、西部低于东部的空间特征。影响水环境质量的主要污染物是总氮和总磷，污染物主要来源为农业面源污染和农村生活污染，两类合计各占入湖总氮和总磷的 60%。针对面源污染的问题，洱海治理引入农村生活污水脱氮除磷深度处理技术——FMBR 兼氧膜生物反应器技术，同时探索出了一种适合分散式污水处理设施的管理模式——"远程监控+4S 流动站"，实现了分散式污水处理设施真正落地的问题。FMBR 兼氧膜生物反应器设备已在大理百村项目中推广，在洱海流域 11 个乡镇 60 个村落污水处理点得到应用，大大助力了洱海保护，也为国内同类湖泊和农村分散式污水治理提供了装备和管理支撑。

---

① 《美丽中国贵在行动成于坚持》，《经济日报》2018 年 3 月 20 日。

此外，运用针对性低污染水处理技术和耦合技术处理湖水，根据不同缓冲类型建立特色缓冲带构建模式。针对洱海流域以农田径流为主夹杂村落径流、村落污水处理设施尾水等的典型低污染水处理净化难题，洱海运用以调蓄经济植物湿地为核心的低污染水处理技术，联合了多级经济湿地、水位水量智能调控、偶联灌溉等模块，选配净化能力强、耐水淹、经济效益好的土著植物构建了多级经济植物湿地，并耦合了强化脱氮除磷单元，智能截蓄径流中氮磷含量较高的低污染水，采用截蓄期高水位、处理净化期低水位的变水位方式运行，同时与洱海抽提灌溉设施偶联，强化了排水回用。针对在流域经济发展区与天然湖泊间形成协调衔接，洱海从湖泊流域层面出发，设立过渡区。依据洱海北部河流冲积扇型、西部山前坝区型、南部城镇堤岸型、东部山体陡岸型等缓冲带类型，从不同空间构建模式、污染管控强度、生态修复方式等方面形成了 4 类缓冲带构建模式，形成洱海保护生态屏障。

（四）治理成效

近年，洱海水质下滑趋势得到遏制，2018 年 Ⅱ 类水质月份比 2016 年增加了两个月。蓝藻水华滋生势头得到控制，全湖没有发生规模化蓝藻水华。湖内水生态发生积极变化，全湖水生植被面积达到 32 平方千米，占湖面的 12.7%，为近 15 年来最大面积。

三、澄江抚仙湖治理

（一）治理历程

抚仙湖的治理历经了法制建设、特色管理保护机制、参与国家项目综合治理的历程。1993 年 9 月 25 日起，《云南省抚仙湖管理条例》开始实施，使抚仙湖的保护治理正式步入法治化轨道。2008 年，澄江县开始了河段长责任制的探索，由政府部门领导牵头负责河道保护、治理、管护，建立起了责任明确、协调有序、监管严格、保护有力的河湖库渠治理管护机制，破解了河道治理管护难题。"十一五"期间，实施环湖文明走廊工程，开征抚仙湖资源保护费，建立入湖河道河段长负责制，星云湖—抚仙湖出流改道工程胜利竣工，抚仙湖东岸截污治污工程全面完成。"十二五"规划的过程中，对抚仙湖治理保护工作"探索建立水生态环境质量评价指标体系，开展水生态安全综合评估，落实水污染防治和水生态安全保障措施"，迅速遏制了污染加剧势头，成功使抚仙湖总体水质从 Ⅱ 类恢复为 Ⅰ 类。2016 年，澄江县抚仙湖径流区植被恢复治理工程入选国家第三批 PPP 示范项目。2017 年 12 月，玉溪市正式采取了"百日攻坚雷霆行动"，2018 年 3 月，玉溪市启动了抚仙湖综合保护治理三年行动计划，同时相继展开了雷霆行动第二阶段。

（二）政策导向

作为珠江源头第一大湖和占全国淡水湖泊蓄水总量的 9.16% 的我国最大的深水型淡水湖泊，抚仙湖的水质好坏直接影响整个珠江水系的水质，进而影响珠江流域的生态安全以及泛珠三角地区的可持续发展。云南省第十次党代会强调坚持绿色发展，不断推进生态文明建设，明确要求加强长江、珠江等六大水系和滇池、洱海等九大高原湖泊保护治理。明确抚仙湖战略性水资源地位，以山水林田湖草生态保护修复工程试点项目建设为重点，补齐生态环境保护短板，守住保持Ⅰ类水质红线，大力发展生态经济，加快产业转型升级。

（三）方案技术

全面有效控制流域内污染源（城镇与农村污水、垃圾收集处置）、水质劣Ⅵ类近 30 条入湖河流及湖滨入口等，确保抚仙湖污染物入湖量低于湖泊水环境承载力。以水环境承载力、主要污染物入湖总量减排与分配为核心，建立由流域、控制区和控制单元构成的三级控污水环境管理体系与模式；采取修复陆地水源涵养林、产业优化减排、村庄污染治理、低污染水净化、改善河流生态、修复湖滨缓冲带等措施，建立清水产流机制修复体系，排除污染，恢复水生态功能。

科学、有力、有序地调整抚仙湖径流区产业结构，做好生态修复、环境监管、湿地公园建设、体制改革、多元投资等工作。工程类措施与非工程类措施齐头并进。工程类措施主要在玉溪市东片区即"三湖"区域设立生态保护水资源配置应急工程，实施退人、退房、退田、退塘和还湖、还水、还湿地"四退三还"项目，建设抚仙湖北岸生态湿地，开展入湖河流污染治理与清水产流机制修复工程。非工程类措施主要是建立全流域综合管理体系与预警平台、全流域生态补偿机制、环境保护与防治投融资平台等。

持续做好水生态变化的监测、评估、预警工作，及时掌握藻类量、叶绿素等湖泊初级生产力表现，并采取科学有效的针对性措施。"十二五"期间，玉溪市持续做好抚仙湖保护治理工作以确保抚仙湖保持Ⅰ类水质，统筹了一套机构、搭建了两大平台、实现了三项突破、建立了四项机制、实施了五大工程，确保抚仙湖水质稳定保持Ⅰ类。抚仙湖生态环境与资源保护管理体制现阶段已达到国际国内先进水平，对国内其他湖泊保护治理产生了积极影响。

持续做好水质监测、评估、预警工作，及时掌握Ⅰ类水质向Ⅱ类水质下降趋势，并采取科学有效的针对性措施。一是建立清水产流机制，对抚仙湖面山 25°以上坡耕地全部退耕还林，并加大水源地综合整治力度，保证充足清水量入湖；二是建立联动执法机制，严肃查处各类违反《云南省抚仙湖保护条例》的违法违规行为；三是建立宣传教育机制，接受社会监督，调动社会参与力量；四是建立考核问责机制，制定严格的行政问责办法，落实抚仙湖保护责任①。

（四）治理成效

"十一五"期间，实施了 72 项环保工程和措施，抚仙湖稳定保持Ⅰ类水质。2016 年的 PPP 计划施行后，径流区森林覆盖率从 33.17%预计提高到 40%，植被覆盖率从 40.5%预计提高到 47.5%，每年可减少入湖泥沙约 2 万吨，有效提高了径流区森林水土保持、水源涵养生态功能。2017 年的雷霆行动中，玉溪退出了 10 家私营和个体单位，共退出面积 84.725 亩，拆除建筑面积 8033.5 平方米。2017 年雷霆行动后，全面完成了 10 个方面 100 个问题的整改，在企业关停拆退、环湖截污治污、面源污染防治、产业结构调整等方面取得了显著成效。2018 年 12 月 31 日，保卫抚仙湖雷霆行动第二阶段 48 个问题已全部整改验收销号。抚仙湖综合保护治理战果丰硕，截至 2019 年 2 月 20 日，已完成明星桔子园、矣旧空心砖厂迹地、海口青鱼湾沙滩、海口镇财政培训中心人工沙滩 4 家企业（单位）退出，退出土地面积 201.42 亩，拆除建筑面积 4702.5 平方米②。

四、江川星云湖治理

（一）治理历程

星云湖自 20 世纪 90 年代以来，由于工业、城镇生活、规模化畜禽养殖、水土流失等方面的污染及自净能力不足，水质持续下降。1993 年前，星云湖水质为Ⅲ类，2000年，蓝藻大规模暴发，2001 年为Ⅳ类，2002 年为Ⅴ类，2003—2016 年水质已为劣Ⅴ类，处于中度—重度富营养状态③，湖泊治理刻不容缓。"十二五"期间，星云湖南片区建成 1 万吨/日污水处理厂，完成了北片区和大街街道老污水处理厂管网扩建工程。沿湖村落和人口密集村落采用 A2O 一体化污水处理系统、潜流湿地收集处理。并在湖南

---

① 吴献花：《抚仙湖生态环境与资源保护管理体制的调查研究》，《玉溪日报》2017 年 6 月 22 日，第 011 版。
② 李丹：《以"退"还"净"——玉溪持续推进保卫抚仙湖雷霆行动》，《云南日报》2019 年 3 月 14 日。
③ 陈平芬：《玉溪市江川区星云湖保护治理工作浅析》，《环境科学导报》2018 年第 S1 期。

岸建设了一条截污沟，湖滨缓冲带近 5000 亩地种上滇朴、中山杉等树种，形成星云湖的三重防护。2015 年，星云湖总磷、总氮、营养状态指数分别较 2010 年降低 36.21%、8.18%、0.9%，水质恶化势头得到有效遏制；东西大河、大街河、渔村河 3 条入湖河流断面考核达标率 84.37%，较 2010 年全年均不达标大幅改善。"十三五"期间，江川区建设分散式污水处理系统和截污系统，对流域内未实现村落污水处理覆盖的 106 个村落生活污水进行收集处理并就地循环利用。建设农田生态库塘系统，对坝区 8 万余亩农田产生的灌溉回归水实施厌氧沉淀处理并就地循环用于农灌。建设环湖生态调蓄带，通过建设管道、泵站、水库等设施泵入水库蓄积用于农灌或经湿地、湖滨带、库塘进一步净化处理后入湖，确保不让一滴未经处理的污水进入星云湖①。

（二）政策导向

星云湖作为江川人民的"母亲湖"，是江川赖以生存的宝贵资源。江川区委、区政府历来高度重视星云湖的治理保护工作，牢牢坚持"生态立区"发展战略和"生态优先"发展思路不动摇，立足保护好星云湖就是保护好抚仙湖的战略高度，推进以星云湖治理保护为重点的生态建设。

（三）技术方案

星云湖积极实施"湿地+"模式，建设生态文明，调整产业结构。第一，实施星云湖"湿地+生态示范区"建设，大力实施农业产业结构调整。以星云湖国家湿地公园建设为契机，强化规划引领和生态空间管控，加强湖岸线管护，在星云湖一级保护区实施"四退三还"（退田、退人、退塘、退房，还水、还湖、还湿地）政策。第二，推进星云湖"湿地+项目"建设，加快星云湖环湖截污治污、污染底泥疏挖及处置、水体置换、农业高效节水减排、"两污"治理、基础科研等 15 项"十三五"规划项目的实施和其他非工程措施的落实。第三，推进星云湖"湿地+林业生态"建设，推进星云湖沿岸"森林江川"建设。对星云湖沿湖一级保护区内的湖滨湿地通过种植树木、更换树种等方式实施提升改造，提升湿地水质净化、水生态保护功能。使青山—绿水—湿地系统形成有机统一整体，实现山湖同保。第四，推进星云湖"湿地+河道治理"建设，提升入湖河道水质。全面推行河长制，探索利用 PPP 模式推进星云湖 12 条主要入湖河道治理，修复各河流清水产流机制。第五，推进星云湖"湿地+旅游"建设，建设知名的滨湖湿地旅游景区。以"渔耕文化、古滇青铜文化、江川民俗文化"为抓手，打造一个生

---

① 徐亚桔：《星云湖治湖之策》，http://www.yuxinet.cn/xw/zwxx/styxtp/3802764.shtml（2016-06-22）。

态与文化交融的开发模式。第六，推进星云湖"湿地+文化"建设，提升江川知名文化品牌。以青铜文化的品牌宣传、产品制造为基础，大力挖掘古滇青铜文化，抓好开渔节等节庆假日，充分利用好星云湖湖滨湿地景观，开展万人垂钓等活动，融合江川高原水乡文化、渔文化和水文化品牌，构建文化水乡名城。第七，推进星云湖"湿地+交通"建设，构建星云湖环湖交通网络。打造环星云湖自行车赛道、马拉松赛道，把"湿地—游道—栈道—湖滨"结合起来，提升星云湖旅游景观服务功能。

（四）实施成效

星云湖治理先后实现了退田还湖、湖滨带生态修复、农业面源污染治理、河道综合治理、农村村落环境卫生综合整治等一系列工程和非工程措施转变发展方式，以开展星云湖国家湿地公园建设试点工作为载体，探索"湿地+"模式，实现山湖同保、水湖共治、产湖俱兴、城湖相融、人湖和谐治理模式①。在《星云湖流域"十三五"水环境保护治理规划》实施的 15 项治理工程中，已开工 13 项、开展前期工作 2 项，开工率86.7%，已完成投资 95 318 万元，已到位资金 37 683 万元，实现了星云湖流域村落环境综合治理全覆盖，在星云湖 8.98 平方千米、污染层厚度超过 50 厘米的重污染区清除污染底泥 728 万立方米并妥善处置，完成试疏挖 5000 立方米，完成入库投资 26 549 万元，综合治理成效显著②。

五、永胜程海治理

（一）治理历程

2006—2016 年，程海 pH、氟化物两项指标监测结果均为劣Ⅴ类。按程海水环境功能类别Ⅲ类考核，该水体为不达标水体，超标指标为化学需氧量，其余监测指标可达Ⅲ类水标准。2014 年，程海水质由Ⅲ类优质湖泊评为Ⅴ类。从"十二五"规划任务完成的进度来讲，程海是九大高原湖泊中落实省政府办公会和"十二五"规划最好的湖。2016 年，程海周边村落实施"一池三改"工程和沼气池建设工程。2017 年，开展抢救性保护程海九大专项行动，正式启动"风暴行动"。2018 年，启动程海水环境保护治理"十三五"规划项目，18 个项目开工 10 个，开工率为 56%，完

---

① 谭瑛：《星云湖"湿地+"模式 推进江川绿色发展》，http://www.rmlt.com.cn/2017/1017/500029.shtml（2017-10-17）。
② 《玉溪市江川区多措并举确保星云湖保护治理取得实效》，http://www.yndtjj.com/city/2018-07-18/153190896220100.html（2018-07-18）。

成投资 9426 万元[①]。

（二）政策导向

程海是永胜人民的"母亲湖"，也是资源富集的湖泊，这里是世界上仅有的三个自然生长螺旋藻的湖泊之一，盛产众多的土著鱼。但 2009 年以来，永胜持续干旱，程海水位下降。2017 年 2 月下降到 1496.81 米，比法定最低控制水位 1499.2 米下降了 2.39 米，蓄水量约 16.15 亿立方米。水位的持续下降和水量急剧减少引起了省、市各级领导和专家高度关心、关注，他们多次调研程海，站在更高处审视、研究、把脉程海的保护治理工作。面对目前的严峻形势，永胜已把保护程海作为当前最重要、最紧迫的工作任务之一。

（三）技术方案

首先，实施抢救性保护程海九大专项行动，强力推进产业结构转变升级，在天然湖螺旋藻生产基地启动程海沿湖螺旋藻企业退出程海一级保护区拆除工作，并在拆除区拆除的区域内种植了凤凰树、中山杉等绿化树苗，实施生态修复；进行"五退四还"工作，发动当地居民一起践行保护行动，重新发展产业，用更先进的管理和养殖技术，规划新的合作社，加强农业面源污染的控制；程海保护管理局取消了程海银鱼对外承包捕捞经营权，对银鱼实行集中捕捞，保护当地生态系统。

其次，将对湖泊的治理和大数据相结合，建立线上线下协同保护机制。程海治理全面启动"智慧程海"大数据建设平台，将信息技术运用到湖泊治理中。项目建设共分三期进行，目前完成的一期工程在沿湖 47 条入湖河道口、村庄沿湖线、沿湖螺旋藻养殖企业等重点区域安装了 71 个实时监控视频系统、1 个水质自动监测站、1 个中控中心。"智慧程海"综合管理系统采用中国移动互联网网络、"北斗"卫星定位系统。运用先进的传感器、光伏发电设备、基础云数据平台等技术，通过在流域和各水体内部署传感神经元，采集水位、水量、水质等数据，并对数据进行统计、分析、展示，最终实现程海湖泊大数据的高度联动，实时监测[②]，实现"科技治湖"的目标。

最后，强力推进面山修复专项行动。推进县城至程海绿色通道、程海环湖公路绿色走廊、程海湖滨林带、程海面山绿色屏障四大工程。在程海环湖公路两侧建成每边宽度不少于 20 米的绿化带，形成"春花、夏荫、秋果、冬绿"的景观。2020 年末建设完成

---

① 《永胜专题研究程海水环境保护治理工作》，http://www.isenlin.cn/sf_15ECA12EF8454021AE1313154D88F3DC_209_78D697FA971.html（2018-11-10）。

② 《程海保护进入"智慧治理"时代》，http://lijiang.yunnan.cn/system/2019/03/25/030235474.shtml（2019-03-25）。

湖滨保护带 609.12 亩；秦家河保护带 97.30 亩；团山大河保护带 175.14 亩；王官河保护带 114.56 亩。建设谷坊 12 座，拦沙坝 4 座，蓄水池 3 口，防洪挡墙 370 米，沟渠工程 5.3 千米。

（四）实施成效

截至 2017 年，程海整治专项行动已完成违规建筑拆除 7771.74 平方米，完成率 42%。新增高效节水灌溉面积 1200 亩，完成灌溉面积 3000 亩，封山育林 14 000 亩、人工造林 5000 亩、退耕还林 2478 亩，推进产业结构的变革。完成退房协议 54 户，拆除 44 户，共计建筑面积 9917.14 平方米，土地 27 069.26 平方米；退出人员 273 人；退出鱼塘 10 个，共 19 314 平方米；退出土地 1465.84 亩，剩余为林果面积，5 年内自行退出；签订抽水泵退出协议 27 台，拆除 20 台，超额完成任务。

六、石屏异龙湖治理

（一）治理历程

1971 年，随着青鱼湾隧道打通，异龙湖湖面面积从 52 平方千米削减到 31 平方千米，蓄水能力从 3 亿立方米削减到 1.1 亿立方米。20 世纪 90 年代，养殖泛滥，水体严重富营养化，藻类大量滋生。1994 年，出台了《异龙湖管理条例》。2006 年，修订条例时，增加了很有分量的"保护"二字，加大了资金投入和治理力度。2007 年，修订《异龙湖保护管理条例》，制定了《异龙湖保护管理条例实施办法》，开始了异龙湖的大规模治理行动。"十一五"期间，云南省石屏县扎实推进了《异龙湖水污染综合防治"十一五"规划》的实施，并切实按照该规划进行整治。"十二五"期间，以"减污、补水、修复、扩容"为思路，重点进行治污和补水。

（二）政策导向

异龙湖是云南省九大高原湖泊之一，具有提供工农业生产用水、调蓄、防洪、旅游、调节气候等多种功能，是维持石屏县生态平衡的基本条件，也是该区域赖以生存和发展的基础，对石屏县经济社会发展起着至关重要的作用。该湖不仅维系着红河哈尼族彝族自治州乃至滇南的长远发展，也对珠江流域的生态环境安全及珠三角区域的可持续发展产生深远影响。因此，保护和治理好异龙湖，对石屏县经济发展质量的提升和红河哈尼族彝族自治州旅游经济圈的形成具有重要的作用。在异龙湖的保护和治理上，红河哈尼族彝族自治州围绕"科学精准、有效治污"的总体思路推动异龙湖综合整治，积极开展全面截污治污、河道综合治理、生态湿地建设和湖泊生态系统修复等工程，坚持习近平总书记提出的"共抓大保护，不搞大开发"思想，走出一条"异龙清、石屏兴"的绿色发展之路。

（三）技术方案

石屏县先后实施了新街海河恢复珠江水系工程、退塘还湖工程、环湖截污工程和村庄整治工程4大工程。面对异龙湖持续干旱、水位下降、水质反弹的状况，提出了"扩容、减污、修复、补水"的治理思路，实施31个规划项目，累计到位资金超4亿元，强化了4大工程建设。2013年，利用气候干旱、水位下降时机，石屏县实施了异龙湖干涸底泥清除及资源化利用工程，清除干涸底泥300万立方米，扩充了库容。对2650余亩湖区杂草进行清理，打捞清除水葫芦、水白菜、荷花3130余亩，清除了一定的内源污染。科学调配集水区内水资源，加大截污治污治理力度并建立污水处理厂，处理生活垃圾；加强对入湖河流的管理和治理；以退耕还湖及退耕区生态修复等重点工程项目为依托，加快异龙湖国家湿地公园、入湖口生态景观等工程建设。

在污水治理方面，异龙湖创造性地将先进的生化、物化、高级氧化—光催化工艺组合为一体，开创了大容量、大水体等湖泊治理的原位处理技术。此套工艺出水水质能够达到Ⅲ类，水体氨氮平均去除率为38%，总氮平均去除率为24.26%，化学需氧量平均去除率为38.14%，水体浊度平均去除率为75.28%。

政策制定上，出台了《异龙湖保护管理条例实施办法》《红河州异龙湖水体达标三年行动方案（2016—2018年）》《异龙湖流域水环境保护治理"十三五"规划》等方针政策对异龙湖的治理进行规范性指导。

（四）实施成效

2016年开始，异龙湖蓄水量不断增加。2017年，异龙湖年新增补水能力2600万立方米，年补水可达5300万立方米。截至2018年11月，异龙湖水位为1413.60米，水量9624万立方米，湿地内的沉水植物得到恢复，部分水域能见度在2米以上，部分水域清澈见底。实施退耕还湖、退耕还湿5600余亩；补水3400万立方米，排水近6000万立方米，水量持续保持在9000万立方米以上。在生物多样性方面，异龙湖鸟类的数量达到了3万多只，与环境较差的时候相比，品种已经由20多种增加到了50多种。

七、通海杞麓湖治理

（一）治理历程

1995 年，制定《云南省杞麓湖管理条例》，对杞麓湖的管理、保护和开发利用进行了初步的规定。2010 年，通海县按照"一个目标、两条河道、三个片区、四项保障、五大工程"的治理思路，加快杞麓湖水污染治理步伐。2014 年，通海县把杞麓湖水污染综合治理摆到更加重要、更加突出的位置，在湖泊水污染防治的系统性、协调性、科学性上狠下功夫，实行省、市、县联动，工程治理和非工程治理结合，严格落实"12345"治理思路。"十二五"期间，通海县按照"控源、截污、生态修复"的清水产流机制，全面实施杞麓湖水污染综合治理。"十三五"期间，云南省从农业农村面源污染治理工程、城镇生活源治理工程、流域生态修复及建设工程等6大类共15个子项目对杞麓湖进行治理。

（二）政策导向

杞麓湖是云南九大高原湖泊之一，属南盘江水系，地处滇南北上滇中、再入巴蜀的交通要冲，地理位置显要。流域覆盖了通海县的 6 镇 1 乡，流域内人口密集，工业集中，是通海县的政治经济和文化中心，2013 年流域人口约 30.9 万人，以 49%的土地面积支撑了通海县 85%的人口。杞麓湖是通海县人民的"母亲湖"，具有工农业用水、调蓄、防洪、航运、旅游、水产养殖等功能。杞麓湖的治理保护工作历年受到高度重视。

（三）技术方案

杞麓湖通过引入社会力量、运用面源污染与点源污染结合治理的手段、进行生态修复建设和应急补水等方案对湖泊水体和周边环境进行治理。杞麓湖治理保护借鉴洱海模式，引入云南云投生态环境科技股份有限公司、云南聚光科技有限公司两家公司，先期启动 4 个项目建设，其中：通海县第二污水处理厂及配套管网工程项目与云南云投生态环境科技股份有限公司正式签订了 PPP 项目合同；杞麓湖流域村落环境综合整治工程已与云南聚光科技有限公司签订框架协议，将完成湿地公园建设、农业高效节水灌溉工程、雨污分流、环湖截污、杞麓湖生态巡护通道建设等项目。实施面源污染整治与点源污染控制相结合的工程，减轻农业面源污染并推动流域产业结构调整；在流域内实施垃圾拦截工程，在河流末端进行湿地处理工程，并采用废水净化循环利用工程和生态修复工程，对流域始端及末端进行整治，建成湖滨生态湿地 1077.16 亩，共种植挺水植物 1000 亩，实施污染底泥疏浚 100 万立方米。完成了应急补水工程，每天可对杞麓湖间接补水约 1 万立方米。下一步，杞麓湖将建成 32 千米的湖滨带[①]，构建完善的生态保育区、恢复重建区、宣教展示区、管理服务区和合理利用区。通过对中河、红旗河流域前置湿地的恢复，为河流流入杞麓湖构建牢固的生态屏障。

（四）实施成效

通过"十二五"规划的具体实施，红旗河、中河及杞麓湖南岸片区农田废水处理及循环利用工程与沿湖 18 个村生活污水和垃圾集中处置工程建成投入运行，共完成投资 12 918 万元，农业面源污染基本得到遏制。重点村落分散型污水收集处理和第二污水处理厂建设，初步实现了旱季污染物不入湖，有效削减了入湖污染负荷。蓄水工程的建设从根本上改变杞麓湖的生态环境和承载力。杞麓湖化学需氧量、总磷、总氮浓度分别下降 8.27%、16.67%、40.2%，水质富营养化的趋势得到减缓，污染得到初步控制[②]。2017 年，杞麓湖全湖水质平均达到 V 类（有 7 个月为 V 类，5 个月为劣 V 类），这是自 2005 年 10 月以来首次出现明显好转；2018 年以来，杞麓湖全湖水质有 5 个月为 V 类，2 个月为劣 V 类。

八、宁蒗泸沽湖治理

（一）治理历程

泸沽湖的治理经历了从八大工程、十大工程到创新性跨省合作治理的过程。2004 年泸沽湖环境保护现场办公会提出八大工程。2005 年初，八大工程正式分解实施。丽江始终坚持"保护第一、开发第二，先规划、后建设"的原则，加强对资源、生态环境、民族文化保护及环卫设施的科学规划工作[③]；2011 年，实施十大工程，有效控制污染源；2018 年，推进三大改造工程；2019 年，云南省人民政府、四川省人民政府在全国率先建立跨省、跨部门监管与应急协调联动机制，建立跨省湖泊湖长高层次议事协调平台，标志着川滇两省共同开启泸沽湖流域"山水林田湖草"系统保护治理新局面。

---

① 胡晓蓉：《杞麓湖加大推进治理力度》，《云南日报》2017 年 8 月 4 日。

② 《通海县扎实开展杞麓湖污染综合防治》，http://th.yuxinews.com/thxw/3891081.shtml（2016-09-20）。

③ 郑劲松、刘萍：《坚持保护与开发并重——丽江泸沽湖保护治理纪实》，《环境保护》2009 年第 18 期。

（二）政策导向

泸沽湖由于地处云南、四川两省交界处，其治理与保护需要两省共同努力，该流域涉及丽江、凉山，具有秀丽的自然风光和古老的摩梭文化，在川滇两省受到高度重视，多年来两省切实凝聚起"共抓大保护、不搞大开发"的强大共识，联合执法，增强保护治理工作。对泸沽湖的保护成效显著，水质稳定保持在 I 类标准。在治理上，始终秉持"保护优先，绿色发展"理念，"不让一滴污水进入泸沽湖"，推动形成"湖边游、湖外住"的发展格局，强化"综合执法+联合执法+社区协管"的共治共管模式，巩固全民爱湖护湖的格局。

（三）技术方案

通过实施雨污分流改造项目和泸沽湖流域落水村雨污分流及三线入地改造工程，推进泸沽湖景区护湖整治行动等工作，总投资 4170 万元。以"保、控、转、承、升、合"六字为方针，采取六项措施推进泸沽湖保护治理。通过了《川滇两省共同保护治理泸沽湖工作方案》《川滇两省泸沽湖保护治理联席会议制度》《川滇两省泸沽湖流域联合环境巡查督察制度》《川滇两省泸沽湖保护治理实施方案》，对泸沽湖特殊的跨境流域共同治理制定了具体规定和方案。2019 年，云南省人民政府、四川省人民政府联文印发《川滇两省共同保护治理泸沽湖"1+ 3"方案》，坚持"一湖一标""一湖一规""一湖一策""一湖一法"的基本原则，系统建立了四级湖长联席会议制度、生态环境联合巡查督察制度、考核评价制度、水质分析研判制度、环境准入负面清单制度、信息共享制度、生态补偿机制、公众参与机制，提出了合力推进泸沽湖流域跨省的十大重点保护治理项目。在全国率先建立跨省、跨部门监管与应急协调联动机制和跨省湖泊湖长高层次议事协调平台，打开两省共同开启泸沽湖流域"山水林田湖草"系统保护治理新局面。

（四）实施成效

截至 2018 年底，有效整治"两违"274 户，面积 6.23 万平方米，退塘还湖 3700 平方米，恢复土地面积 21 238.15 平方米。修建 45.2 千米污水收集管网，建设污水处理厂 1 座。目前，湖滨路、乌马河路及落水村三条道路已全部完成改造，泸沽湖水质稳定保持地表水 I 类，是云南省九大高原湖泊中水质最好、最稳定的湖泊。

九、昆明阳宗海治理

（一）治理历程

阳宗海在 2002 年以前水质不断下降，在此之后通过各部门措施的推进和单独治理的方式探索出了新的湖泊保护和修复新模式。1992 年以前，阳宗海水质保持在 Ⅱ 类。随着阳宗海周边工业生产、村镇生活、网箱养殖、旅游开发等产生的污染物大量入湖，湖泊急速富营养化。1997 年、1998 年曾多次暴发大面积蓝藻，水质一度恶化为 Ⅳ 类水。通过采取面源、点源、内源污染防治措施，阳宗海水质到 2002 年恢复为 Ⅲ 类水，并持续保持。2009 年，云南省委、省政府设立阳宗海风景名胜区，成立昆明阳宗海风景名胜区管理委员会，对区域实行统一规划、统一保护、统一开发、统一管理。2010 年，昆明阳宗海风景名胜区管理委员会正式履行职责职能。2011 年加挂昆明阳宗海新区管理委员会牌子。至此，阳宗海结束了"多龙治水"的局面，开始摸索中国湖泊治理与保护机制建立的新路径。2017 年，阳宗海党工委创新提出基层党建与河（湖）长制"双推进""双提升"的工作机制。

（二）政策导向

阳宗海距昆明 36 千米，有 326 国道（即昆河公路）经过，地跨澄江、呈贡、宜良三地。近年来对阳宗海的政策导向是以环境保护为基础、以生态修复为前提，以滨湖度假、大健康养生为主导功能，兼具新型低碳产业、高原特色农业的国际知名休闲旅游度假区。近年来，云南省坚持以改革开放和创新驱动为动力，拓格局、强产业、提品质、优环境、惠民生、奔小康，确保与昆明市同步全面建成小康社会，努力把阳宗海风景名胜区打造成国际生态休闲旅游度假胜地、产城融合发展的示范区、昆明市的"后花园"。

（三）技术方案

阳宗海的治理从创新实体化管理模式、关闭相关企业、开发修复技术和河流污染整治等方面进行。在云南九大高原湖泊中，阳宗海是唯一一个使用实体化的政府管理模式的湖泊：从统筹区域治理、保护、开发的角度，设立阳宗海风景名胜区，实现区域内的统一管理，流域治理效率高，效果好。除此以外，在治理的过程中牺牲了部分当地经济利益，关闭对水质产生影响的企业：从"十五"开始，先后关闭了阳宗海铁合金厂、碳素厂、硅铁厂和1家小造纸厂，并严格实施排污许可证制度。同时，针对2008年阳宗海重大污染事件，运用大型水体铁盐沉淀法原位修复技术，不对 As（Ⅲ）进行预氧化、不调节pH、不控制Fe/As比，操作简单，成本低廉，沉淀吸附剂以固态的形式稳定地沉入湖底，使阳宗海砷污染水体从劣Ⅴ类稳定达到优于Ⅲ类水质，实施效果好，项目创新性显著。启动实施了阳宗海北岸（宜良部分）环湖截污管和污水处理厂工程。并且进行了植树造林，采取了关闭采石场等措施。针对阳宗海重大砷污染事件，按照"一湖三圈"的基本思路，通过拦截净化入湖河水径流完善环湖湿地污染控制系统，对村落和旅游区的垃圾、污水、地表径流进行收集处理；削减化肥使用量，建设生态村，并利用现代科技手段治理水土流失。构建并实施流域截污治污工程、入湖河道综合整治工程、流域生态建设工程、农村农业面源污染治理工程、流域水环境宣传管理工程五大治水工程。

（四）实施成效

阳宗海（昆明部分）流域共完成造林 21 016 亩，关闭周边面山采石场 64 家，实施平衡施肥、减量施肥的面积占作物种植面积的 60.5%—70.9%，流域产生秸秆 7761 吨，秸秆综合利用率80.7%。全流域共建成沼气池 217 口，年产沼气 10 850 亩，产沼肥 2604 吨，可节省木材787 立方米。完成水土流失整治面积8.5平方千米[①]。合计处理含砷废土44 127.45吨，完成108吨磷石膏搬迁工作。2017年，阳宗海湖体水质总体稳定达到Ⅲ类水；其中，11 月达到Ⅱ类水，为近 10 年来最好水质。至 2018 年，阳宗海湖体水质已经稳定保持Ⅲ类水标准，部分月份可达Ⅱ类水标准。

第三节　云南高原湖泊治理经验推广

湖泊保护与治理是一项庞大的系统工程，高原湖泊生态系统敏感脆弱、污染源复杂，其治理更具复杂性、艰巨性与长期性。近年来，云南省在高原湖泊治理方面强化了水体污染防治，并强调"一湖一策"治湖理念，不断积累治湖经验，探索高原湖泊治理新路子，从"先污染，后治理"向"发展中保护，保护中发展"转变，秉持"绿水青山就是金山银山"的发展理念，做好生态文明建设排头兵。

---

① 肖丁：《云南省高原湖泊——阳宗海的水污染综合防治》，载中国环境科学学会：《中国环境科学学会 2006 年学术年会优秀论文集（下卷）》2006 年 4 月。

一、管理制度推广

湖长制全面落实，统筹云南高原湖泊治理。2017年4月，《云南省全面推行河长制的实施意见》印发；5月，省委、省政府全面部署河长制工作；8月，在全国率先出台《云南省全面推行河长制行动计划（2017—2020年）》。2018年，《云南省全面贯彻落实湖长制的实施方案》《调整优化九大高原湖泊管理体制机制方案》印发，一系列有关河湖管理保护的重大改革举措相继出台；同年12月，全省河（湖）长制领导小组暨总河（湖）长会议召开，省委书记陈豪相继签发了第1号、第2号总河长令，全面推进河（湖）长制工作[1]。云南省五级河长制[2]、三级督察体系[3]、河湖库渠全覆盖等创新举措领先全国。昆明、保山、丽江、普洱等州市结合本地实际，创新引入"企业河长""民间河长""学生河长"等方式参与落实河长制，聘请社会监督员4475人[4]。

除了最为典型的多级河（湖）长制，云南高原湖泊管理制度可概括为9条，具体措施表现在：第一，强化责任主体。将九湖保护治理情况纳入上级对涉湖州市县的生态文明建设目标评价，发挥考评"指挥棒"作用，从根本上平衡好保护与经济发展的关系。第二，完善领导决策机制。以湖长制的全面推进为基础，整合多个涉及水资源保护治理的议事协调机构，由湖长制统筹水资源保护治理工作。第三，创新投入保障机制。按照"渠道不变、整合使用、各司其职、各记其功"的原则，整合归并省级涉及九湖保护治理的项目和资金，形成保护治理合力。第四，明晰各级各部门监管执法责权。采取"一湖一策"的方式，调整优化九湖管理机构设置。第五，加强基层力量，下沉执法重心，调整充实基层监管执法队伍，实现监管执法全覆盖。第六，创新乡镇综合执法指挥机制。由乡镇党委政府统一指挥上级派驻乡镇的各类执法队伍，提升乡镇统筹能力。第七，建立基层新型治理模式。统筹村（社区）各类协管事项和协管人员力量，充分发挥各类组织在基层治理中的重要作用，形成共治格局。第八，着眼长远发展，提高水资源保护战略地位。第九，强化监督检查，将调整优化九湖管理体制机制工作列入省委、省政府督查事项[5]。表11-3为九湖流域现行管理模式。

---

[1] 王淑娟：《推行河（湖）长制还云南河清湖美》，《云南日报》2018年7月29日。

[2] 《云南省全面推行河长制的实施意见》提出，实行一河一策、一湖一策、一库一策、一渠一策。到2017年底，全面建立省、州、县、乡、村五级河长体系。

[3] 三级督察体系指省、州（市）、县党委副书记担任总督察，人大、政协主要负责同志担任副总督察的三级督察体系。

[4] 《推行五级河（湖）长制，建立三级督察体系！云南创新推进河（湖）长制工作》，《民族时报》2018年6月27日。

[5] 《云南省出台九条措施 调整优化九大高原湖泊管理体制机制》，《云南日报》2018年4月25日。

表11-3　九湖流域现行管理模式

管理模式	流域	管理机构	主要职权
实体化的政府管理模式	阳宗海	阳宗海风景名胜区管理委员会（阳宗海新区管理委员会）	流域内涉及的乡镇按"整建制托管"方式交由管理委员会管理，管理委员会履行流域范围内森林、水、土地等自然资源的保护和合理开发利用职能，以及经济、社会事务的管理职权。集中行使税务、环保、国土资源、工业、农业、林业、旅游、规划、交通等部分行政处罚权，对阳宗海流域"统一保护、统一规划、统一管理、统一开发"
市、县两级流域管理机构模式（政府职能部门）	滇池、抚仙湖、洱海	州（市）、县（市、区）级流域管理局	行使湖泊污染治理、保护和行政执法的职能。州（市）与县（市、区）设立两级管理局，州（市）级流域管理机构主要对湖泊保护起指导、协调、监督和管理作用；县（市、区）流域管理机构主要采用属地管理模式，在法律规定的保护范围内行使湖泊水政、渔政及环境保护等执法管理权
领导小组+办公室+县级湖泊管理机构模式	星云湖、杞麓湖、程海、泸沽湖、异龙湖	水污染综合防治领导小组、县级流域管理局	实施规划；依法行使水政、渔政行政许可及行政执法权；收取相关规费

资料来源：王坤：《中国湖泊生态环境质量现状及对策建议》，《世界环境》2018年第2期

在管理责任具体落实上，云南省委办公厅、云南省人民政府办公厅印发《开展领导干部自然资源资产离任审计试点实施方案》，贯彻落实中央《关于开展领导干部自然资源资产离任审计试点方案》精神，深入推进经济责任审计工作。该方案对如何开展云南省领导干部自然资源资产离任审计试点工作提出了"因地制宜、重在责任、稳步推进"的基本原则，建立经常性的审计制度，明确了审计内容、重点、审计组织领导、责任分工等方面的具体要求，使得湖泊管理责任落到实处，为湖泊治理提供持续性保障。

云南始终秉持"让制度长牙、让铁规发力，以刚性制度守护绿水青山"[1]的依法治湖决心。全省积极落实各级湖长职责，健全网络化管理责任体系，实现相应湖泊的水域空间管控、水域岸线管理、水资源保护、水污染防治、水环境治理、水生态修复、执法监管等工作全部落实。湖长制有利于各责任主体牵头组织对湖泊管理范围内突出问题进行依法整治，对跨行政区域的湖泊明晰管理责任，检查、监督下一级湖长和有关部门履行职责情况，对目标任务完成情况进行考核。

五级河长制全面建立以来，高原湖泊治理有成效，"清水行动"[2]全面展开。全省67 928名河长累计巡河达32万人次，河湖管护已初显成效，一些黑臭水体得到及时解决，一些突出水环境问题得到重视，云南省纳入国家考核的100个监测断面地表水，2017年监测数据优良比例比上年提高6个百分点。

---

① 《陈豪：坚决抓好云南九大高原湖泊保护治理》，《掌上春城》2018年11月14日。

② 《云南省召开全面推行河（湖）长制有关情况新闻发布会》，《云南日报》2018年7月3日。

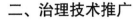

二、治理技术推广

云南高原湖泊治理突出源头治理、面源治理、系统治理和生态治理，综合运用生物技术、信息技术、工程技术、自动化控制技术等多种技术手段，创新治理方式，突出科学性、系统性和精准性。

（一）多层次面源污染治理完善有力

面源污染是高原湖泊污染的最主要因素，云南高原湖泊面源污染严重。云南高原湖泊由于生态系统封闭、水源单一短缺、营养盐易于堆积，滇池、抚仙湖、星云湖、阳宗海等高原湖泊受地球化学因素影响深刻等先天因素，以及农业生产分散经营、城镇村落分散布局等后期人为原因，面源污染严重。

自 2012 年起，云南启动了"高原湖泊农业面源污染减控及零排放技术应用研究与示范"项目。围绕面源污染的特点，云南省高原湖泊治理以小流域或汇水区为控制单元，重点突破大面积连片、多类型种植镶嵌的农田面源控污减排，积极在消减湖滨退耕区土壤存量污染负荷的生物群落构建上取得成效，在基于营养物质循环的农田固废综合处置、源近流短区域坡面径流拦截与污染削减及水源涵养林保护上有效实施。

以滇池流域面源污染治理为例，针对滇池流域的特点，云南集成创新了大面积连片、多类型种植镶嵌的农田面源减排措施，运用湖滨退耕区土壤存量污染的群落构建、新型城市农业构建与面源污染综合治理控制、土地水源涵养与生态修复等关键技术，形成了山水林田系统化控制减排、复合种植与水肥联控的农业面源污染防控技术和治理模式的标志性成果；建成农田减排和山地生态修复两个万亩工程示范区，示范区农田污染物排放总量减少30%以上，农村与农田固体废弃物排放量削减25%，面山水涵养能力提升20%以上。

针对湖泊流域过度开发导致的污染问题，政府通过调整种植结构和种植方式，既保障了农民的利益，又保护了湖泊周围的生态环境。以玉溪市为例，玉溪市出台了《玉溪市 2018 年农业农村经济工作要点》，实行不同地段的针对性休耕轮作，如抚仙湖径流区常年种植蔬菜的 5.35 万亩耕地和新环湖路以下 0.48 万亩耕地实施全面休耕轮作和修复，其余坝区耕地实施休耕或者发展水果、烤烟、油菜、蚕豆、林果等节水节肥节药型作物和种植水稻、荷藕等具有湿地净化功能的水生作物。大理市流转 1.6 万亩耕地以压减具有污染性植物的种植面积，用来种植水稻、油菜花、烤烟等作物，实行生态化种植。

（二）多模式内源污染治理系统有效

高原湖泊内源污染主要来自上游大量污水入湖及环湖入湖河流的大量污染物超标排放，进一步导致污染物在湖内沉淀积累，湖泊出现明显沼泽化趋势，水体功能丧失。云南对于内源污染严重的湖泊采取底泥疏挖、采用配套科技处理浓藻、植物残体清除、放鱼养水等措施。星云湖是内源污染严重的高原湖泊之一，其底泥污染层中总氮、总磷平均值远超全国湖泊底泥浓度平均值，在内源污染治理方面，引进"大型仿生式蓝藻去除设备"，选择星云湖北岸建设处理浓藻浆 1 万米³/日的藻水分离站 1 座、NAC 系统蓝藻回收船 1 艘及配套相关设施，建立完善的蓝藻应急响应机制。2012 年以来，累计打捞藻浆 7000 余立方米，直接去除大量氮磷污染物，开展星云湖紫根水葫芦净化水体示范工程，圈养紫根水葫芦 1500 亩、普通水葫芦 400 亩，实现核心区总氮、总磷、氨氮削减 30%—40%，有效治理区削减 20%—30%，透明度提升达 1 倍。利用生态修复技术进行生态放养，投放滤食性鱼类（鲢鱼、鳙鱼）300 余吨，消耗水体蓝藻，去除水体氮磷。

（三）生物、生态、科学技术融合治理，率先建立转移支付制度体系

运用生物、生态、科学技术是进行高原湖泊治理的重要手段，比传统截污截流、挖湖除泥等物理手段更具高效性与可持续性。云南省在高原湖泊治理过程中，积极运用环境友好的生物生态科技手段，实现显著净湖效果。

探索完善生态补偿体制机制。作为西部欠发达地区，云南为全国守住了绿水青山，但区域经济发展缓慢。为破解这一难题，云南经过积极探索，率先在全国建立完善以生态价值补偿为主体、生态质量考核奖惩为辅助的生态功能区转移支付制度体系，形成保护环境和建设生态文明的有效制度合力。一是建立符合云南省特点的生态价值衡量指标计算体系。二是对生态保护重点地区实施政策性补助。三是积极研究建立符合云南省特点的县域生态环境质量评价考核体系，推动实施全省环境监测能力标准化建设。

滇池治理运用了 JG 生物处理污水技术，经过持续跟踪监测，在滇池龙王庙沟投入生物菌 9 天后，河道里的总氮、总磷削减量达到 40%—60%，COD 削减量达到 60%，水质 pH 下降 0.6，河道透明度增加，水质改善明显。在生态调蓄池投入生物菌对水中的有机质进行分解，再经过曝气、沉淀、过滤等环节处理后进入湿地进行净化，处理效果显著，可推广运用到其他沟渠[①]。杞麓湖实施"以鱼控藻、以渔净水"的生物控制与生物治理模式，根据杞麓湖物种组成简单而特化程度高的特点，有效管理控制湖内有机体自

---

① 《高原湖泊治理——多措并举只让清水入滇池》，《云南日报》2018 年 12 月 18 日。

然种群水生生物群落，投放放流鲢鱼、鳙鱼食藻鱼类，降低水体的总氮、总磷负荷，水体透明度由 2.85 米提高到 4.5 米，抑制蓝藻、改善水质效果明显。

　　阳宗海砷污染治理采用大型水体铁盐沉淀法原位修复技术，完成了迄今为止世界上最大的湖泊水体砷污染的原位修复，具有极高的世界性推广意义。治理工艺技术不对 As（Ⅲ）进行预氧化、不调节 pH、不控制 Fe/As 比，操作简单，成本低廉，沉淀吸附剂以固态的形式稳定地沉入湖底，具有生态安全等一系列优点，创新性显著。项目具有显著的社会效益、经济效益和环境效益。经过工程化治理和跟踪监测，取得了一系列标志性成果，使阳宗海砷污染水体从劣Ⅴ类稳定达到优于Ⅲ类水质，解决了阳宗海砷污染治理世界性难题，为我国高原湖泊治理及湖泊生态安全提供了关键技术支撑，为国内外大面积水体砷污染治理提供了工程示范和经验。我国砷污染主要发生在砷储量相对丰富和含砷矿产资源采、选、冶活动比较密集的广西、湖南、云南、贵州等西南及其周边地区，根据阳宗海砷污染的治理经验，可将该项吸附沉淀法运用至南四湖、呼伦湖、太湖等湖泊进行污染物的吸附与治理当中。

三、水体置换模式推广

　　水体置换模式给高原湖泊净水速度装上"发动机"。总投资 84.26 亿元的牛栏江—滇池补水工程于 2008 年底开工建设，2013 年 12 月正式贯通补水，成为云南水体置换的标志性工程。牛栏江以每秒 23 立方米的流量，通过盘龙江每年向滇池外海补水 6 亿立方米，是昆明远距离调水工程中引水量最大的充分保障滇池水质置换的清水源。该工程一举多利，首先，可以补给滇池清水，置换滇池水体，改善滇池水质状况。滇池水体全部置换从 4 年缩短至不到 3 年，给滇池净水工程装上"发动机"。其次，在不影响牛栏江安全流量、生态环境情况下，成为城市应急供应饮用水源。牛栏江—滇池补水工程沾益取水口断面流量大，工程仅取 30%的水流量，剩下部分全部供应下游。最后，牛栏江水注入盘龙江后，在盘龙江入水口附近形成景观瀑布和湿地公园，成为城市重要景观。

四、调水模式推广

　　基于生态补偿机制与各流域特点，云南省多方式开展调水工程，为云南水源保护、市区用水提供重要保障。云南调水工程主要有掌鸠河引水工程、牛栏江补水工程、清水海引水工程、引洱入宾工程、抚仙湖调水工程等，跨流域调水缓解了尤其以滇中为主的城市用水"燃眉之急"，有利于水资源合理配置，同时促进受水区的水环境改善。近年来云南调水工程情况如表11-4所示。

表11-4　云南调水工程情况

调水工程	年份	通水年份	调水起点	调水终点	年供水量/亿立方米	调水目的
引洱入宾	1987	1994	洱海	宾川县	0.5	缓解宾川县城市用水供需矛盾
掌鸠河	1999	2007	云龙水库	昆明市	2.5	缓解昆明市城市用水供需矛盾
抚仙湖	2003	2008	抚仙湖	星云湖	0.4	保护抚仙湖，治理星云湖
清水海	2007	2012	清水海	昆明市	1.04	缓解昆明市城市用水供需矛盾
牛栏江	2008	2013	德泽水库	滇池	6	置换补给滇池水，改善滇池污染情况

资料来源：李悦：《云南跨流域调水生态补偿机制研究》，云南财经大学硕士学位论文，2014年

引洱入滨是云南省最早的跨流域调水灌溉工程，工程包括对引水渠道、主干渠瓦溪河的改造以及新建干甸输水干渠和新罗城倒虹吸，形成以洱海为龙头水源，海稍水库、大营甸水库、花桥水库联合调度的灌溉网络，累计调用洱水 11.38 亿立方米，年平均引水 7150 万立方米。掌鸠河引水工程大大缓解昆明城市供水问题，是贯彻落实西部大开发战略的一项重要举措。掌鸠河引水工程每天向昆明主城区输送 60 万立方米Ⅰ—Ⅱ类水量，不仅缓解城市用水需求，同时产生巨大经济、社会、生态效益，促进昆明可持续发展。与掌鸠河供水模式不同，清水海调水供水及水资源管理项目将多个分散水源收集调蓄后，再集中向昆明供水，充分利用离昆明城区近、水源丰富、水质优良、自流供水、运费低等特点，进行调水工程。牛栏江补水工程主要作用为向滇池补充生态用水，改善滇池水环境，并在昆明城市用水供需紧张时，提供城市生活及工业用水，输水线路 115.6 千米，年供水量 6 亿立方米，对滇池水污染改善具有重要贡献。抚仙湖调水工程由大龙潭引水工程和甸朵引水工程两个部分组成，既作用于星云湖水污染治理，又作用于华宁、通海、江川、玉溪城区生活用水及立昌产业园区、抚仙湖东岸和南岸产业园区用水，是玉溪实施"生态立市"战略、建设生态城市的重点工程。调水工程在造福一方用水与缓解水源污染时发挥重要作用，但是调水工程设施维护、水源地蓄水情况及水源地保护等众多问题将是云南未来调水工程的持续关注重点。

五、其他模式推广

（一）以生态保护为最高目标，倒逼湖泊流域产业调整

高原湖泊治理的根本路径是从源头上减少污染发生，从云南自身发展路径与国内外成功湖泊治理经验上看，一条必经之路是依据湖泊的水资源承载能力和水环境容量来规

划和寻找发展方式，优化产业结构，进行科学的空间布局。在对高原湖泊进行抢救性保护行动时，势必会对大肥、大水农业产业发展造成影响。如何在保护湖泊的同时实现产业结构调整？程海玫瑰庄园给出范例。自 2014 年起，程海镇海腰村开始种植食用玫瑰，种植面积 1200 亩并不断实现扩张，较高收入水平使沿线流域范围产业更换、水源保护工作开展顺利。玫瑰园采用人工除草，未使用任何农药，产业发展不断向一、二、三产业融合过渡，以生产加工、精深加工为手段，以农业特色观光和旅游接待为目标，实现生态保护与农村发展齐头并进。此外，程海面山引入美国山核桃、常规核桃、油橄榄、石榴等经济果木进行种植，一改之前的小灌木丛、荒山荒地面貌，进一步健全完善程海流域面山森林生态功能体系建设，再造山清水秀程海。

（二）引入多参与主体，拓展湖泊治理融资模式

湖泊治理是一项巨大的工程，长期以来，都是政府主导、政府出钱、先污染后治理的模式。企业要么被迫做环保工程具体施工，要么从事其他产业制造因污染被关停，始终处于被动地位。云南九大高原湖泊治理注重融资平台搭建，现滇池、阳宗海、抚仙湖、洱海等都成立了专门的保护开发投资有限公司，尝试通过项目贷款、信托、租赁、发行企业债等多种融资工具和手段进行融资，采用建设—移交、建设—经营—转让、积极推动公司上市等多种方式吸引社会资本投入湖泊保护和治理中。采用建设—经营—转化模式引进三峰再生能源发电公司，建成日处理 600 吨的大理市海东垃圾焚烧发电厂；重庆耐德新明和工业公司建设了洱海流域垃圾收集清运系统等[1]。

永胜县环境保护局以企业为重要参与主体，创新性地利用国际贷款进行程海治理，为今后湖泊治理融资提供可靠模式。程海治理以云南绿 A 生物工程有限公司"BOO"为企业实施主体，运用符合德国贷款主要支持的环境友好型以及对气候保护和环境有积极影响的领域（水资源管理和保护）公益性特点，通过企业利润提取，保证本息归还[2]，实现国际资本与企业主体在云南湖泊治理中的结合。

（三）以生命共同体保护治理视角，提高湖泊系统稳定性

湖泊流域是一个复杂生态系统，系统内水体、土地、植被和水生植物等各种要素都不是孤立的，而是一个相互联系的系统。在湖泊治理时，不能人为分割自然要素，要以生命共同体理念，从生态系统完整性角度出发，补齐湖泊生态系统各要素短板，实现湖

① 孔燕、苏斌、李建平：《云南九大高原湖泊保护与治理资金保障机制研究》，《人民长江》2016 年第 47 期。

② 刘成安：《从利用德国促进贷款云南程海湖水体综合治理保护示范项目谈高原湖泊治理新模式》，载中国水利学会：《中国水利学会 2014 学术年会论文集》，2014 年。

泊生态系统的系统稳定性。云南湖泊治理时，依据主体功能定位，加强湖泊自然生态空间管控与打造，从湖泊全域视角进行水质治理。现云南已在滇池、抚仙湖、洱海、程海、杞麓湖等湖泊周边建立多个湿地、流域缓冲区、生态涵养林等，实现湖泊由内而外的自我净化。

后　记

　　争当全国生态文明建设排头兵，努力把云南建设成为中国最美丽省份，始终是云南省坚持不懈奋斗的目标。2015 年 1 月，习近平同志再次考察云南之时，又明确了要把云南建设成生态文明排头兵的要求。为进一步加快生态文明建设，云南认真贯彻落实习近平生态文明思想与习近平考察云南重要讲话精神，以"美丽云南"建设为抓手，使社会经济发展与生态环境保护相结合，确立了"生态立省、环境优先"的发展战略，于2013 年提出建设"美丽云南"必须按照"五位一体"总体布局的要求，将生态文明建设贯穿于经济社会发展全过程，2018 年更是提出"把云南建设成为中国最美丽省份"的目标，以切实有序地争当全国生态文明建设排头兵，守护绿水青山，为中国生态文明建设作出了积极的贡献，走出了一条云南特色的生态文明建设之路，形成了一套独具边疆民族地区特色的生态文明实践路径的理论体系。云南大学西南环境史研究所从 2015年开始便致力于生态文明研究及人才培养工作，云南大学服务云南行动计划"生态文明建设的云南模式研究"（项目编号：KS161005）以及边疆治理与地缘学科（群）"边疆生态治理与生态文明建设调查与研究"（编号：C176210102）都是旨在深入探索云南生态文明建设路径及其理论，以便从中探索出生态文明建设过程中可推广、可示范的具有引领性的云南模式。经过团队成员四年多以来对云南出台实施的生态环境保护政策及成效进行梳理，通过对云南生态文明建设效果显著的区域进行调研、访谈、研究，并邀请国内外资深学者对成功的实践路径进行深入的理论升华，最终于 2019 年 11 月完成了这部书稿。

　　学术成果的呈现是一个长期累积的结果。理论是对长期实践的指导政策、路径、成败等经验教训的凝结与升华，它的呈现不是短时间内的小结，而是需要长年的追踪调查与思考，因此需要一个长时间的过程。而在这个长期阶段内又需要投入大量精力与时间去寻找学术与实践相结合的切合点，以凝练出具有实践性、开创性和创新性的理论。对于这个过程，我们花费了四年之久，然而正待出成果之际，我们的项目于2019年5月结项，意味着之后即将陆续出版的项目成果得不到项目经费尾款的支持。但我们团队之后所要出版的是我们团队对于云南生态文明建设长期研究的成果，无论是从其建设的路径还是实践上都是所形成理论的一个凝练和升华，是我们团队四年来精心付出的心血以及国内外专家、同行的支持和鼓励的结晶，是我们对学术责任、担当的重要表现之一，更是我们"不忘初心"的使命所在。因此，我们积极寻找办法进行出版，以完成我们最初所坚定不移的目标。在出版经费严重短缺的情况下，我们团队出版了《生态文明建设的云南模式研究》，该书总结了云南国土空间开发格局优化、生态环境保护与修复、生态产业、林业绿色发展、水生态文明建设、生态旅游、生态扶贫、生物多样性保护、自然资源资产的生态追究与离任审计建设等方面的实践经验、存在问题及可行对策，并对当前中国生态文明建设的理论与实践进行了反思。该书的出版不仅为政府决策提供了借鉴和理论性指导，而且在学术界也得到一致好评，因此更加激励着我们去出版我们余后的成果。

此书稿主要由来自全国多所高校不同学科及专业的生态文明研究的专家学者通过调研、思考合力而成。书稿能够出版，仰赖于各位专家凝心聚力、共推共进的努力。由于编辑体例及出版规定的新要求，各位撰稿人的工作量及成果版权，无法一一标注。为区分及记录各位专家的工作，特将各部分作者具体承担的相关工作赘列于下：

前言由项目负责人云南大学西南环境史研究所周琼教授负责，第一章"云南的生态文化及其变迁"由云南大学尹绍亭教授、云南师范大学崔明昆教授、云南财经大学颜宁教授负责，第二章"云南高原特色农业与美丽乡村"由云南大学梁双陆教授负责，第三章"云南自然资源特色及空间规划"由昆明学院冯庆副教授、复旦大学包存宽教授负责，第四章"区域生态文明建设推进的云南实践"由北京大学郇庆治教授负责，第五章"云南产业的绿色化转型升级"由云南大学梁双陆教授负责，第六章"云南生态补偿制度面临的困境与出路"由昆明学院陈自娟助理研究员负责，第七章"云南生态旅游重构与本土化"由昆明学院王薇副教授负责，第八章"云南省土壤污染治理"由云南大学梁双陆教授负责，第九章"云南省跨境河流管理与生态安全"由云南大学梁双陆教授负责，第十章"云南高原湖泊水环境问题与治理模式"由云南大学刘嫦娥副教授、段昌群教授负责，第十一章"云南高原湖泊治理模式与推广"由云南大学梁双陆教授负责。

书稿有关内容的研究及撰写，历时四年之久，终于完成，在此感谢各位专家、学者的共同努力，也感谢项目组成员徐艳波为本书的出版所做的大量烦琐、细致的工作，团队成员也积极参与项目研究，进行了大量的资料收集、整理工作。在书稿付梓之际，还要郑重感谢科学出版社杨静女士、任晓刚先生为我们项目成果的出版付出的多方努力。

本书力邀国内研究生态文明建设的十二位专家，从云南生态文化、高原特色农业与美丽乡村、自然资源特色及空间规划、产业绿色化转型、生态文明建设制度、生态旅游、土壤污染治理、跨境河流管理、高原湖泊治理等九个方面探讨了云南生态文明建设的重要成就，丰富了生态文明建设的理论内涵，总结了生态文明建设的云南模式，凝练和升华了云南生态文明实践路径的理论。希望本书的出版能够为相关政府部门、科研机构提供一定的理论性指导，以资鉴并推进云南中国最美丽省份以及生态文明建设的进程，也期望能够丰富中国生态文明建设的理论研究。

本书成稿时间虽历经四年之久，但因项目负责人及团队成员学识尚不足且精力有限，在生态文明建设的研究中尚有多方面问题需要进一步深入研究。也因众多要素的限制，书稿亦存在不足之处，"博学之，审问之，慎思之，明辨之，笃行之"，敬祈方家指正。

谨此拜谢！

周　琼

云南大学西南环境史研究所

2020 年 2 月 8 日